U0050107

Android 程式設計與應用（第二版）

陳會安　編著

全華圖書股份有限公司　印行

作者序

Android是一套行動裝置使用的作業系統，這是以Linux作業系統為基礎所開發的開放原始碼（Open Source）作業系統，在本書開發的Android應用程式就是在此作業系統上執行的應用程式，請注意！我們並不是開發在Windows作業系統上執行的Windows應用程式。

在本書的所有範例都是使用Google官方開發工具Android Studio，因為Android程式設計屬於框架（Framework）程式設計，我們並不用重頭建立Android應用程式，而是使用框架的半成品，以繼承和框架的現有元件來建立Android應用程式，如同是一間沒有裝潢的毛坯房，你的工作就是將它裝潢成一間漂亮的房屋。

因為Android原生開發語言是Java語言，其基本程式結構是Java類別，為了讓初學者順利進入Android應用程式開發，在本書第1章詳細說明Java語言的基本語法，並且隨著Android Studio專案的建立，逐步說明我們需要使用的Java物件導向語法，以便讓沒有Java語言基礎的讀者，一樣可以循序漸進學習Android應用程式開發。

本書內容在規劃上可以作為大專院校、科技大學和技術學院關於手機或行動裝置程式設計課程的教材，或是想學習Android程式設計的一般讀者，所以章節架構是從Android的Java語言開始，詳細說明Android最主要的「活動」（Activity）元件，強調佈局和使用介面的互動設計，從基礎選擇功能的介面元件和圖片顯示，到進階的清單介面與選單，再加上訊息與對話方塊，完整說明活動的使用介面建立，和如何與使用者進行互動。

接著說明如何使用「意圖」（Intent）啟動其他活動和行動裝置的內建程式，幫助讀者建立多活動和整合內建程式的Android應用程式，最後使用多個綜合應用範例來說明Android應用程式開發的實作技巧，包含：相機、多媒體、感測器、瀏覽器、Google地圖、GPS定位、偏好設定、檔案與SQLite資料庫。

編著本書雖力求完美，但學識與經驗不足，謬誤難免，尚祈讀者不吝指正。

陳會安於台北hueyan@ms2.hinet.net

2021.11.28

範例檔案說明

回 範例檔案內容

為了方便讀者實際操作本書內容，筆者將本書的範例專案都收錄在**第五頁**的網址或可直接掃QR Code條碼下載，如下表所示：

檔案	說明
ch02~ch14.zip	下載的ZIP檔案是每一章的Android Studio專案，在解壓縮後的目錄是章名，例如：ch02.zip解壓縮成ch02目錄，位在此章的子資料夾就是同名各章節的Android Studio專案

請注意！因為Android Studio版本問題，如果使用Android Studio開啟本書Android Studio專案時出現問題，通常的原因有兩種，如下所示：

● **專案Gradle的Build Tools版本沒有安裝：** 在錯誤訊息會提供下載安裝的超連結，我們可以點選下載安裝專案的版本後，再開啟Android Studio專案。

● **Gradle版本不相容的問題：** 如果是因為不相容，就算下載專案的Build Tools版本，開啟專案仍然會有問題，此時請直接複製本書專案各檔案的原始程式碼至新版的Android Studio專案。

雖然本書有提供筆者撰寫此書時建立的Android Studio專案，但是，如果無法成功使用讀者安裝的Android Studio來開啟專案，請使用Android Studio新增專案後，直接開啟範例專案指定檔案的原始程式碼，然後複製程式碼至對應的專案檔案。Android Studio專案的目錄結構，如下圖所示：

範例檔案說明

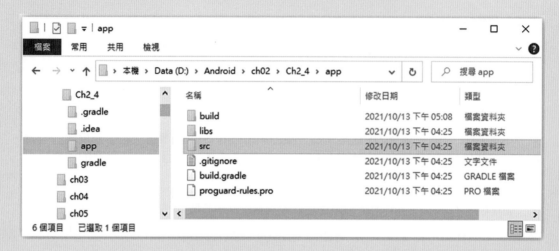

上述專案路徑，例如：「ch02\Ch2_4」目錄下的「app/src」子目錄是專案的原始程式碼檔案，更新Android Studio專案需修改檔案的路徑，如下所示：

⊃ **MainActivity.java程式檔**：位在「src\main\java\com\example\ch2_4」路徑，最後的com、example和ch2_4是套件名稱，相關Java程式檔也是位在此目錄。請複製MainActivity類別宣告的程式碼。

⊃ **activity_main.xml佈局檔**：位在「\src\main\res\layout」路徑，版面配置的佈局檔案都是位在此目錄。請複製全部介面元件的標籤碼，不包含父佈局元件標籤。

⊃ **strings.xml字串資源檔**：位在「\src\main\res\values」路徑。

⊃ **AndroidManifest.xml**：位在「\src\main」路徑。

請直接使用其他文字檔案編輯器，例如：PSPad或Notepad++，開啟上述檔案後，複製程式碼或標籤碼內容，然後貼上和取代Android Studio專案同名檔案的內容。

◙ **版權聲明**

　　本書範例檔案內含的共享軟體或公共軟體,其著作權皆屬原開發廠商或著作人,請於安裝後詳細閱讀各工具的授權和使用說明。本書內含軟體為隨書贈送,提供本書讀者練習之用,與範例檔案中各軟體的著作權和其它利益無涉,如果在使用過程中因軟體所造成的任何損失,與本書作者和出版商無關。

◙ **範例檔案**

　　本書範例檔案可以下列三種方式下載:

方法1:掃描QR Code

方法2:連結網址https://tinyurl.com/2p8muwet

方法3:請至全華圖書OpenTech 網路書店(網址https://www.opentech.com.tw),在「我要找書」欄位中搜尋本書,進入書籍頁面後點選「課本程式碼範例」,即可下載範例檔案

備註:檔案大小為762MB

目錄

CH01
Java語言入門與Android基礎

CH02

Android開發環境建置

CH03

Android程式設計入門

目錄

CH04
使用介面設計

CH05
使用者互動設計

CH06
基本介面元件

CH07
進階介面元件

CH08

訊息與對話方塊

CH09

啓動程式中的其他活動

CH10
啓動內建程式和活動的生命周期

CH11
綜合應用(一)：相機與多媒體

目錄

CH12

綜合應用(二)：感測器與瀏覽器

CH13

綜合應用(三)：Google地圖與GPS定位

CH14

綜合應用(四):偏好設定、檔案與SQLite資料庫

01 Java語言入門與 Android基礎

1-1 Java 程式語言

Android原生開發語言是Java，支援Java SE語法和部分Java API函數庫，Android開發者必須對Java語言有一定的認識，才能著手進行Android應用程式開發。

Java是一種類似C/C++語言的編譯式語言，不過並不完全相同，因為它是結合編譯和直譯優點的一種程式語言。

1-1-1 Java平台

「平台」（platform）是一種結合硬體和軟體的執行環境，Java程式是在平台上執行，因為Java屬於與硬體無關和跨平台的程式語言，所以Java平台是一種軟體平台，主要是由JVM和Java API兩個元件組成。

➱ JVM虛擬機器

「JVM」（java virtual machine）虛擬機器是一台軟體的虛擬電腦，Java原始程式碼不是使用Java編譯器（Java compiler）編譯成其安裝實體電腦可執行的機器語言，而是JVM虛擬機器的機器語言，稱為「位元組碼」（bytecode）。

位元組碼是一種可以在JVM執行的程式，所以，在電腦作業系統需要安裝JVM，才能夠使用Java直譯器（Java interpreter）來直譯和執行位元組碼，如下圖所示：

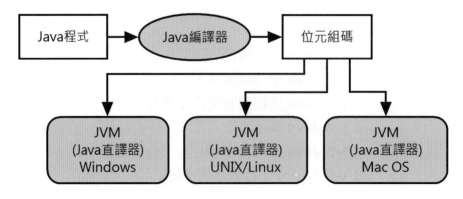

上述圖例的Java原始程式碼（副檔名.java）在編譯成位元組碼（副檔名.class）後，即可在Windows、UNIX或Mac OS作業系統上執行，只需作業系統安裝JVM，同一位元組碼檔案就可以跨平台在不同作業系統上，使用Java直譯器來執行Java應用程式。

↳ Java API

Java API（Java Application Programming Interface）是軟體元件的集合，也就是C/C++語言所謂的函數庫，提供集合物件、GUI元件、檔案處理、資料庫存取和網路等相關的類別和介面，稱為「套件」（packages）。

▪ 1-1-2 Java程式語言的特點

Java語言是一種簡單、功能強大和高效能的物件導向程式語言，不只如此，Java語言還擁有一些傳統程式語言所沒有的特點。

↳ 分散式

Java語言最初的發展是一種網路程式語言，可以支援各種網路通訊協定，能夠建立分散式（distributed）主從架構的應用程式，輕鬆存取網路上其他主機的資源。

↳ 多執行緒

Java語言支援多執行緒（multi-threading），在同一程式能夠建立多個執行的小程式，稱為「輕量行程」（light weight process），以便執行不同的工作，並且支援同步功能，能夠避免「死結」（deadlock）情況的發生。

↳ 垃圾收集

垃圾收集（garbage collection）是指如何處理程式不再使用的記憶體空間，在C/C++語言需要自行處理記憶體的配置與釋放，當程式配置的記憶體不再使用時，程式需要提供程式碼釋放記憶體歸還給作業系統，如此作業系統才能夠再次配置給其他應用程式。

Java語言擁有垃圾收集能力，程式設計者不用擔心記憶體配置的問題，因為在執行Java程式時，自動會將不再使用的記憶體歸還給作業系統。

例外處理

電腦程式不可能沒有「小臭蟲」（bugs），一些小錯誤可能只會產生錯誤結果，但是有一些小錯誤可能導致嚴重的系統當機問題，傳統程式語言並沒有完善的例外處理（exception handling），所以常常會出現一些不明的系統錯誤。

例外處理的目的是為了讓程式能夠更加「強壯」（robust），就算程式遇到不尋常情況，也不會造成程式「崩潰」（crashing），甚至導致整個系統的當機。

1-2　Java變數與運算子

Java變數在使用前需要先宣告和指定資料型態，我們可以在宣告時指定初值，也可以在之後再使用指定敘述來更改變數值，或是使用運算子建立運算式來進行運算。

1-2-1　變數與指定敘述

變數的目的是儲存程式執行中的一些暫存資料，程式設計者只需記住變數名稱，而且知道此名稱代表一個記憶體位址中的資料，就可以使用指定敘述來存取變數值。

變數宣告

Java語言在宣告變數時，一定需要指定變數的資料型態。例如：整數變數balance宣告的範例，如下所示：

```
int balance;
```

上述程式碼宣告整數變數，資料型態為整數int，名稱為balance。如果需要同時宣告多個變數，請使用「,」逗號分隔，如下所示：

```
int i, j, balance;
```

上述程式碼在同一列程式敘述宣告3個整數變數i、j和balance。

變數的初值

我們可以在宣告變數的同時指定初值，或使用指定敘述在使用時才指定變數值，如下所示：

```
int grade = 76;
double k = 175.5;
```

上述程式碼宣告2個變數且指定初值為76和175.5。在Java語言同時宣告多個變數時，也一樣可以指定變數初值，如下所示：

```
double height, weight = 70.5;
```

常數宣告

「常數」（named constants）是指一個變數在設定初始值後，就不能變更其值，簡單的說，就是在程式中使用一個名稱代表一個固定值。Java語言的常數宣告和指定初值的變數宣告相同，只需在前面使用final關鍵字，如下所示：

```
final double PI = 3.1415926;
```

上述程式碼宣告圓周率的常數PI。請注意！在宣告常數時一定要指定常數值。

指定敘述

「指定敘述」（assignment statement）可以讓我們在程式碼存取變數值，如果在宣告變數時沒有指定變數初值，我們可以使用指定敘述即「=」等號來指定變數初值或更改變數值，如下所示：

```
int size, size1;
size = 35;
size1 = 57;
```

1-2-2 Java基本資料型態

Java基本資料型態依資料類型分為：整數、浮點數、布林和字元資料型態。

整數資料型態

「整數資料型態」（integral types）是指變數的資料為整數沒有小數點，依照整數資料長度的不同（即佔用的記憶體位元數），可以分為4種整數資料型態，如下表所示：

整數資料型態	位元數	範圍
byte	8	$-2^7 \sim 2^7-1$，即-128～127
short	16	$-2^{15} \sim 2^{15}-1$，即-32768～32767
int	32	$-2^{31} \sim 2^{31}-1$，即-2147483648～2147483647
long	64	$-2^{63} \sim 2^{63}-1$，即 -9223372036854775808～9223372036854775807

浮點數資料型態

「浮點數資料型態」（floating point types）是指整數加上小數，例如：3.14、100.567等，依照長度不同（即佔用的記憶體位元數），可以分為2種點數的資料型態，如下表所示：

浮點數資料型態	位元數	範圍
float	32	1.40239846e-45 ～ 3.40282347e38
double	64	4.94065645841246544e-324 ～ 1.79769313486231570e308

布林資料型態

「布林資料型態」（boolean type）的變數只有2種值true和false，這不是變數名稱，而是Java保留字，如下所示：

```
boolean isDrawX;
```

布林變數主要是使用在邏輯運算式，如下所示：

```
rate >= 0.04
```

上述運算結果是布林資料型態，可以使用在條件和迴圈控制的條件判斷，以便決定繼續執行那一區塊的程式碼，或判斷迴圈是否結束。

⤷ 字元資料型態

「字元資料型態」（char type）是「無符號」（unsigned）的16位元整數所表示的Unicode字元，Unicode字元使用2個位元組表示字元，這是用來取代ASCII字元單一位元組的表示方式，如下所示：

```
char ch;
```

▗ 1-2-3　Java運算子

Java「運算式」（expressions）是由「運算子」（operators）和「運算元」（operands）組成，Java語言擁有完整算術、指定、位元和邏輯運算子。

⤷ Java運算式的範例

一些Java運算式的範例，如下所示：

```
a + b - 1
a >= b
a > b && a > 1
```

上述運算式變數a、b和數值1都是運算元，「+」、「-」、「>=」、「>」和「&&」為運算子，Java運算子是使用1到3個字元組成的符號。

➤ Java運算子的優先順序

Java運算子說明和優先順序（愈上面愈優先），如下表所示：

運算子	說明
()	括號
!、-、++、--	條件運算子NOT、算數運算子負號、遞增和遞減
*、/、%	算術運算子的乘、除法和餘數
+、-	算術運算子加和減法
<<、>>、>>>	位元運算子左移、右移和無符號右移
>、>=、<、<=	關係運算子大於、大於等於、小於和小於等於
==、!=	關係運算子等於和不等於
&	位元運算子AND
^	位元運算子XOR
|	位元運算子OR
&&	條件運算子AND
||	條件運算子OR
?:	條件控制運算子
=、op=	指定運算子

條件控制運算子「?:」可以在運算式建立簡單的條件控制敘述，如同是一個if條件敘述。

1-3 Java 流程控制與例外處理

流程控制是配合Java關係與條件運算式的條件來執行不同程式區塊，或重複執行指定區塊的程式碼，流程控制主要分為兩種，如下所示：

➲ **條件控制**：條件控制是一個選擇題，分為是否選、二選一或多選一，依照運算式的結果來決定執行哪一個程式區塊的程式碼。

➲ **迴圈控制**：迴圈控制就是重複執行程式區塊的程式碼，擁有一個結束條件可以結束迴圈的執行。

◢ 1-3-1　條件控制

　　Java條件控制敘述是使用關係和條件運算式，配合程式區塊建立的
決策敘述，可以分為三種：是否選（if）、二選一（if/else）或多選一
（switch），條件敘述運算子（?:）可以建立單行程式碼的條件控制。

⤷ if是否選條件敘述

　　if條件敘述是一種是否執行的單選題，只是決定是否執行程式區塊的程式
碼，如果關係/條件運算結果為true，就執行括號之間的程式碼。例如：判斷
成績是否及格的if條件敘述，如下所示：

```
int grade = 80;
if ( grade >= 60 ) {
    System.out.println("成績及格!"\n分數: " + grade);
}
```

　　上述if條件成立，就執行使用「{」和「}」大括號括起的Java程式碼，稱
為「程式區塊」（blocks）。如果程式區塊的程式碼只有一行，我們可以省略
前後的大括號，如下所示：

```
if ( grade >= 60 )
    System.out.println("成績及格!"\n分數: " + grade);
```

⤷ if/else二選一條件敘述

　　如果條件是排它情況，只能二選一，我們可以加上else指令，如果if條
件的關係/條件運算式為true，就執行if程式區塊；false執行else程式區塊。例
如：判斷成績是否及格且是指定課程的if/else條件敘述，如下所示：

```
int grade = 80;
char type = 'm';
if ( grade >= 60 && type == 'm' ) {
    System.out.println("課程: " + type +
        "\n成績及格: " + grade);
```

```
}
else {
  System.out.println("課程不正確或成績不及格");
}
```

上述程式碼因為成績有排它性，成績超過60分是及格分數，而且課程代碼為m時，條件才成立，可以顯示不同的文字內容。

「?:」條件運算式

條件敘述運算子「?:」可以使用在指定敘述以條件來指定不同的變數值，如同if/else條件，使用「?」符號代替if；「:」符號代替else，如果條件成立，就將變數指定成「:」前的變數值，否則是之後的變數值，例如：24小時制轉換成12小時制，如下所示：

```
int hour = 20;
hour = (hour >= 12) ? hour-12 : hour;
```

上述程式碼使用條件敘述運算子指定變數hour的值，如果條件為true，hour變數值為hour-12；false就是hour。

if/else/if多選一條件敘述

程式如果需要多選一條件敘述，也就是依照一個條件判斷來執行多個區塊之一的程式碼，只需重複使用if/else條件，就可以建立多選一條件敘述，例如：判斷學生GPA成績的條件敘述，如下所示：

```
int grade = 80;
if ( grade >= 80 )
  System.out.println("學生成績A");
else
  if ( grade >= 70 )
    System.out.println("學生成績B");
  else
    System.out.println("學生成績C");
```

上述程式碼使用if/else條件，每次判斷一個條件，如果爲false就重複使用if/else條件進行下一次的條件判斷。

↪ switch多選一條件敘述

Java的switch多條件敘述比較簡潔，可以依照符合條件執行不同區塊的程式碼，在switch條件只擁有一個關係/條件運算式，每一個case條件的比較相當於是「==」運算子，如果符合，就執行break指令前的程式碼，每一個條件需要使用break指令跳出條件敘述。

在switch多條件敘述最後的default指令並非必要指令，這是一個例外條件，如果case條件都沒有符合，就執行default程式區塊，例如：將GPA成績轉換成百分比成績的條件敘述，如下所示：

```java
char gpaGrade = 'C';
switch (gpaGrade) {
case 'A':
    System.out.println("學生成績超過80");
    break;
case 'B':
    System.out.println("學生成績超過70");
    break;
case 'C':
    System.out.println("學生成績超過60");
    break;
default:
    System.out.println("學生成績不及格");
}
```

上述程式碼比較成績A、B和C以便顯示不同的成績範圍。

1-3-2　迴圈控制

迴圈控制能夠重複執行程式區塊的程式碼，Java語言支援多種迴圈控制敘述，能夠在迴圈的開始或結尾測試迴圈的結束條件。

for計數迴圈

Java的for迴圈是一種簡化的while迴圈，可以執行固定次數的程式區塊，迴圈預設提供計數器，計數器每一次增加或減少一個固定值，直到迴圈的結束條件成立為止。

for迴圈稱為「計數迴圈」（counting loop），迴圈使用變數控制迴圈的執行，從一個最小值執行到最大值，例如：計算1加到10的總和，每次增加1，如下所示：

```
int total = 0;
for ( int i = 1; i <= 10; i++ ) {
   str +="|" + i;
   total += i;
}
System.out.println(str +="|=" + total);
```

上述迴圈的程式碼是從1加到10計算其總和。相反的，如果從10到1，for迴圈的計數器是使用i--，表示每次遞減1，如下所示：

```
for ( i = 10; i >= 1; i-- ) { … }
```

前測式while迴圈敘述

while迴圈不同於for迴圈，我們需要在程式區塊自行處理計數器的增減，它是在程式區塊的開頭檢查結束條件，如果條件為true才進入迴圈執行，例如：使用while迴圈計算階層5!的值，如下所示：

```
int level = 1;
int n = 1;
while ( level <= 5 ) {
```

```
  n *= level;
  level++;
}
```

上述while迴圈計算從1!到5!的值，變數level是計數器變數，如果符合level <= 5條件，就可以進入迴圈執行程式區塊，迴圈的結束條件為level > 5。

後測式do/while迴圈敘述

do/while和while迴圈的主要差異是結束條件的位置，do/while迴圈是在結尾檢查結束條件，因此程式區塊至少會執行一次，例如：使用do/while迴圈顯示攝氏轉華氏的溫度轉換表，如下所示：

```
double f;
double c = 50;
double upper = 100;
int step = 10;
do {
  f = (9.0 * c) / 5.0 + 32.0;
  c += step;
} while ( c <= upper);
```

上述迴圈的第一次執行需要到迴圈的結尾，才會檢查while條件是否為true，如果true就繼續執行迴圈，可以計算從lower到upper間的溫度轉換，變數c是計數器，迴圈每次的增量是step變數的值，迴圈的結束條件為c > upper。

break指令中斷迴圈

break指令可以在指定條件成立時，強迫終止迴圈的執行，如同switch條件敘述使用break指令敘述跳出程式區塊一般，如下所示：

```
int i = 1;
int sum = 0;
do {
  str += "|" + i;
  sum += i;
```

```
    i++;
    if ( i > 10 ) break;
} while ( true );
System.out.println(str +="|=" + sum);
```

　　上述程式碼當計數器變數i > 10時跳出迴圈，這個do/while是一個無窮迴圈，我們是使用break指令敘述控制迴圈的結束，一樣可以計算出1加到10的總和。

📝 continue指令繼續迴圈

　　continue指令敘述對應break指令，可以馬上繼續下一次迴圈的執行，而不會執行程式區塊位在continue指令後的程式碼，如果使用在for迴圈，一樣會自動更新計數器變數，例如：計算1到10之間的奇數和，如下所示：

```
int sumOdd = 0;
for (int num = 1; num <= 10; num++ ) {
    if ( (num % 2) == 0 ) continue;
    str += "|" + num;
    sumOdd += num;
}
System.out.println(str +="|=" + sumOdd);
```

　　上述程式碼是當計數器變數為偶數時，繼續迴圈的執行，換句話說，其後的str += "|" + num和sumOdd += num兩行程式碼並不會執行。

📝 巢狀迴圈

　　巢狀迴圈是在迴圈內擁有其他迴圈，例如：在for迴圈擁有for、while和do/while迴圈，同樣的，在while迴圈內也可以有for、while和do/while迴圈。

　　Java巢狀迴圈可以有很多層，二、三、四層都可以，例如：一個二層的巢狀迴圈，在for迴圈內擁有while迴圈，如下所示：

```
for ( i = 1; i <= 9; i++ ) {
  ……
  j = 1;
  while ( j <= 9 ) {
   …..
   j++;
  }
}
```

上述迴圈共有兩層，第一層的for迴圈執行9次，第二層的while迴圈也是執行9次，兩層迴圈總共可執行81次。

1-4　Java類別方法

Java語言的程序是一種類別成員，稱為「方法」（methods），簡單的說，在Java語言的程序或函數稱為方法。Java方法分為兩種：屬於類別的「類別方法」（class methods）和屬於物件的「實例方法」（instance methods），宣告上的差異只在是否使用static修飾子。

1-4-1　建立Java類別方法

Java類別方法是由方法名稱和程式區塊組成，屬於一種「靜態方法」（static method），因為使用static「修飾子」（modifiers），例如：顯示三角形的一個沒有傳回值和參數列的方法，如下所示：

```
private static String str="";
……
private static void printTriangle() {
  int i, j;
  for ( i = 1; i <= 5; i++) {
    for ( j = 1; j <= i; j++)
      str += "*";
```

```
    str += "\n";
  }
  System.out.println(str);
}
```

上述方法的傳回值型態爲void，表示沒有傳回值，方法名稱爲printTriangle()，在括號內定義傳入的參數列，此方法並沒有任何參數，在「{」和「}」括號是方法的程式區塊。

在最前面的「存取敘述」（access specifier）是一種修飾子，常用修飾子有：public和private，如下所示：

⊃ **public**：這個方法可以在程式任何地方進行呼叫，甚至是其他類別。

⊃ **private**：這個方法只能在同一個類別內進行呼叫。

因爲printTriangle()方法是類別方法，所以使用類別變數str儲存方法執行結果的三角形。在Java呼叫方法需要使用類別名稱或方法名稱，因爲printTriangle()方法沒有傳回值和參數列，所以呼叫方法只需使用方法名稱，加上空括號，如下所示：

```
printTriangle();
```

■ 1-4-2　參數傳遞與傳回值

Java方法的參數列是資訊傳遞的機制，可以從外面將資訊送入程序的黑盒子，傳回值可以傳回方法的執行結果，請注意！方法參數可以有很多個，但是只能傳回一個傳回值。

⤷ 類別方法的參數傳遞

方法的參數列就是方法的使用介面，一個方法如果擁有參數列，在呼叫方法時，可以傳入不同參數值來產生不同的執行結果，例如：計算指定範圍整數和的sumN2N()方法，如下所示：

```
static int sumN2N(int begin, int end) {
```

```
    int i;
    int total = 0;
    for ( i = begin; i <= end; i++ )
        total += i;
    return total;
}
```

上述sumN2N()方法可以計算從參數begin加至end,使用for迴圈計算的整數總和。

↪ 類別方法的傳回值

若Java方法的傳回值型態不是void,而是資料型態int或char等,表示方法擁有傳回值,此時的方法稱為「函數」(functions)。因為方法在執行完程式區塊後,需要傳回一個值。例如:sumN2N()方法的傳回值型態為int,如下所示:

```
static int sumN2N(int begin, int end) {
    …
    return total;
}
```

上述方法可以在計算傳入參數的總和後,以return指令傳回方法的執行結果。因為方法有參數列和傳回值,所以在呼叫時需要加上參數列,並且使用指定敘述取得傳回值,如下所示:

```
total = sumN2N(5, 15);
```

上述變數total可以取得方法的傳回值,而且此變數的資料型態需要與方法傳回值的型態相符。

1-4-3 Java變數的範圍

Java變數分為類別的成員變數、「方法參數」（method parameters）和區域變數。「變數範圍」（scope）可以影響變數值的存取，即決定有哪些程式碼可以存取此變數。Java變數範圍的說明，如下所示：

- **區域變數範圍（local variable scope）**：在方法內宣告的變數，只能在宣告程式碼後的程式碼使用（不包括宣告前），在方法外的程式碼並無法存取此變數。

- **方法參數範圍（method parameter scope）**：傳入方法的參數變數範圍是整個方法的程式區塊，在方法外的程式碼並無法存取。

- **成員變數範圍（member variable scope）**：不論是static的類別變數或沒有宣告static，整個類別的程式碼都可以存取此變數。

筆者已經將上述變數範圍整理成圖形，如下圖所示：

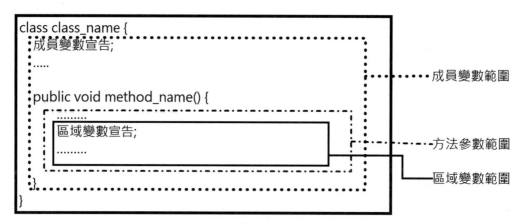

1-4-4 可變長度的方法參數列

Java方法可以擁有不定長度的參數列，參數型態之後跟著省略符號「...」表示方法接受此型態的參數，但參數個數不定，例如：sum()類別方法可以計算參數列各參數的總和，如下所示：

```
public static double sum(double... numbers) {
    double total = 0.0;
```

1-18

```
  int count = numbers.length;
  for (int i = 0; i < count; i++) {
    total += numbers[i];
  }
  return total;
}
```

　　上述程式碼的for迴圈使用參數名稱的陣列來存取每一個參數numbers[i]（關於陣列的進一步說明請參閱第1-5-1節），我們可以使用不同長度的參數列來呼叫此方法，例如：3個和4個參數，如下所示：

```
total1 = sum(20.0, 10.0, 5.0);
total2 = sum(20.0, 10.0, 5.0, 3.0);
```

1-5　Java陣列與字串

　　「陣列」（arrays）是程式語言的基本資料結構，一種循序性的資料結構。Java語言的陣列就是Array物件的參考資料型態。Java字串是一個String物件，不過，在宣告上和其他基本資料型態並沒有不同，String類別如同資料型態，可以建立字串變數。

1-5-1　陣列

　　「一維陣列」（one-dimensional arrays）是最基本的陣列結構，只擁有一個索引。如同現實生活中的單排信箱，可以使用信箱號碼取出指定門牌的信件。

▷ 宣告一維陣列

　　在Java程式宣告一維陣列只需在宣告變數的資料型態後加上「[]」，如下所示：

```
int[] tips = {150, 200, 300};
```

上述程式碼宣告int基本資料型態的陣列tips，int[]是一個類別，宣告陣列變數tips。陣列可以使用大括號來指定陣列元素值，所以並不需要指定陣列尺寸，以此例的一維陣列共有3個陣列元素，如下圖所示：

tips[0]=150	tips[1]=200	tips[2]=300

在Java程式也可以只宣告陣列變數，而不指定陣列元素值，如下所示：

```
int[] temp;
```

上述指令宣告int[]型態的變數temp，變數值是int陣列的參考，而不是int陣列的內容。

建立Array物件

Java除了可以使用變數宣告方式來建立陣列，我們也可以使用new運算子建立Array物件。例如：建立double資料型態的陣列儲存一年4季的業績，如下所示：

```
double[] sales = new double[4];
```

上述程式碼使用new運算子建立Array物件sales，參數4表示陣列有4個元素。Java陣列在宣告後，陣列元素擁有預設的初值，數字陣列是0、boolean是false、物件是null和char是Unicode值0。

存取陣列元素

Java陣列是使用索引值來存取陣列元素，其索引值是從0開始。例如：指定陣列元素的值，如下所示：

```
sales[0] = 145.6;
sales[1] = 178.9;
sales[2] = 197.3;
sales[3] = 156.7;
```

上述程式碼指定陣列元素值。同樣方式，我們也可以取得陣列元素值，如下所示：

```
total += sales[i];
```

上述程式碼可以取得陣列索引i的值。

↪ 走訪一維陣列

在Java程式只需使用迴圈就可以走訪整個陣列。例如：使用for迴圈來顯示陣列的每一個元素值，如下所示：

```
for ( i=0; i < sales.length; i++ )
    str += sales[i] + "\n";
```

上述程式碼使用陣列索引值取得每一個陣列元素的值，迴圈的結束條件是Array物件的length屬性取得的陣列尺寸。

▪ 1-5-2 字串

Java字串就是String物件的參考資料型態，所以字串內容並不能更改，也就是說，一旦建立字串後，就無法改變其值，我們只能重新指定成新的字串字面值或另一個字串變數，如下所示：

```
String str = "Android程式設計與應用";
str = "ASP.NET網頁設計與應用";
```

上述程式碼建立字串str且指定其初值後，使用指定敘述再更改成其他字串值，程式碼好像改變了字串內容，事實上並沒有，因為它是參考資料型態，所以指定敘述所指定的字串內容，只是重新指向另一個字串字面值的位址，並不是取代原來的字串內容，所以它是一種唯讀字串。

建立字串

Java可以直接使用字串字面值（一組字元集合使用「"」雙引號括起）來建立字串物件，如下所示：

```
String str = " Android程式設計與應用";
```

上述程式碼將String類別當作資料型態來建立str字串物件，並且指定字串內容。此外，Java還提供數種String物件建構子來建立String物件，如下所示：

```
String str2 = new String("程式設計與應用");
```

上述程式碼是使用new運算子來呼叫類別的建構子方法，其參數就是字串字面值，換句話說，我們是使用字串字面值來建立String物件。

將字串轉換成數值

在Java程式如果需要將字串內容轉換成數值等基本資料型態，我們可以使用Byte、Short、Integer、Long、Double和Float類別的類別方法，其說明如下表所示：

方法	說明
Byte.parseByte(String)	將參數的字串轉換成byte資料型態
Short.parseShort(String)	將參數的字串轉換成short資料型態
Integer.parseInt(String)	將參數的字串轉換成int資料型態
Long.parseLong(String)	將參數的字串轉換成long資料型態
Float.parseFloat(String)	將參數的字串轉換成float資料型態
Double.parseDouble(String)	將參數的字串轉換成double資料型態

將數值轉換成字串

在Java程式如果需要將各種基本資料型態的數值轉換成字串。相關類別方法的說明（傳回值是String），如下表所示：

方法	說明
Byte.toString(byte)	將參數的基本資料型態byte轉換成字串
Short.toString(short)	將參數的基本資料型態short轉換成字串
Integer.toString(int)	將參數的基本資料型態int轉換成字串
Long.toString(long)	將參數的基本資料型態long轉換成字串
Float.toString(float)	將參數的基本資料型態float轉換成字串
Double.toString(double)	將參數的基本資料型態double轉換成字串

■ 1-5-3　StringBuffer字串緩衝區類別

因為String物件不能更改內容，我們只能使用指定敘述重新指定全新的字串，StringBuffer物件可以直接修改原字串的內容，我們需要使用new運算子來建立物件，如下所示：

```
StringBuffer sb = new StringBuffer("程式");
```

上述StringBuffer類別的建構子參數是字串字面值，直接使用字串來建立StringBuffer物件，其相關方法的說明，如下表所示：

方法	說明
length()	取得整數StringBuffer物件的字串長度
toString()	將StringBuffer物件轉換成字串，傳回String
append(Type)	將參數轉換成字串後，新增到StringBuffer字串的最後，傳回StringBuffer物件，Type資料型態包含boolean、char、int、long、double、float和String等
insert(int, Type)	將第2個參數Type轉換成字串後，插入StringBuffer字串第1個參數int的位置，傳回StringBuffer物件
delete(int, int)	刪除StringBuffer物件內容從第1個參數int到第2個參數int位置的字元，傳回StringBuffer物件

例如：在StringBuffer物件新增字串到最後，如下所示：

```
sb.append("設計與應用");
```

1-6 Android行動作業系統

Android這個名詞最早是出現在法國作家利爾亞當在1886年出版的科幻小說「未來夏娃」，一位具有人類外表和特徵的機器人。現在，Android是行動裝置的霸主和網路上的熱門名詞，代表一套針對行動裝置開發的免費作業系統平台。

1-6-1 Android的基礎

Android是一套使用Linux作業系統為基礎開發的開放原始碼（open source）作業系統，主要是針對手機等行動裝置使用的作業系統，現在Android已經逐漸擴充到平板電腦、筆電和其他領域，例如：電子書閱讀器、MP4播放器和Internet電視等。

Android作業系統最初是Andy Rubin創辦的同名公司Android, Inc開發的行動裝置作業系統，在2005年7月Google收購此公司，之後Google拉攏多家通訊系統廠商、硬體製造商等在2007年11月5日組成「開放式手持裝置聯盟」（open handset alliance），讓Android正式成為一套開放原始碼的作業系統。

所以，目前擁有Android作業系統的是非營利組織的開放式手持裝置聯盟，Google公司在幕後全力支援Android作業系統的開發計劃，並且在Android作業系統整合Google的Gmail、Youtube、Google地圖和Google Play等服務，作為其主要的獲利來源（收取權利金和廣告）。

在2010年1月5日Google正式販售自有品牌的智慧型手機 Nexus One，到了2010年末僅僅推出兩年的Android作業系統，已經快速成長且超越稱霸十數年的諾基亞Symbian系統，躍居成為世界最受歡迎的智慧手機平台，在2011年初更針對平板電腦推出專屬的3.x版，而且快速成為最廣泛使用的平板電腦作業系統之一。

在2011年10月19日推出4.0版Ice Cream Sandwich（冰淇淋三明治），一套整合手機和平板電腦2.x和3.x版本的全新作業系統平台，從此之後的Android只有一個版本，不再區分手機和平板電腦兩種專屬版本，5.0版正式進入64位元，成為一套64位元的行動作業系統。

對於程式開發者來說，Android提供完整開發工具和框架，可以讓開發者快速建立行動裝置執行的應用程式（稱為App），其專屬開發工具Android SDK提供模擬器來模擬行動裝置，就算讀者沒有購買實體的行動裝置，也一樣可以使用模擬器來進行Android應用程式的開發。

◾ 1-6-2 Android的版本

Android作業系統的每一個版本代號都是一種甜點名稱，目前有針對智慧型手機的1.x和2.x版；平板電腦的3.x版和整合的4.x版，5.x版是一套64位元的行動作業系統，其版本演進如下表所示：

Android 版本	釋出日期	代號
1.5	2009/4/30	Cupcake（紙杯蛋糕）
1.6	2009/9/15	Donut（甜甜圈）
2.0/2.1	2009/10/26	Eclair（閃電泡芙，法式奶油夾心甜點）
2.2	2010/5/20	Froyo（冷凍乳酪）
2.3	2010/12/6	Gingerbread（薑餅）
3.0/3.1/3.2	2011/2/22	Honeycomb（蜂窩）
4.x	2011/10/19	Ice Cream Sandwich（冰淇淋三明治）
4.1/4.2/4.3	2012/6/28,10/29,2013/7/24	Jelly Bean（雷根糖）
4.4	2013/9/3	KitKat（奇巧巧克力）
5.x	2014/10	Lollipop（棒棒糖）
6.x	2015/9/30	Marshmallow（棉花糖）
7.x	2016/8/23	Nougat（牛軋糖）
8.x	2017/8/21	Oreo（奧利奧）
9.x	2018/8/6	Pie（派）
10.x	2019/9/3	Android 10
11.x	2020/9/8	Android 11
12.x	2021/10/4	Android 12

1. 請簡單說明Java語言？Java平台和Java的特點為何？

2. 請問Java基本資料型態有哪些？

3. 請舉例說明Java條件與迴圈控制各有哪幾種？

4. 請舉例說明Java類別方法？和使用圖例說明Java的變數範圍？

5. 請寫出Java程式碼宣告4個元素的整數一維陣列score[]，並且指定陣列元素值的各節得分後，寫出計算總分與平均的程式碼。

6. 請舉例說明什麼是Java字串？什麼是StringBuffer類別？

7. 請說明什麼是Android行動作業系統？Google與Android有何關係？

8. 請簡單說明Android的版本？

02 Android開發環境建置

2-1 行動裝置的軟硬體規格介紹

基本上，Android行動作業系統可以使用在行動裝置的智慧型手機和平板，而且並沒有固定搭配的硬體配備或軟體，可以讓使用Android系統製造廠商自行客製化行動裝置，依成本、市場定位和功能來搭配所需的軟硬體。

目前Android行動裝置絕大多數搭配ARM的CPU（高通、三星和聯發科等廠商開發的CPU），支援的記憶體3~6MB或以上，視產品定位而定。其他軟硬體的基本規格，如下所示：

- **硬體：** 支援數位相機、GPS、數位羅盤、加速感測器、重力感測器、趨近感測器、陀螺儀和環境光線感測器等（請注意！不是每一種行動裝置都具備完整的硬體支援，可能只有其中幾項）。

- **通訊與網路：** 支援GSM/EDGE、IDEN、GPRS、CDMA、EV-DO、UMTS、藍牙、WiFi、LTE和WiMAX等。

- **簡訊：** 支援SMS和MMS簡訊。

- **瀏覽器：** 整合開放原始碼WebKit瀏覽器，支援Chrome的JavaScript引擎。

- **多媒體：** 支援常用音效、視訊和圖形格式，包含MPEG4、H.264、AMR、AAC、MP3、MIDI、Ogg Vorbis、WAV、JPEG、PNG、GIF和BMP等。

- **資料儲存：** 支援SQLite資料庫，一種輕量化的關聯式資料庫。

- **繪圖：** 支援2D函數庫的最佳化繪圖，和3D繪圖OpenGL ES規格。

- **其他：** 支援多點觸控、Flash、多工和可攜式無線基地台等。

2-2 開發環境及相關工具介紹

Android Studio是Google官方的Android整合開發環境,可以跨平台支援Windows、Mac OS X和Linux作業系統來開發Android應用程式。

⮫ Android Studio

Android Studio是在2013年5月推出0.1測試版本,第一套由Google官方開發的Android整合開發環境,2014年12月釋出1.0正式版。Android Studio是一套基於IntelliJ IDEA社群版(community)建立的整合開發環境,可以跨平台支援Windows、Mac OS X和Linux作業系統。

IntelliJ IDEA是JetBrains軟體公司開發的整合開發環境,支援多種程式語言的應用程式開發,分為付費的企業版和完全免費的社群版本,目前我們可以使用Java或Kotlin語言來開發Android應用程式。

⮫ Android SDK

Android Studio是整合開發環境,我們還需要Android SDK(Android開發套件)才能建立Android應用程式,Android SDK包含偵錯器、Android模擬器(Android Virtual Device)、函式庫、文件、範例和教材,可以幫助我們開發與建立Android應用程式。

簡單的說,Android SDK提供相關工具和APIs(Application Programming Interfaces),可以讓我們使用Java或Kotlin語言開發在Android作業系統執行的Android應用程式(請注意!並不是在Windows作業系統執行)。不同版本Android作業系統使用的APIs版本也不同,稱為API層級(API Level),例如:12版是31;10版是29等。

一般來說,Android新版本會相容舊版本Android的API,反過來,舊版本不一定支援新版本API的新功能(有些功能需要使用支援函數庫來相容支援),對於開發者來說,為了適用更多版本的Android作業系統,除非使用到新版本的功能,建議儘量選擇最多裝置的API層級,和在舊版本Android模擬器測試執行,以便可以讓更多行動裝置執行開發的應用程式。

2-3 安裝開發環境及相關工具

Android開發環境只需在Windows開發電腦下載和安裝Android Studio即可,如果手上沒有Android實機,我們需要新增Android模擬器,以便在Windows電腦模擬出一台智慧型手機來測試執行Android應用程式。

■ 2-3-1 下載安裝Android Studio

Android Studio是Google公司推出的官方Android開發環境,已經包含開發Android應用程式所需的開發工具。

➤ 下載Android Studio

Android Studio可以在Android官方網站免費下載最新版本,其下載網址如下所示:

◗ **https://developer.android.com/studio**

請啟動瀏覽器進入Android Studio官方下載網頁,如下圖所示:

在上述網頁點選【Download Android Studio】鈕，可以進入Android Studio下載頁面，請捲動視窗閱讀授權條款後，勾選【I have read and agree with the above terms and conditions】同意授權。

14. General Legal Terms

14.1 The License Agreement constitutes the whole legal agreement between you and Google and governs your use of the SDK (excluding any services which Google may provide to you under a separate written agreement), and completely replaces any prior agreements between you and Google in relation to the SDK. 14.2 You agree that if Google does not exercise or enforce any legal right or remedy which is contained in the License Agreement (or which Google has the benefit of under any applicable law), this will not be taken to be a formal waiver of Google's rights and that those rights or remedies will still be available to Google. 14.3 If any court of law, having the jurisdiction to decide on this matter, rules that any provision of the License Agreement is invalid, then that provision will be removed from the License Agreement without affecting the rest of the License Agreement. The remaining provisions of the License Agreement will continue to be valid and enforceable. 14.4 You acknowledge and agree that each member of the group of companies of which Google is the parent shall be third party beneficiaries to the License Agreement and that such other companies shall be entitled to directly enforce, and rely upon, any provision of the License Agreement that confers a benefit on (or rights in favor of) them. Other than this, no other person or company shall be third party beneficiaries to the License Agreement. 14.5 EXPORT RESTRICTIONS. THE SDK IS SUBJECT TO UNITED STATES EXPORT LAWS AND REGULATIONS. YOU MUST COMPLY WITH ALL DOMESTIC AND INTERNATIONAL EXPORT LAWS AND REGULATIONS THAT APPLY TO THE SDK. THESE LAWS INCLUDE RESTRICTIONS ON DESTINATIONS, END USERS AND END USE. 14.6 The rights granted in the License Agreement may not be assigned or transferred by either you or Google without the prior written approval of the other party. Neither you nor Google shall be permitted to delegate their responsibilities or obligations under the License Agreement without the prior written approval of the other party. 14.7 The License Agreement, and your relationship with Google under the License Agreement, shall be governed by the laws of the State of California without regard to its conflict of laws provisions. You and Google agree to submit to the exclusive jurisdiction of the courts located within the county of Santa Clara, California to resolve any legal matter arising from the License Agreement. Notwithstanding this, you agree that Google shall still be allowed to apply for injunctive remedies (or an equivalent type of urgent legal relief) in any jurisdiction. *July 27, 2021*

☑ I have read and agree with the above terms and conditions

> **Download Android Studio 2020.3.1 for Windows**

android-studio-2020.3.1.25-windows.exe

按【Download Android Studio 20??/?/? for Windows】鈕下載Android Studio，本書下載的檔案名稱是【android-studio-2020.3.1.25-windows.exe】，目前的Android Studio版本是使用日期來區分。

↪ 安裝Android Studio

當成功下載Android Studio後，我們就可以開始安裝Android Studio，其安裝步驟如下所示：

STEP01 請按二下【android-studio-2020.3.1.25-windows.exe】安裝程式檔案，稍等一下，如果有看到使用者帳戶控制，請按【是】鈕，可以看到歡迎安裝的精靈畫面，按【Next >】鈕選擇安裝元件。

STEP02 預設選取所有安裝元件，不用更改，按【Next >】鈕選擇Android Studio安裝路徑。

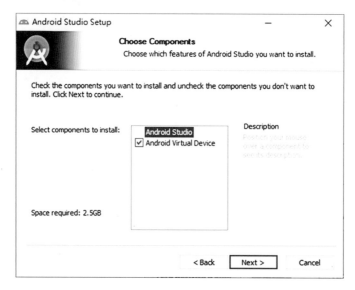

STEP03 預設安裝路徑是「C:\Program Files\Android\Android Studio」，請
按【Next >】鈕指定開始功能表的目錄名稱。

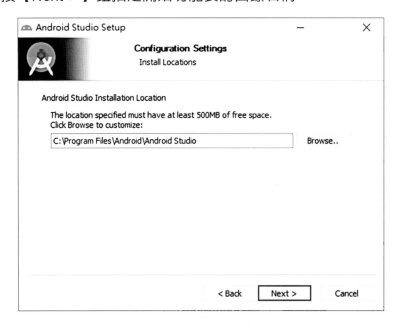

STEP04 預設值是【Android Studio】，不用更改，請按【Install】鈕開始安
裝。

STEP05 稍等一下,可以看到目前的安裝進度,等到全部安裝完成,按【Next >】鈕,可以看到完成Android Studio安裝的精靈畫面。

STEP06 按【Finish】鈕完成安裝,在最後步驟預設勾選【Start Android Studio】,完成安裝就會馬上執行第一次啟動Android Studio。

⤷ 第一次啓動Android Studio來下載相關元件

在完成Android Studio安裝後，我們需要第一次啓動Android Studio來下載Android SDK和相關元件（需建立Internet連線），其步驟如下所示：

STEP01 如果在安裝最後一步驟勾選【Start Android Studio】，就會馬上啓動Android Studio，否則請在Windows作業系統選左下角視窗圖示後，執行「Android Studio>Android Studio」命令啓動Android Studio。

STEP02 首先看到「Import Android Studio Settings」對話方塊詢問是否匯入之前的Android Studio設定，請依需求選擇後（第1次使用請選第2個【Do not import settings】選項），按【OK】鈕。

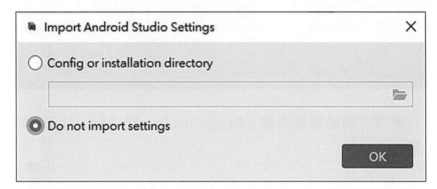

STEP03 然後看到一個對話方塊可以設定是否允許Google收集你的使用經驗，請自行選擇後，稍等一下，可以啓動Android Studio設定精靈。

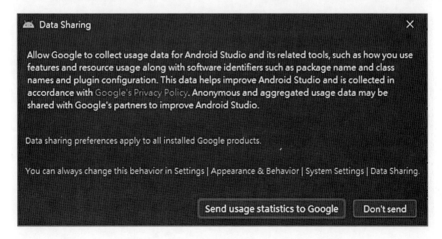

STEP04 在歡迎畫面按【Next】鈕繼續。

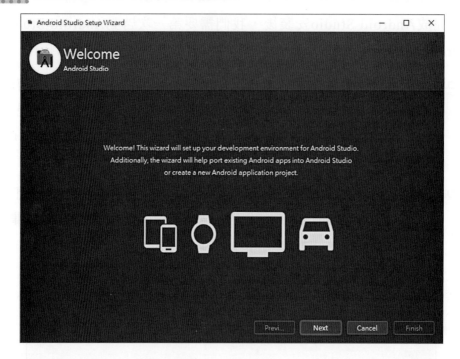

STEP05 在選擇安裝種類畫面選【Standard】，按【Next】鈕選擇介面佈
景。

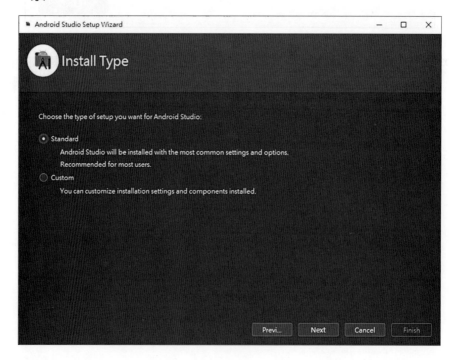

STEP06 我們可以選擇黑底的Darcula，或白底的Light，請自行選擇偏好的介面佈景後，按【Next】鈕檢查目前的安裝設定。

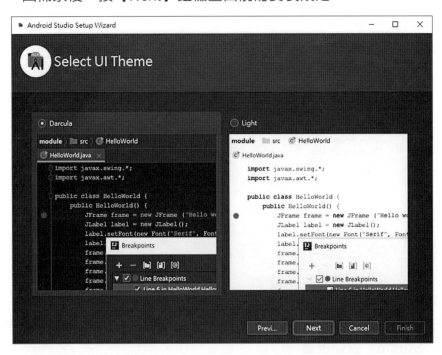

STEP07 可以看到安裝元件、目錄和尺寸的詳細資訊，按【Finish】鈕開始下載安裝。

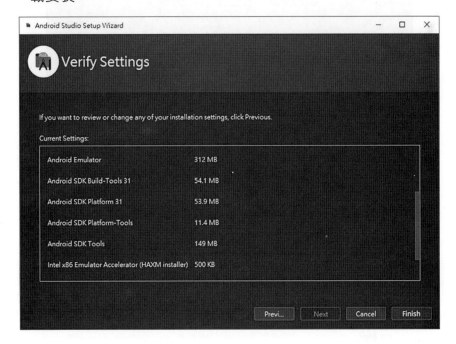

STEP08 請稍等一下,這需花些時間,等到元件下載安裝完成後,可以看到完成下載的精靈畫面,按【Finish】鈕完成元件的下載和更新。

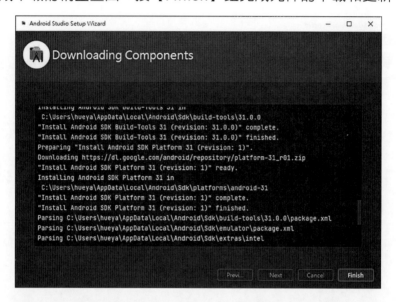

STEP09 接著才真正啟動Android Studio,可以看到「Welcome to Android Studio」歡迎視窗。

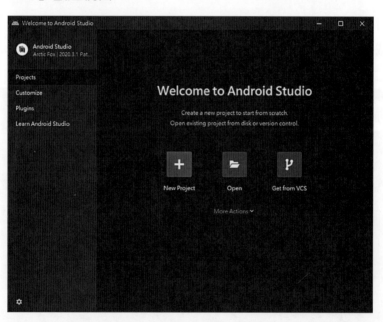

離開Android Studio請直接關閉上述視窗。Android Studio下載安裝的 Android SDK,預設是安裝在「C:\ 使用者\<登入使用者>\AppData\Local\ Android\Sdk」目錄。

2-3-2 新增Android模擬器

Android應用程式需要在執行Android作業系統的行動裝置上執行,並不能直接在Windows開發電腦上執行,它並不是Windows應用程式,我們可以選擇使用Android實機或Android模擬器來測試執行。

如果你沒有實機,或是需要測試不同版本的Android作業系統,我們可以新增多個不同版本的Android模擬器,在Android Studio提供AVD Manager工具來新增和管理Android模擬器,例如:我們準備新增使用Android 12版,名為GPhone的模擬器,其新增步驟如下所示:

STEP01 在「Welcome to Android Studio」歡迎視窗執行「More Actions>AVD Manager」命令,或已經進入Android Studio開發介面時,請執行「Tools>AVD Manager」命令。

STEPO2 在「Android Virtual Device Manager」視窗，按下方【Create Virtual Device】鈕新增Android模擬器，可以看到選擇硬體的精靈步驟。

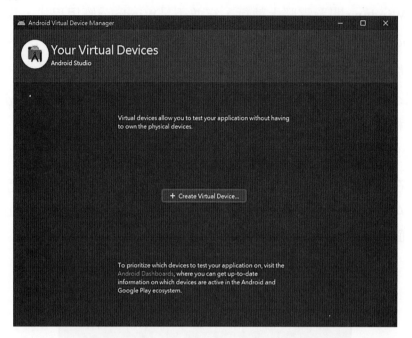

STEPO3 在左邊「Category」選【Phone】，可以在中間看到裝置清單，請自行選擇喜愛的型號，例如，選【Pixel 5】，按【Next】鈕選擇使用的Android版本和System Image系統映像檔。

STEP04 因為我們是在Windows作業系統執行模擬器，基於效能考量，建議選【x86 Images】標籤的系統映像檔，以此例是選第1個【Android 12（with Google APIs）】版，因為尚未下載，請點選第1欄的【Download】超連結來下載安裝。

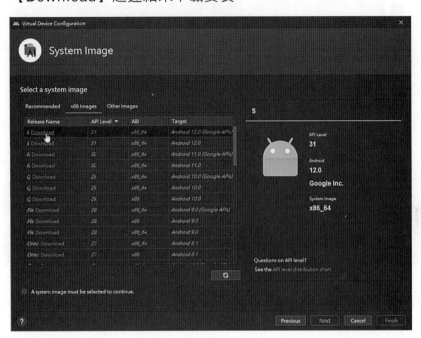

STEP05 可以看到授權對話方塊，請選【Accept】後，按【Next】鈕開始下載安裝。

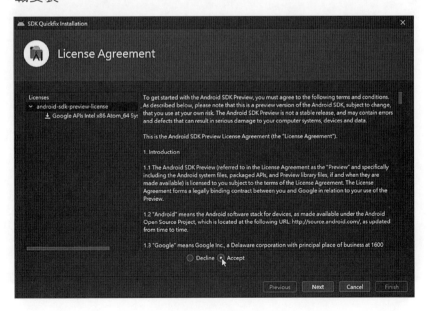

STEP06 因為檔案並不小，需花些時間下載，在等到完成下載和安裝後，請按
【Finish】鈕。

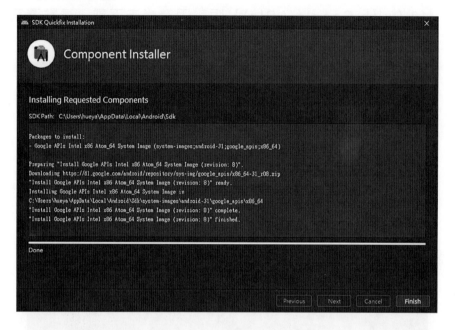

STEP07 可以看到目前的第1欄已經不是超連結，請按【Next】鈕輸入模擬器
名稱等相關設定。

STEP08 在【AVD Name】欄輸入名稱【GPhone】，按【Finish】鈕建立模擬器。

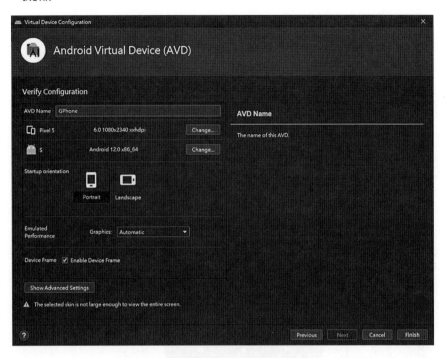

STEP09 回到「Android Virtual Device Manager」視窗，可以看到新增的GPhone模擬器清單（按左下角【Create Virtual Device…】鈕，可以新增其他Android模擬器），在此列點選【Actions】欄的箭頭鈕，就可以啟動此Android模擬器。

STEP10 稍等一下，等到啓動完成，可以看到在Windows桌面模擬執行的
Android智慧型手機，如下圖所示：

2-4 建立第1個Android Studio專案

現在，我們可以啓動Android Studio建立第一個Android應用程式。此程
式只準備修改TextView元件內容來顯示「我的Android應用程式」的文字內
容。

本節範例的主要目的是說明Android Studio基本使用、專案的目錄結
構、主要編輯介面和如何新增和在Android模擬器測試執行Android應用程
式。

📲 步驟一：新增Android Studio專案

Android Studio整合開發環境是使用專案（projects）來管理Android應用
程式開發，專案是一個目錄結構，內含Java程式檔案、佈局檔、圖示和圖形等
資源檔案。新增Android Studio專案的步驟（需Internet連線），如下所示：

STEP01 Windows 10作業系統請選左下角視窗圖示後，執行「Android Studio>Android Studio」命令啟動Android Studio，可以看到「Welcome to Android Studio」視窗。

STEP02 點選【New Project】新增Android Studio專案（選【Open】可以開啟存在的專案）。

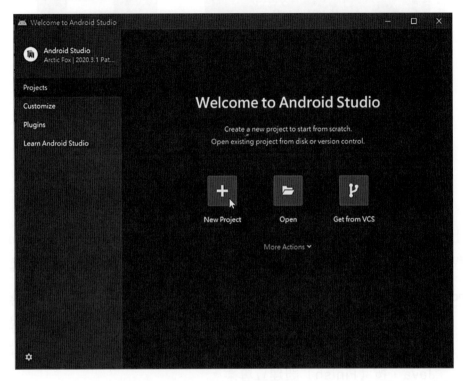

說明

如果Android Studio上一次離開時有開啟專案，下次啟動預設開啟上一次的專案，可以直接進入整合開發環境的主視窗，此時請執行「File>New>New Project」命令新增Android Studio專案。

STEP03 在【Phone and Tablet】分類,選【Empty Activity】空白活動範本,按【Next】鈕輸入專案資訊。

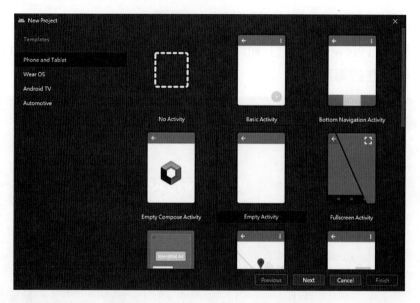

上述步驟的左邊可選應用程式種類,可以選擇開發手機和平板的Android應用程式(預設值)、Wear OS穿戴、Google TV電視和Automotive自駕車。

STEP04 請輸入應用程式名稱【Ch2_4】(名稱通常是以英文大寫字母開頭)、套件名稱會自動填入【com.example.ch2_4】,然後在【Save location】欄位按之後的【…】鈕選擇儲存路徑後,語言選Java,按【Finish】鈕建立專案。

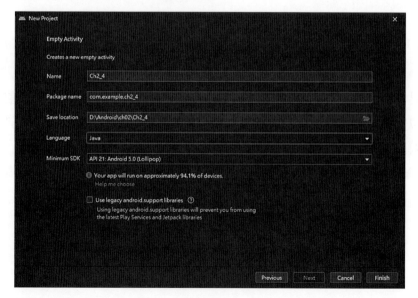

上述精靈畫面的主要欄位說明，如下表所示：

欄位	說明
Name（應用程式名稱）	出現在Android應用程式上方標題列：桌面圖示下方的名稱
Package name（套件名稱）	類似網域名稱的套件名稱，這是使用小寫英文字母開頭，請注意！如果套件名稱相同，就表示是同一個應用程式（重複安裝會取代現有應用程式），例如：【com.example.ch2_4】
Save location（專案所在目錄）	選擇專案儲存位置的路徑，請按欄位後按鈕來更改，以本書為例是位在「C:\Android\ch02」路徑，在之後是專案名稱的子目錄Ch2_4
Language（開發語言）	Android開發語言可以選Kotlin和Java，在本書是使用Java語言
Minimum SDK（最低SDK版本）	選擇行動裝置需支援最低需求的Android　SDK版本，預設值是5.0版的API層級21。當選擇後，可以在下方顯示此版本目前的市場佔有率，也就是有多少行動裝置可以執行此Android應用程式

STEP05 稍等一下，等到專案建立完成，就可以進入Android Studio整合開發環境。

STEP06 如果沒有看到「Project」專案視窗，請點選左邊垂直的【Project】標籤來開啟此視窗，可以顯示【Ch2_4】專案的目錄結構，在上方標籤頁點選【activity_main.xml】佈局檔，可以看到預覽的圖形使用介面。

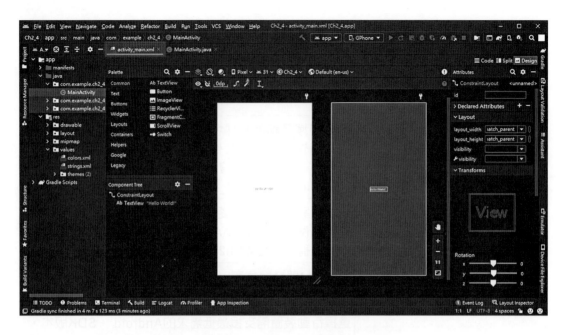

在左邊「Project」專案視窗（預設是Android專案檢視）是使用樹狀結構顯示專案目錄和檔案，點選之前的圖示可以展開和摺疊，如下圖所示：

在上述視窗展開「app」目錄，位在「java」目錄下是Java程式檔MainActivity.java；「res\layout」目錄下是activity_main.xml佈局檔，「res\mipmap」目錄是圖形資源，ic_launcher.png圖檔是應用程式的圖示，「res\values」目錄下的strings.xml是字串資源檔。

⤷ 步驟二：檢視與編輯Android應用程式檔案

Android Studio專案的檔案主要有三個：MainActivity.java、activity_main.xml和strings.xml（此檔案是字串資源）三個，其檢視與編輯步驟如下所示：

STEP01 在「Project」視窗展開「app\java」目錄，可以看到套件名稱，展開後，按二下【MainActivity】開啟Java程式碼編輯器，可以編輯MainActivity.java程式檔案，如下圖所示：

在上述編輯標籤頁第1行使用package關鍵字建立套件，在展開import後，可以看到匯入的類別與套件清單，這些是現成Android SDK框架的類別和套件（套件就是相關的類別集合，方便我們進行程式檔的管理）。

Android Studio專案的程式部分屬於【com.example.ch2_4】套件的Java程式檔。在專案預設新增MainActivity類別，這是繼承AppCompatActivity類別的活動類別，內含onCreate()方法，關於MainActivity類別宣告的進一步說明，請參閱第3-4節。

STEP02 請選上方【activity_main.xml】標籤切換編輯佈局檔，預設使用介面設計工具開啟和新增一個TextView元件（類似Windows作業系統的Label標籤控制項）。

STEP03 點選【+】和【-】鈕可以放大和縮小尺寸，我們可以直接在畫面選【Hello World!】（此文字就是TextView元件），可以在右邊看到「Attributes」屬性視窗，text屬性值是顯示的文字內容，如下圖所示：

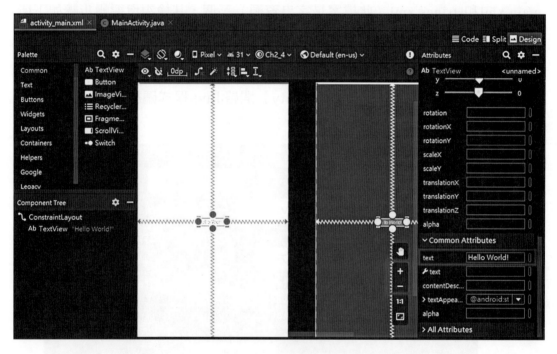

STEP04 請將text屬性值從【Hello World!】改為【我的Android應用程式】，如下圖所示：

說明

請注意！Android Studio開發環境因版本和設定問題，如果Android Studio無法輸入中文字串和屬性值，我們可以在記事本輸入中文內容後，按 [Ctrl+C] 和 [Ctrl+V] 鍵來複製和貼上中文至Android Studio。

經筆者測試Android Studio只需使用Kotlin語言新增一個專案或開啟存在的Kotlin專案後，再開啟其他Java語言的專案，就可以正常輸入中文內容，書附Ch2_4a專案就是Kotlin語言的Android Studio專案。

STEP05 請展開「app\res\values」目錄，按二下【strings.xml】，可以開啟 XML文件的標籤碼，如下圖所示：

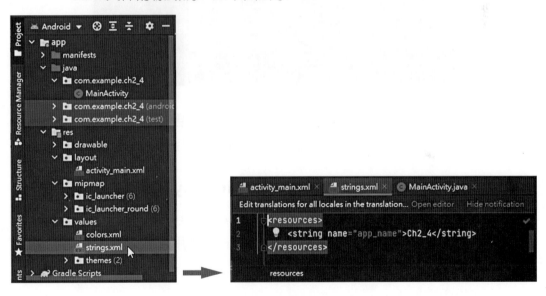

上述XML檔是使用<string>標籤定義應用程式使用的字串資源，如下所示：

```
<resources>
  <string name="app_name">Ch2_4</string>
</resources>
```

上述XML檔案的內容如同HTML標籤，使用「<」和「>」符號括起的稱為標籤，<resources>是開頭標籤，配合</resources>結尾標籤（名稱前有「/」符號）就是一個XML元素resources，其內容是另一個XML元素<string>，XML元素也可以是文字內容，即標籤內容，例如：Ch2_4。

在<string>開頭標籤可以加上空白分隔的屬性清單，name是屬性；屬性值是使用「"」括起的字串，預設新增名為app_name字串資源，這是顯示在標題列的Android應用程式名稱。

STEP06 我們準備更改應用程式名稱，即更改【app_name】標籤內容，請直接使用鍵盤輸入，將【Ch2_4】改成【Android程式範例】。

STEP07 Android Studio預設自動儲存內容的變更，我們也可以自行執行「File>Save All」命令，儲存專案所有編輯過的內容變更。

↳ 步驟三：在Android SDK安裝Google Play Licensing Library

因為Build-Tools授權問題，我們需要在Android SDK安裝Google Play Licensing Library，否則，在編譯與執行Android應用程式就會顯示下列錯誤訊息，如下所示：

➲ **License for package Android SDK Build-Tools 30.0.2 not accepted.**

在Android SDK安裝Google Play Licensing Library的步驟，如下所示：

STEP01 請在Android Studio執行「Tools>SDK Manager」命令，選【SDK Tools】標籤，勾選【Google Play Licensing Library】後，按【OK】鈕。

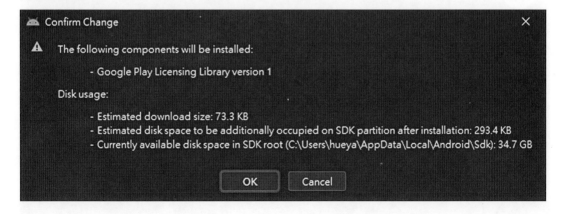

STEP02 再按【OK】鈕確認更改來安裝此元件。

STEP03 選【Accept】同意授權,按【Next】鈕開始下載安裝。

STEP04 等到完成安裝,請按【Finish】鈕,再關閉SDK Manager。

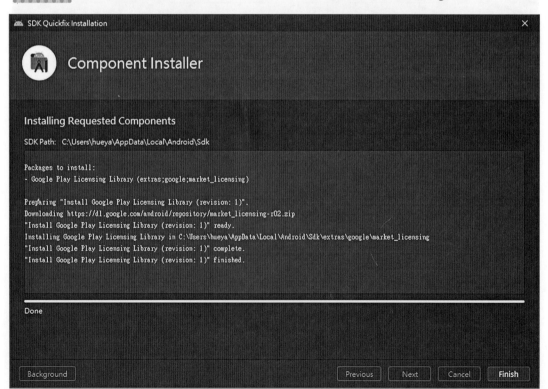

⤳ 步驟四：編譯與執行Android應用程式

在完成Android應用程式檔案的編輯後，就可以編譯與執行專案，我們準備使用第2-3-2節新增的【GPhone】模擬器來執行Android應用程式，其步驟如下所示：

STEP01 請執行「Run>Run 'app'」命令或按 `Shift-F10` 鍵，稍等一下，可以看到啓動模擬器，啓動模擬器需花費一些時間，等到完成啓動和成功安裝Android應用程式後，可以看到執行結果，顯示一段文字內容，如下圖所示：

上述AVD模擬器有顯示手機外型，在右邊是垂直工具列，可以模擬手機的相關操作，其說明如下圖所示：

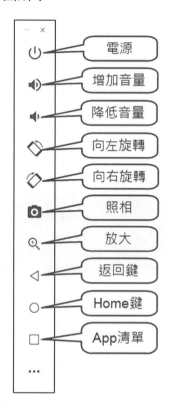

回到Android Studio整合開發環境，結束Android Studio請執行「File>Exit」命令；執行「File>Close Project」命令可以關閉目前開啓的專案，如果已經沒有開啓的專案，就會回到「Welcome to Android Studio」視窗，可以看到最近開啓過的專案清單（點選即可再次開啓專案），如下圖所示：

2-5 Android Studio使用介面

　　Android Studio是一套功能強大的整合開發環境，其使用介面是由各種功能的工具視窗（tool windows）組成，我們可以依需求顯示所需的視窗，或隱藏不需要的視窗來增加可用的編輯區域。

▊ 2-5-1 主視窗

　　當新增和開啟Android Studio專案後，有時會看到「Tip of the Day」對話方塊，顯示今日使用小秘訣，按【Next Tip】鈕可以檢視下一個小秘訣，按【Close】鈕關閉此對話方塊（勾選【Don't show tips】，下次就不會再顯示）。

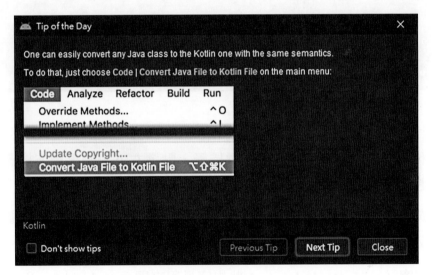

然後就進入Android Studio主視窗（main window），如果使用者同時開啓多個專案，每一個開啓專案都擁有一個獨立的主視窗，例如：Ch2_4專案（目前在執行專案之中），如下圖所示：

在上述圖例的上方是功能表列；之下是工具列，最下方是狀態列。左右兩邊和下方提供常用工具視窗的切換標籤，點選左下角的重疊方框圖示，可以切換使用快速功能表，或標籤來切換顯示各種工具視窗。

請依開發需求開啓所需的工具視窗，或隱藏成爲標籤（點選標籤可以切換顯示或隱藏工具視窗），主要工具視窗的簡單說明，如下所示：

➲ **專案視窗（project window）**：此視窗是用來顯示Android Studio的專案結構，使用階層結構來顯示專案包含的Java程式檔、資源檔和XML檔，預設是【Android】檢視。

➲ **編輯視窗（editor window）**：此視窗是標籤頁，可以編輯目前開啓的Java程式碼或XML檔案，如果不只一個，請使用上方標籤切換編輯的檔案，Android Studio會依據不同類型的檔案，提供不同的編輯工具。

➲ **Logcat視窗**：此工具視窗的內容就是Android除錯工具DDMS（Dalvik Debug Monitor Server），可以監控程式執行，顯示Logcat記錄資料、系統資訊、抓圖和除錯。

▪ 2-5-2 程式碼編輯器

　　程式碼編輯器（code editor）是一個標籤頁視窗，可以用來編輯文字模式的Java程式碼、佈局檔和資源檔的XML標籤碼，如下圖所示：

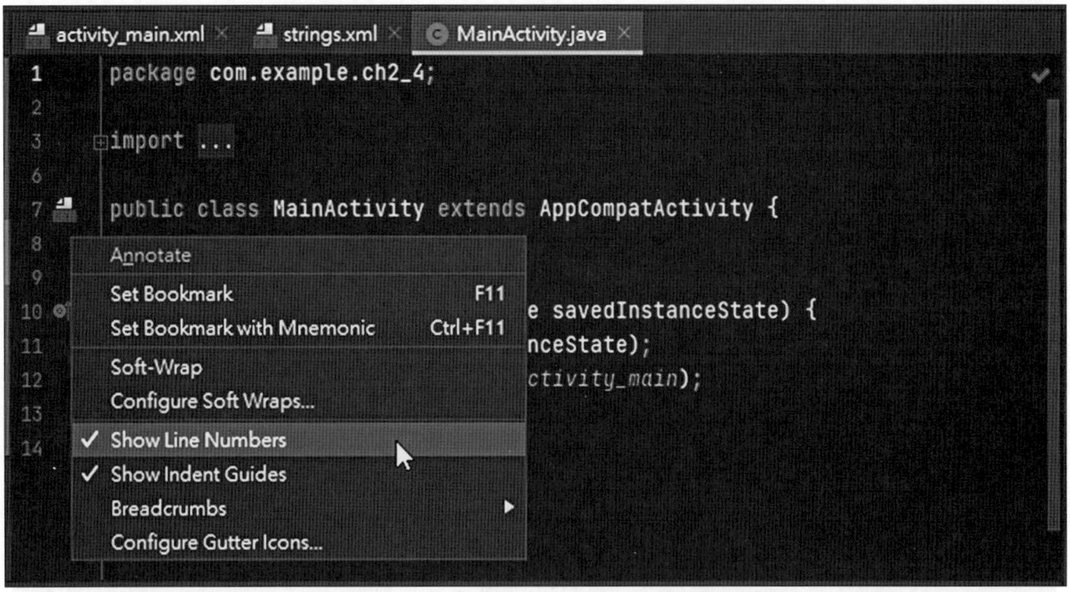

　　選上方檔名標籤，可以切換編輯的檔案，點選標籤後的【X】號，可以關閉此標籤頁編輯的檔案，在程式碼部分的關鍵字、註解、資源索引或常數是紫色和字串等都是使用不同色彩來標示，因為選擇的佈景不同，程式碼的配色也不同。

　　編輯器位在程式碼前方的+和-號表示是程式區塊，基於編輯需要，我們可以展開或隱藏程式區塊，例如：點選onCreate()方法前的-號，可以隱藏程式區塊，留下方法名稱，此時前方符號改為+號，表示可以展開，如下圖所示：

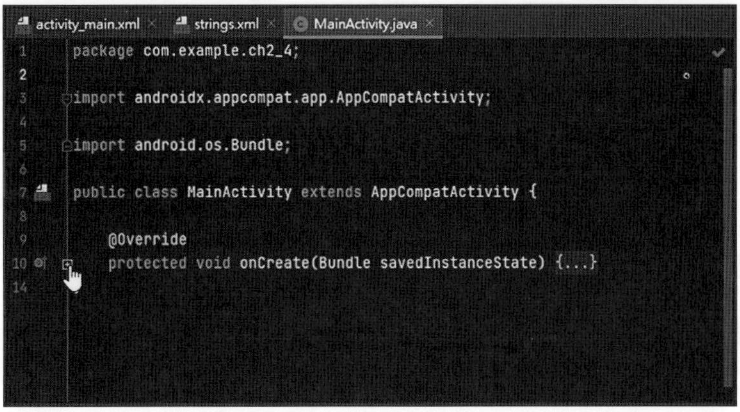

編輯器可以切換顯示程式碼前的行號，請在編輯器左邊+和-號前方的直行上，執行右鍵快顯功能表的【Show Line Numbers】命令來切換顯示行號。

2-5-3 介面設計工具

Android Studio介面設計工具（designer tool）是用來建立Android使用介面，即編輯activity_main.xml佈局檔。在介面設計工具提供兩種編輯模式，一是視覺化程式開發工具（visual builder tool）的Design標籤；另一個是編輯XML標籤碼的Text標籤。

Design設計模式

在Android Studio開啓activity_main.xml檔案，預設使用Design設計模式來編輯使用介面，如果沒有，請點選右上角的【Design】標籤，如下圖所示：

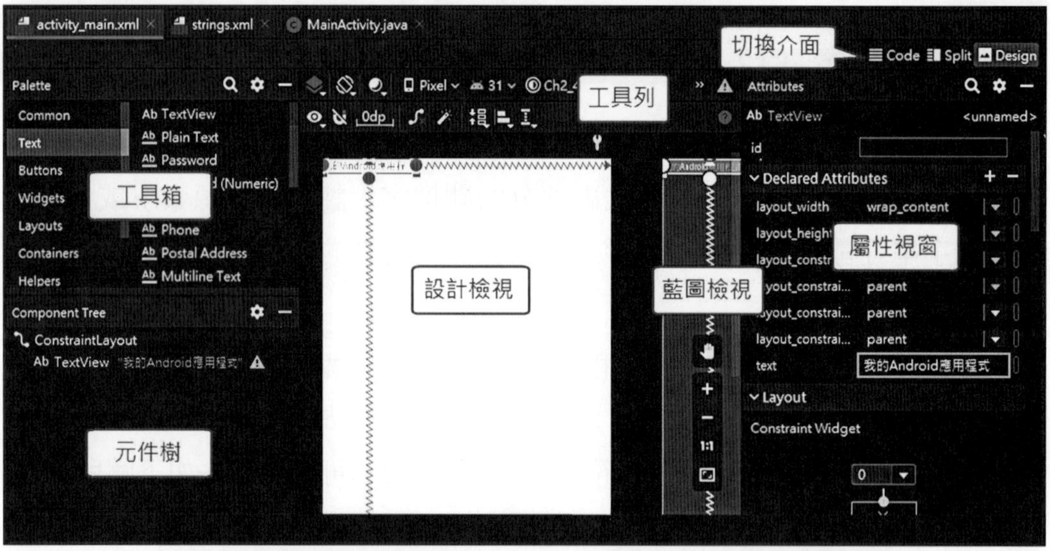

上述介面設計工具是隨看即所得的圖形介面設計工具，其主要編輯視窗的說明，如下所示：

- **工具箱（palette）**：提供Android SDK佈局（layouts）和介面（widgets）元件，我們可以直接拖拉指定元件至螢幕來新增和編排使用介面。
- **設計檢視（design view）**：以實際行動裝置螢幕來模擬顯示我們建立的使用介面。

- **藍圖檢視（blueprint view）**：使用藍底和元件方框來顯示介面元件的位置、尺寸與編排。

- **元件樹（component tree）**：使用樹狀結構顯示使用介面各元件的階層關係。

- **屬性視窗（Properties Window）**：顯示選擇元件的屬性清單，我們可以直接在此視窗更改元件的屬性值，預設只會顯示常用屬性，點選下方【View all properties】超連結可以切換顯示全部屬性。

- **工具列（toolbar）**：在裝置螢幕上方的工具列共有二列按鈕，第一列按鈕是設定版面配置的外觀，依序可以設定只有設計、藍圖或設計+藍圖檢視，旋轉、裝置機型、API層級、佈景、切換語言翻譯和切換活動不同的版面配置變異，如下圖所示：

⤴ Code標籤模式

點選右上角【Code】標籤可以切換至標籤模式，讓我們直接輸入XML標籤碼來編輯活動的版面配置，如下圖所示：

```xml
<?xml version="1.0" encoding="utf-8"?>
<androidx.constraintlayout.widget.ConstraintLayout xmlns:android="http://schemas.android.com/apk/res/android"
    xmlns:app="http://schemas.android.com/apk/res-auto"
    xmlns:tools="http://schemas.android.com/tools"
    android:layout_width="match_parent"
    android:layout_height="match_parent"
    tools:context=".MainActivity">

    <TextView
        android:layout_width="wrap_content"
        android:layout_height="wrap_content"
        android:text="我的Android應用程式"
        app:layout_constraintBottom_toBottomOf="parent"
        app:layout_constraintLeft_toLeftOf="parent"
        app:layout_constraintRight_toRightOf="parent"
        app:layout_constraintTop_toTopOf="parent" />

</androidx.constraintlayout.widget.ConstraintLayout>
```

請注意！對於佈局檔來說，我們並不需要直接編輯XML標籤，透過Design設計模式，就可以使用拖拉和設計屬性方式來自動產生XML標籤碼，只有strings.xml等資源檔案需要自行輸入XML標籤來建立。

1. 請簡單說明Android行動裝置軟硬體的基本規格？

2. 請問什麼是Android Studio？Android應用程式的原生開發語言是_____和_____語言。

3. 請簡單說明Android SDK？

4. 請問什麼Android模擬器？如何新增Android模擬器

5. 請問建立Android應用程式開發環境需要安裝哪些工具？

6. 請參考第2-3節說明，在Windows電腦安裝Android應用程式開發環境。

7. 請使用Android Studio開發工具建立第2個Android Studio專案，可以顯示讀者姓名。

8. 請簡單說明Android Studio開發工具的使用介面？

03 Android程式設計入門

3-1 Android應用程式介紹

在Android作業系統上執行的應用程式是由多種應用程式層級的元件所組成，活動是最主要也是最重要的組成元件之一。

3-1-1 認識Android應用程式

Android應用程式有四種應用程式層級的元件：活動（activities）、內容提供者（content providers）、廣播接收器（broadcast receivers）和服務（services），如下所示：

- **活動：**活動是Android應用程式與使用者互動的元件，可以用來定義使用者經驗，活動也是Android作業系統唯一可以讓使用者看到的組成元件，即使用介面的螢幕。Android應用程式可以建立一至多個活動來處理應用程式所需的不同互動。

- **內容提供者：**內容提供者是在不同Android應用程式之間分享資料的介面，一組封裝的資料，提供客製化API來進行讀寫。例如：聯絡人應用程式並沒有儲存任何聯絡人資料，它是透過內容提供者取得聯絡人資訊：姓名、地址和電話等，換句話說，所有需要使用聯絡人資料的Android應用程式，都可以透過同一內容提供者來存取聯絡人資料。

- **廣播接收器：**廣播接收器顧名思義是用接收廣播並且做出回應，這是Android實作系統層級的廣播與回應機制，事實上，Android系統本身就會常常發出廣播，例如：接到來電、收到簡訊、啟動相機裝置、時區改變、系統開機、電池剩餘電過低或使用者選擇偏好語言時，Android系統會發出廣播。

- **服務：**服務是在背景執行的行程，可以執行和活動一樣的工作，只是沒有使用介面。例如：播放背景音樂時，之所以不會打斷我們發送簡訊或收發電子郵件，因為它是一個在背景執行的服務，才能讓音樂播放不會中斷。

　　請注意！上述四種應用程式層級的元件在Android應用程式並不一定每一種都有，而且，Android應用程式最主要的組成元件就是活動（activities），這也是本書主題，如果Android應用程式擁有多個活動，我們需要使用第9章的意圖來啓動其他活動。

⬛ 3-1-2　活動

　　Android應用程式主要是由一或多個活動（Activity）組成，每一個活動可以建立與使用者互動的介面，類似Web網站的HTML表單網頁，例如：在通訊錄程式新增聯絡人資料，請點選右下角圓形按鈕，就可以進入輸入新聯絡人資料的表單，如下圖所示：

　　在輸入聯絡人資料後，按右上方勾號圖示，可以儲存聯絡人資料，在活動畫面上方是動作列（即應用程式標題列），勾號圖示就是位在動作列，活動的主要內容是由使用介面的按鈕、文字和圖形等元件組成，在Android稱爲視圖（views），本書稱爲介面元件，事實上，這些介面元件就是一個一個Java物件，在第4章有進一步的說明。

整個新增聯絡人的完整操作，如同在Web網站從一頁網頁瀏覽至另一頁網頁。所以，我們建立活動元件的主要目的有兩項，如下所示：

◑ **建立使用介面：**設計和編排元件來建立與使用者互動的使用介面，如同Windows作業系統的每一個視窗介面，或Web表單網頁，在Android Studio專案就是activity_main.xml佈局檔。

◑ **回應使用者的互動：**單純使用介面並不能與使用者互動，我們需要透過按下、拖拉和觸控操作指定元件來產生事件，然後建立Java程式碼來回應使用者的操作，這就是Java程式檔MainActivity.java。

請注意！當執行的活動被其他活動覆蓋後，活動並不會自動刪除，仍然儲存在記憶體之中，因為你可能馬上就會再使用到，如果記憶體不足，Android作業系統會自動依記憶體的使用狀況來關閉活動。

3-2 Android應用程式設計流程

對於Android應用程式的活動元件來說，其設計流程和Windows視窗程式設計並沒有什麼不同，其基本步驟如下所示：

STEP01 新增Android Studio專案：Android Studio是使用專案來管理應用程式，建立Android應用程式的第一步就是建立專案，預設建立活動元件。

STEP02 在佈局檔新增與編排介面元件：如同Windows視窗程式建立表單（forms），Android預設新增名為activity_main.xml佈局檔，請依照規劃的使用介面，從「Palette」工具箱視窗拖拉所需元件至佈局檔，在編排後，就可以建立活動的使用介面。

STEP03 設定介面元件的屬性：在佈局檔新增元件後，可以在「Attributes」屬性視窗設定元件位置、尺寸和內容等相關屬性值。

STEP04 在活動類別新增事件處理方法：依照元件觸發的事件，我們需要建立事件處理程序來處理事件，例如：按下Button按鈕元件。

STEP05 編譯與執行Android應用程式：在Android Studio編譯成功後，就可以部署在Android模擬器或行動裝置上來測試執行。

基本上，Android Studio開發工具在編譯專案時會將定義使用介面的佈局檔（XML文件）轉換成Java程式檔後，再編譯成Java類別檔（副檔名.class），如下圖所示：

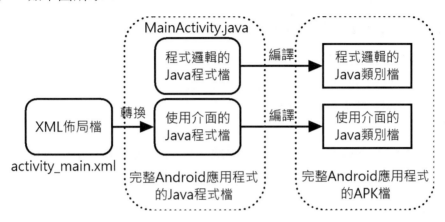

上述圖例是完整Android應用程式的Java程式檔，一個是從佈局檔activity_main.xml轉換而成；另一個是活動類別的Java程式檔MainActivity.java，最後一起編譯成Android應用程式的.class類別檔，和壓縮成副檔名.apk的安裝程式檔案（此檔案是ZIP格式壓縮檔）。

說明

在Android Studio專案是使用XML文件定義佈局、使用介面元件、字串和圖形等外部資源（編譯時會自動轉換成Java程式檔後，再編譯成Java類別檔，附檔名是.class），我們自行撰寫的Java程式檔主要的目的是載入使用介面和實作程式邏輯，即回應使用者操作的事件處理。

🗹 佈局檔：使用介面

　　使用介面佈局檔是一種類似HTML標籤的文件，稱為XML文件，簡單的說，我們是使用XML標籤來宣告使用介面擁有哪些元件，以標籤屬性來定義元件內容、位置和外觀，即編排元件，例如：第2-4節的TextView元件的XML標籤，如下圖所示：

```
<TextView
   android:layout_width="wrap_content"
   android:layout_height="wrap_content"
   android:text="我的Android應用程式" />
```

　　上述<TextView>標籤只有開頭標籤，沒有結尾標籤</TextView>，因為標籤之中沒有文字內容或其他元素，所以寫成縮寫寫法：

　　<TextView … />

　　上述「<」是配合「/>」來建立縮寫寫法的XML標籤。基本上，我們在Android Studio介面設計工具拖拉建立的元件，都會自動轉換成XML標籤，如下圖所示：

```
 activity_main.xml ×    strings.xml ×    ⓒ MainActivity.java ×
                                              ≡ Code  ⊞ Split  ▨ Design
 5          android:layout_width="match_parent"                      ⚠ 1 ^ ∨
 6          android:layout_height="match_parent"
 7          tools:context=".MainActivity">
 8
 9      💡  <TextView
10             android:layout_width="wrap_content"
11             android:layout_height="wrap_content"
12             android:text="我的Android應用程式"
13             app:layout_constraintBottom_toBottomOf="parent"
14             app:layout_constraintLeft_toLeftOf="parent"
15             app:layout_constraintRight_toRightOf="parent"
16             app:layout_constraintTop_toTopOf="parent" />
17
18      </androidx.constraintlayout.widget.ConstraintLayout>
```

　　換句話說，我們並不需要自行撰寫Java程式碼來建立使用介面，而是使用XML標籤來宣告介面上有什麼元件，位置和尺寸。在實務上，我們有2種方法來建立使用介面，如下所示：

⊃ 在【Code】標籤的XML標籤碼編輯器，自行從頭開始撰寫XML標籤來建立活動的使用介面。

⊃ 在【Design】標籤使用圖形化的介面設計工具來建立活動的使用介面，也就是直接拖拉來新增和編排介面元件，然後在「Attributes」屬性視窗設定屬性值（請注意！屬性視窗的屬性名稱和XML標籤屬性名稱並不相同，進一步說明請參閱第4章），如下圖所示：

上述新增介面元件的基本步驟，如下所示：

STEP01 從「Palette」工具箱展開區段，找到和選取欲新增的介面元件。

STEP02 拖拉介面元件至設計檢視的特定位置，完成介面元件的新增。

STEP03 選擇介面元件後，在右邊「Attributes」屬性視窗設定元件屬性來完成使用介面元件的新增。

⮕ Java程式檔：程式邏輯

我們在Android Studio撰寫Java程式碼的主要目的是載入使用介面的佈局檔，然後等待使用者的互動操作，即產生事件，例如：按下Button按鈕，Java程式碼是呼叫回應事件的方法來進行處理，例如：呼叫button2_Click()方法來回應使用者按下button2按鈕的操作。

基本上，Android程式設計就是一種「事件驅動程式設計」（event-driven programming），其執行流程需視使用者的操作而定，如同百貨公司開門

後，需要等到客戶上門後，才有銷售流程的產生，所以，客戶上門就是觸發事件，程式是依事件來執行適當的處理。

當我們在Android Studio介面設計工具拖拉建立Button元件button2後，就可以指定onClick屬性值【button2_Click】，這就是事件處理需要呼叫的方法名稱（請注意！只有名稱沒有「()」括號），如下圖所示：

上述onClick屬性值button2_Click連接MainActivity.java檔案的button2_Click()方法，如下圖所示：

```java
public void button2_Click(View view) {
    TextView output = (TextView) findViewById(R.id.lblOutput);
    output.setText("0");
}
```

當使用者在Android應用程式按下Button按鈕元件button2，可以從onClick屬性值知道，事件處理方法是button2_Click()，也就是執行此方法來回應使用者的操作。

說明

Button元件的onClick屬性是Android SDK的專屬功能，方便我們快速建立元件和事件處理之間的連接，事實上，Android SDK是使用Java介面來建立事件處理的傾聽者物件，在第5章我們會改用Java介面建立傾聽者物件來註冊元件的事件處理。

3-3 建立活動的使用介面實習–TextView 與 Button 元件

在這一節我們準備使用第3-2節說明的設計流程來建立Android應用程式（第2-4節的範例只有使用介面，並沒有程式邏輯），並且使用Android Studio介面設計工具來建立使用介面和設定相關屬性，開啓程式碼編輯視窗來編輯Java程式碼。

本節範例是一個簡單的計數器程式，我們準備刪除預設TextView元件後，從頭開始新增1個TextView和2個Button元件，然後撰寫按鈕的事件處理方法（methods，即其他語言的程序），當使用者按下按鈕，可以顯示計數增加1，或清除成0。

步驟一：新增Android Studio專案

在離開和重新啓動Android Studio後，預設會開啓Ch2_4專案，我們準備新增名爲Ch3_3的專案，其步驟如下所示：

STEP01 啓動Android Studio預設開啓第2章的Ch2_4專案，因爲每一個專案都會擁有獨立的主視窗，請先執行「File>Close Project」命令關閉目前專案，就會回到「Welcome to Android Studio」視窗。

STEP02 在「Welcome to Android Studio」視窗，點選【New Project】新增Android Studio專案。

Android 程式設計與應用

STEP03 在第一步的精靈畫面選【Empty Activity】活動範本後，按【Next】
鈕。

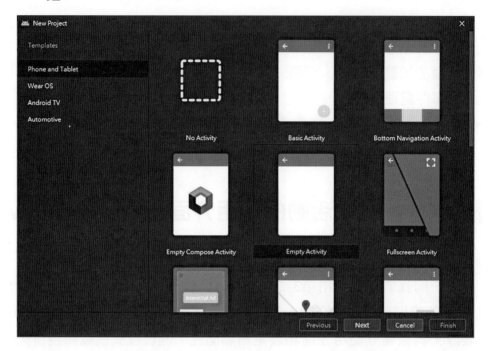

STEP04 輸入應用程式名稱、套件名稱、選擇儲存位置和Java語言後，按
【Finish】鈕建立專案，如下圖所示：

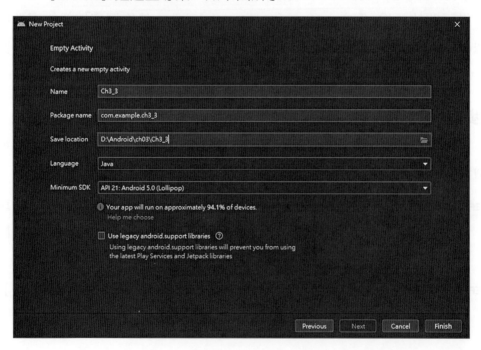

欄位	欄位值
Name	Ch3_3
Package name	com.example.ch3_3
Save location	「D:\Android\ch03\Ch3_3」
Language	Java
Minimum SDK	API 21: Android 5.0 (Lollipop)

步驟二：在佈局檔新增介面元件

接著在activity_main.xml佈局檔新增1個TextView元件和2個Button元件，其步驟如下所示：

STEP01 如果沒有開啟，請展開「app\res\layout」目錄，按二下【activity_main.xml】開啟介面設計工具，在左邊「Palette」工具箱下方的「Component Tree」元件樹視窗是使用階層來顯示元件結構，右邊是藍圖檢視，可以看到元件是位在佈局元件之中，如下圖所示：

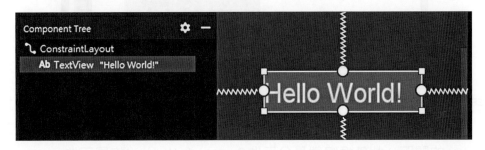

說明

元件樹視窗和藍圖檢視是使用不同角度顯示使用介面設計的結果，ConstraintLayout是專案預設的佈局元件，也是根元件，其功能如同是一個整理盒，可以幫助我們整理和編排之中的介面元件，所以元件是位在佈局元件之中，預設新增1個TextView元件。

STEP02 因為我們準備重頭開始建立使用介面，請選TextView元件，可以看到四周定位點，在其上執行【右】鍵快顯功能表的【Delete】命令刪除元件，記得按【＋】加號圖示放大螢幕顯示成為50%。

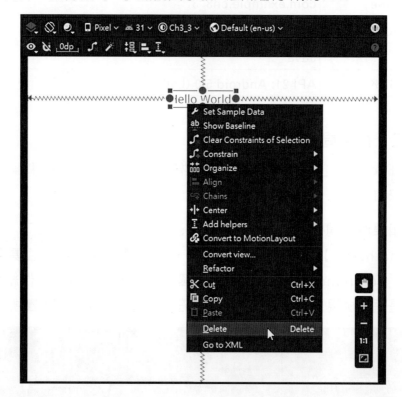

STEP03 在「Palette」工具箱的「Text」區段選【TextView】元件後，拖拉至螢幕上的插入位置，可以看到上方和右方箭頭線標示和外框邊線之間的間距，此外框線就是父元件ConstraintLayout佈局元件。

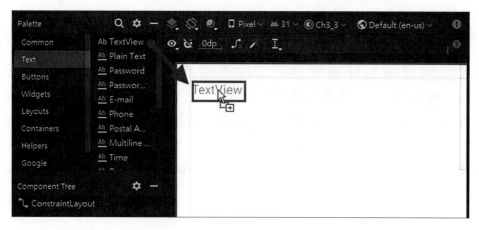

STEP04 我們需要指定上方和左邊間距的限制來定位元件，請選TextView元件後，在「Attributes」屬性視窗的【Layout】區段，按上方【＋】號後輸入56；左邊【＋】號是輸入24。

STEP05 在「Buttons」區段拖拉【Button】元件至TextView之下，對齊TextView元件的左邊邊界。

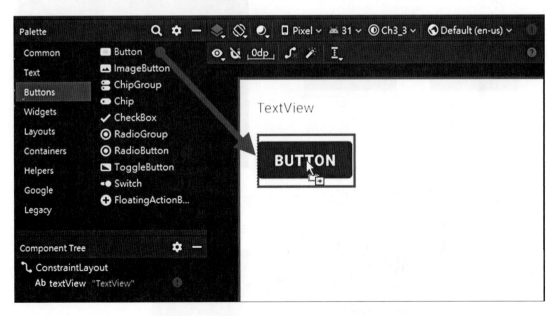

STEP06 選Button元件後，在「Attributes」屬性視窗的【Layout】區段，按
上方【+】號可自動填入目前的間距，例如：36（可自行調整）；按
左邊【+】號後，如果不是24，請自行輸入24。

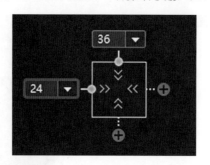

STEP07 再新增位在第1個Button元件右方的【Button】元件，然後在
「Attributes」屬性視窗的【Layout】區段，按上方【+】號自動填
入目前間距（可自行調整）；左邊的【+】號也可自動填入間距。

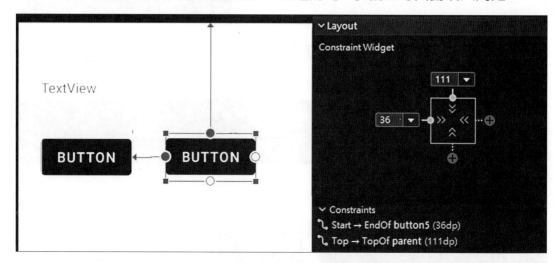

STEP08 在「Component Tree」元件樹視窗可以看到使用介面的結構，在
ConstraintLayout之下有1個TextView和2個Button元件。

說明

ConstraintLayout佈局元件是使用元件之間的相對位置（即新增限制）來編排介面元件，現在，我們已經完成房間之中的傢俱佈置（傢俱如同是介面元件），接下來就需要決定配件和色彩（設定介面元件的屬性）。

⤴ 步驟三：設定介面元件的屬性

在新增1個TextView和2個Button元件後，接著我們需要更改介面元件的屬性，其步驟如下所示：

STEP01 選TextView元件，在右方「Attributes」視窗編輯屬性，請在【id】屬性輸入更名成【lblOutput】（輸入後，按【Refactor】鈕更名）；【text】屬性輸入【0】，如下圖所示：

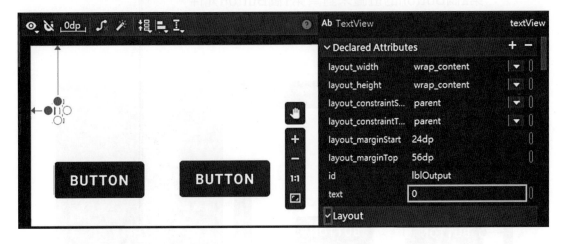

STEP02 向下捲動至「Common Attributes」區段，在【textAppearance】屬性選【AppCompat.Large】。

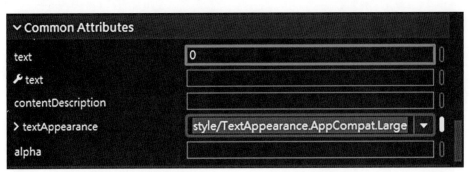

上述TextView元件的常用屬性說明，如下表所示：

屬性	說明
id	元件唯一的識別名稱
layout_width	元件的寬度，值可以是match_constraint填滿上一層的可用寬度，wrap_content剛好足夠顯示元件內容的寬度，尺寸需視元件的文字內容而定
layout_height	元件的高度，值可以是match_constraint填滿上一層的可用高度，wrap_content剛好足夠顯示元件內容的高度，尺寸需視元件的文字內容而定
text	元件顯示的文字內容
textAppearance	使用AppCompat預設常數值指定外觀樣式，AppCompat.Large是大字型

STEP03 因為放大TextView文字的字型，下方二個按鈕沒有對齊，請拖拉調整第2個Button的位置來對齊第1個Button元件。

STEP04 然後選第1個Button元件，在【text】屬性輸入標題【增加計數】，如下圖所示：

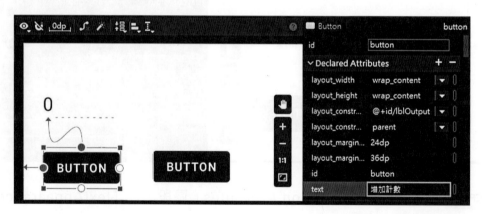

STEP05 向下捲動至「Common Attributes」區段，在【onClick】屬性輸入
【button_Click】，如下圖所示：

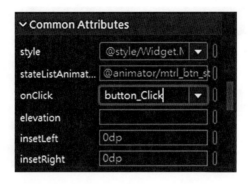

上述Button元件的常用屬性說明，如下表所示：

屬性	說明
id	元件唯一的識別名稱
layout_width	元件的寬度
layout_height	元件的高度
onClick	按鈕事件處理方法的名稱
text	元件顯示的標題文字

STEP06 選第2個Button元件，【text】屬性輸入標題文字【計數歸零】；在
【onClick】屬性輸入屬性值【button2_Click】。

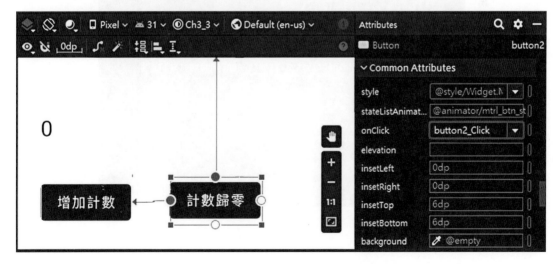

STEP07 在介面設計工具除了裝置螢幕的設計檢視外,在右邊還有一個藍圖檢視,使用方框來標示各元件的尺寸和位置,如下圖所示:

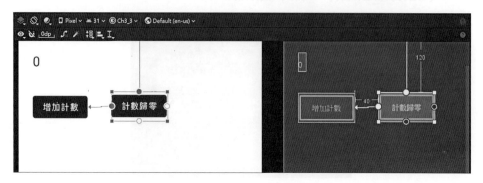

📤 步驟四:在活動類別新增事件處理方法

在完成使用介面的屬性設定後,我們就可以建立2個Button元件的事件處理方法,其步驟如下所示:

STEP01 請在「Project」專案視窗展開「java」目錄,按二下【MainActivity.java】開啟Java程式碼檔案來輸入Java程式碼。

STEP02 請在MainActivity類別onCreate()方法的「}」符號後按 Enter 鍵換行,然後從此處開始準備輸入第1個button_Click()方法(名稱與onClick屬性同名)。

```java
package com.example.ch3_3;

import ...

public class MainActivity extends AppCompatActivity {

    @Override
    protected void onCreate(Bundle savedInstanceState) {
        super.onCreate(savedInstanceState);
        setContentView(R.layout.activity_main);
    }

}
```

STEP03 請再按一次 Enter 鍵換行後開始輸入，首先輸入public的第1個字母
「p」，程式碼編輯器會顯示自動程式碼完成（code completion）
的選單，你可以不理會繼續輸入，或在選單按二下public，馬上輸入
public且空一格，如下圖所示：

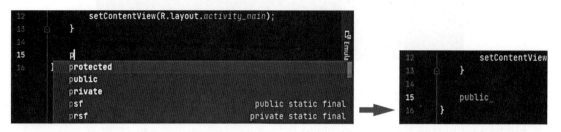

STEP04 繼續輸入void的第1個字母「v」，因為選單的第1個選項就是
void，請按 Enter 鍵可以馬上輸入void且空一格，如下圖所示：

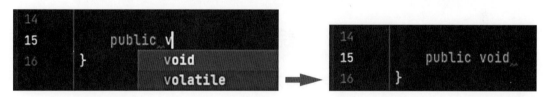

STEP05 繼續輸入方法名稱button_Click後，輸入左括號「(」，就會自動填
上「)」右括號，請繼續在括號中輸入Vi，可以按二下View馬上輸入
View（同時自動匯入android.view.View類別），如下圖所示：

```
public void button_Click(Vi)
}
                        © VirtualMachineError java.lang
                        © View android.view
                        © Vibrator android.os
                        © VibrationAttributes android.os
                        © VibrationEffect android.os
                        © VibratorManager android.os
```

STEP06 然後繼續輸入View之後的view，如下圖所示：

STEP07 button_Click()方法少了程式區塊的大括號,請按 Ctrl+Shift+Enter
鍵自動完成方法的程式碼,如下圖所示:

```
15
16        public void button_Click(View v) {
17          |
18        }
19  }
```

STEP08 請重複上述步驟輸入第2個button2_Click()方法,如下所示:

```
public void button2_Click(View view) {


}
```

說明

　　如果沒有使用自動程式碼完成輸入View,而是自行輸入程式碼,在輸入
方法參數View view後,可以看到View是紅色字,當我們將游標移至View上
方,可以看到訊息指出不認識此符號(Cannot resolve symbol 'View'),而
且在上方MainActivity.java檔名標籤下方顯示紅色鋸齒線,表示程式碼有錯
誤,如下圖所示:

```
activity_main.xml        MainActivity.java

7    public class MainActivity extends AppCompatActivity {          2  2  ^ ∨
8
9        @Override
10       protected void onCreate(Bundle savedInstanceState) {
11           super.onCreate(savedInstanceState);
12           setContentView(R.layout.activity_main);
13       }
14
15       public void button_Click(View view) {
16                                    Cannot resolve symbol 'View'              ⋮
17       }
18                                    Import class  Alt+Shift+Enter   More actions... Alt+Enter
19       public void button2_Click(View view) {
20
21       }
22
23   }
```

　　請選取【View】紅色字，再按 Alt-Enter 鍵，可以看到一個選單，選
【Import class】選項，讓Android Studio自動匯入類別後，可以看到View不
再是紅色字，如下圖所示：

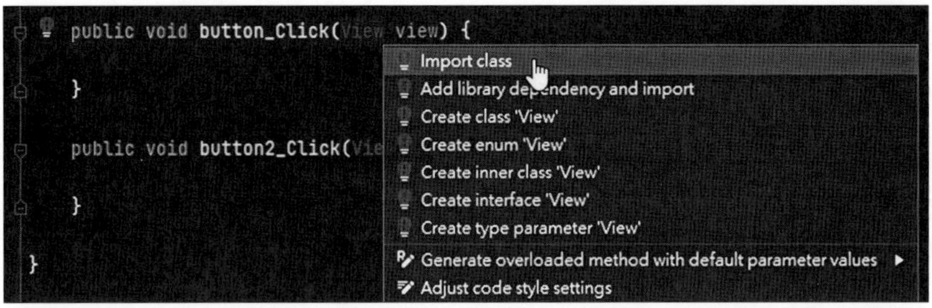

　　當我們在程式碼編輯器上方展開【import】，可以看到自動匯入的
android.view.View類別，所以View是View類別，不再是不認識的符號，如下
圖所示：

STEP09 接著輸入button_Click()事件處理的程式碼時，當我們自行輸入
TextView，可以看到成為紅色字（如果是使用自動程式碼完成，就會
自動匯入android.widget.TextView）。

STEP10 請將游標移至紅色字TextView，可以看到藍底浮動訊息，指出需匯
入android.widget.TextView，按 Alt-Enter 鍵，可以馬上讓Android
Studio自動匯入android.widget.TextView類別，然後TextView就不
再是紅色字。

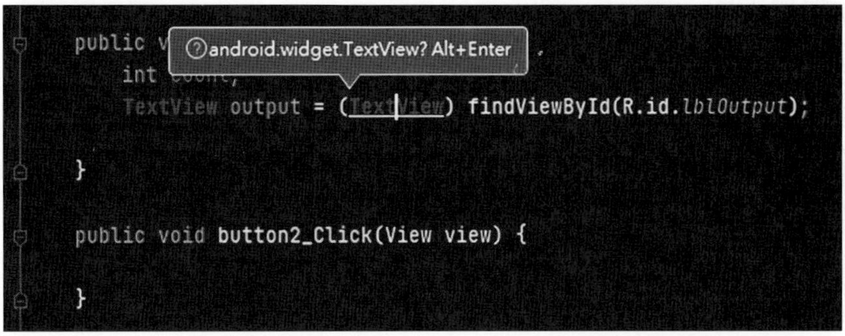

STEP11 然後輸入button_Click()和button2_Click()方法的完整Java程式
碼，如下所示：

```
01: public void button_Click(View view) {
02:    int count;
03:    TextView output = (TextView) findViewById(R.id.lblOutput);
04:    count = Integer.parseInt(output.getText().toString());
05:    count++;
06:    output.setText(Integer.toString(count));
07: }
08:
09: public void button2_Click(View view) {
10:    TextView output = (TextView) findViewById(R.id.lblOutput);
11:    output.setText("0");
12 }
```

上述第3行使用findViewById()方法（此方法的進一步說明請參閱第3-4
節）找出使用介面的TextView元件，在第4行取得內容的整數計數值（使用
Integer.parseInt()方法轉換成整數），第5行將變數count加1，然後在第6行使
用setText()方法指定顯示的文字內容，使用Integer.toString()方法將整數轉換
成字串，在第11行指定文字內容為0。

STEP12 Android Studio預設自動儲存內容變更，我們也可以自行執行
「File>Save All」命令，儲存專案所有編輯過的內容變更。

🖒 步驟五：編譯與執行Android應用程式

在完成Android應用程式檔案的編輯後，就可以編譯與執行專案的程式檔
案，其步驟如下所示：

STEP01 請執行「Run>Run 'app'」命令或按 Shift-F10 鍵，稍等一下，等到
完成Android應用程式安裝，就可以看到執行結果，如下圖所示：

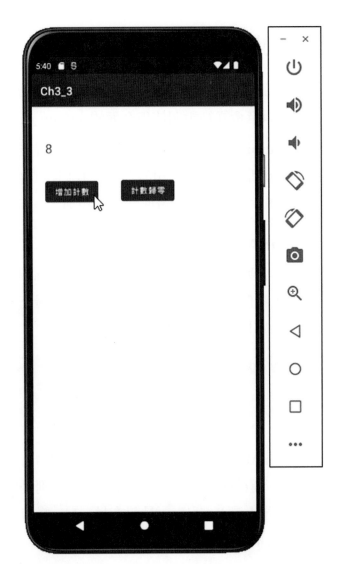

按【增加計數】鈕，可以在上方顯示計數值加一，按【計數歸零】
鈕，可以將計數值重設成0。

3-4 活動類別的Java程式檔

　　Android Studio專案的主要檔案有2個，在這一節說明活動類別的Java程式檔MainActivity.java，第4章會詳細說明使用介面的activity_main.xml佈局檔。

　　基本上，活動是Android應用程式的核心，這是使用者唯一會注意到和看得到的元件，因爲大部分活動都會與使用者互動，我們建立Android應用程式有很多時間是在定義和實作每一個螢幕畫面的活動類別。

↩ Java程式檔：MainActivity.java

　　Android應用程式的活動類別是一個Android框架的Java類別，如同是一個空的Android應用程式，我們只需繼承活動類別，覆寫和擴充其功能，就可以建立Android應用程式，如下所示：

```
public class MainActivity extends AppCompatActivity {
    …
}
```

　　上述程式區塊是MainActivity類別宣告，在類別宣告中可以有變數宣告的成員變數和行爲的程序，稱爲成員方法。基本上，Java類別是使用class關鍵字宣告，在之後是類別名稱MainActivity，最前方是public修飾子（所以檔案名稱和此類別同名），其簡單說明如下所示：

◐ **private修飾子**：類別的成員變數或成員方法只能在類別本身呼叫或存取。

◐ **public修飾子**：類別建立物件的對外使用介面，可以讓其他類別的程式碼呼叫物件宣告成public的方法或存取public的成員變數。

　　Java類別可以擴充或修改現有類別的功能，稱爲繼承，MainActivity類別是使用extends關鍵字繼承之後的AppCompatActivity類別，如下圖所示：

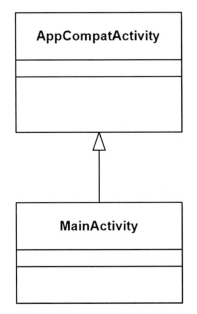

上述AppCompatActivity類別是活動的基礎類別,如同一間尚未裝潢的空房子(活動原型),MainActivity類別繼承AppCompatActivity類別,讓MainActivity類別馬上就擁有一間空房子,等著我們使用介面元件來裝潢佈置(擴充建立出自己的活動)。

說明

「繼承」(inheritance)是物件導向程式設計的重要觀念,繼承是宣告的類別繼承現存類別的部分或全部的成員資料和方法、新增額外的成員資料和方法或覆寫和隱藏繼承類別的方法或資料。

事實上,AppCompatActivity類別是Android SDK框架(frame)的Android應用程式半成品,而你就是一位設計師,負責以使用介面元件來佈置裝修房間,佈局元件編排放置傢俱,最後就可以建立出你自己的Android應用程式。

↪ onCreate()方法:初始化活動

在活動類別的onCreate()方法是在活動建立時呼叫,可以在此方法執行靜態活動的初始化,即建立活動的使用介面元件,我們可以將此方法視為活動的進入點,如下所示:

```
@Override
protected void onCreate(Bundle savedInstanceState) {
    super.onCreate(savedInstanceState);
    setContentView(R.layout.activity_main);
}
```

上述onCreate()方法使用protected修飾子且沒有static關鍵字,因為這是物件的實例方法,不是第1-4節的類別方法,protected修飾子的說明,如下所示:

⊃ **protected修飾子:**宣告的成員方法或變數可以在同一類別、其子類別或同一個套件存取,其存取權限介於public和private之間。

onCreate()方法的參數是Bundle物件,這是一種儲存鍵和值成對資料的物件,在第1行程式碼使用super關鍵字呼叫父類別的onCreate()方法來初始活動,參數就是Bundle物件savedInstanceState,如下所示:

```
super.onCreate(savedInstanceState);
```

↪ setContentView()方法:載入和顯示佈局檔

在onCreate()方法的第2行是呼叫setContentView()方法,可以載入和顯示參數佈局資源ID的使用介面,如下所示:

```
setContentView(R.layout.activity_main);
```

上述setContentView()方法的參數R.layout.activity_main是佈局資源,這是R.java檔案的資源ID,指向專案「app\res\layout」目錄的佈局檔activity_main.xml,如下圖所示:

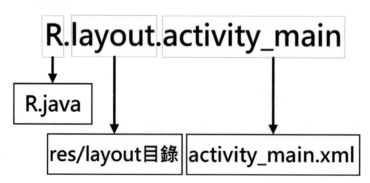

在Android Studio的程式碼編輯器可以檢視資源ID的常數值，請在程式碼中選取參數【R.layout.activity_main】，然後移動游標至文字上，可以看到浮動視窗顯示的ID常數值，如下圖所示：

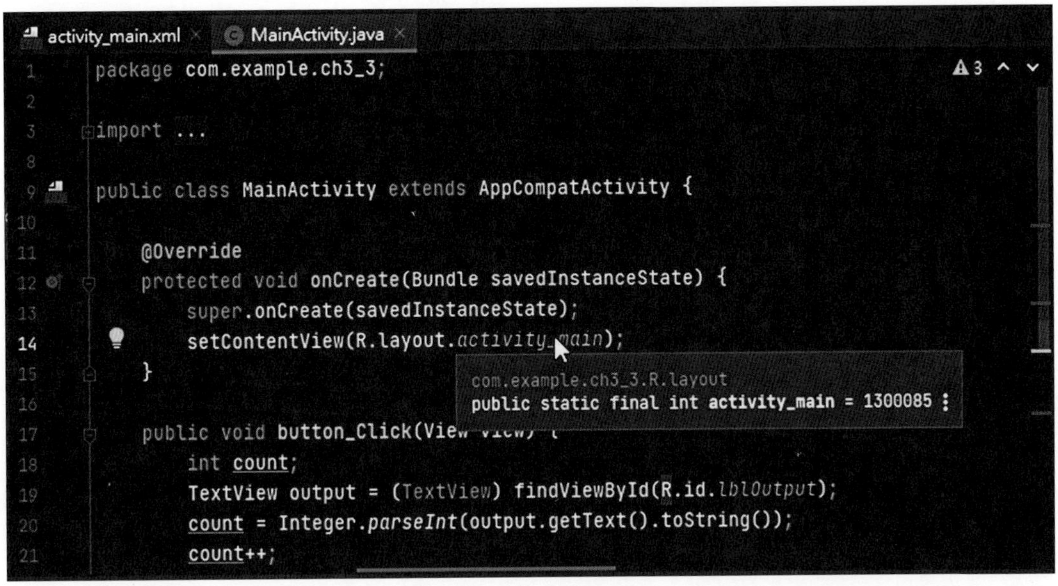

上述R.layout.activity_main的整數常數值是1300085，這是位在R.java檔案，此檔案是Android Studio自動產生的檔案，並不允許編輯檔案內容，R.java是R類別，擁有內層layout類別，在之中是activity_main類別常數（因為使用static final關鍵字宣告），如下所示：

```
public final class R {
    ......
    public static final class layout {
        ......
        public static final int activity_main=1300085;
        ......
    }
    ......
}
```

↳ findViewById()方法：找到指定的介面元件

如同setContentView()方法載入和顯示參數佈局資源ID的使用介面，findViewById()方法是從佈局檔中找出介面元件，使用的是元件的ID屬性值。一般來說，當Java程式碼需要存取介面元件的屬性，或呼叫方法時，第一步就是呼叫findViewById()方法找出此元件的物件，如下所示：

```
TextView output = (TextView) findViewById(R.id.lblOutput);
```

上述findViewById()方法的參數R.id.lblOutput也是透過R.java檔案找到TextView元件，這也是一個類別常數，如下圖所示：

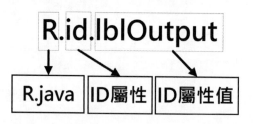

上述R是R.java檔；id是ID屬性，lblOutput是ID屬性值，在Android Studio自動產生的R.java檔案內容，如下所示：

```
public final class R {
    ......
    public static final class id {
        ......
        public static final int lblOutput=1000216;
        ......
    }
    ......
}
```

上述巢狀類別的外層類別是R，內層id類別是所有ID屬性值轉換成的類別常數，以此例是lblOutput常數。Java程式碼就是使用此常數來找出TextView元件lblOutput。

　　因為setContentView()方法找出的是View物件，所以需要使用(TextView)型態轉換成TextView元件output，然後呼叫getText()方法取得文字內容；setText()方法是指定文字內容，如下所示：

```
int count;
…
count = Integer.parseInt(output.getText().toString());
count++;
output.setText(Integer.toString(count));
```

　　上述getText()和setText()方法和EditText元件相同，進一步說明請參閱第3-5節。

↬ button_Click()、button2_Click()：事件處理方法

　　當Android Studio專案在activity_main.xml佈局檔的2個Button元件分別指定onClick屬性值是button_Click和button2_Click，請注意！屬性值並沒有「()」括號，只有名稱。

　　因為在佈局檔有指定onClick屬性值，MainActivity.java的MainActivity.java類別就需要新增button_Click()和button2_Click()兩個方法（請注意！屬性值和方法名稱一定要相同，不要拼錯了方法名稱，否則執行會產生錯誤），如下所示：

```
public void button_Click(View view) {
}

public void button2_Click(View view) {
}
```

　　上述方法宣告成public，因為是事件處理不會有傳回值，所以使用void，參數是View物件，也不要忘了輸入。

反過來，我們也可以先在MainActivity.java建立button_Click()和button2_Click()事件處理方法，然後在「Attributes」屬性視窗的onClick屬性選擇處理的事件處理方法，如下圖所示：

📝 MainActivity.java匯入的套件與類別

當活動類別宣告如果有使用Android SDK現成的API類別，我們需要匯入所屬套件的類別完整名稱，以第3-3節的MainActivity.java為例，在程式開頭需要匯入多個類別，如下所示：

```
import androidx.appcompat.app.AppCompatActivity;
import android.os.Bundle;
import android.view.View;
import android.widget.TextView;
```

上述程式碼使用import關鍵字匯入指定類別，這些是Android API提供的類別，一些馬上可以使用的現成類別，其說明如下所示：

- ⮞ **匯入第1個類別：** 因為MainActivity類別繼承AppCompatActivity類別。

- ⮞ **匯入第2個類別：** 因為onCreate()方法的參數是Bundle物件。

- ⮞ **匯入第3個類別：** 因為button_Click()和button2_Click()方法的參數是View物件。

- ⮞ **匯入第4個類別：** 因為button_Click()和button2_Click()方法程式碼需要呼叫TextVeiw元件的方法。

3-5 　EditText資料輸入元件實習

　　Android文字功能的介面元件主要有兩種：TextView和EditText元件，TextView元件顯示文字內容；EditText元件是輸入文字內容。對比程式輸出入，TextView是程式輸出；EditText是程式輸入，Button元件就是執行處理，如下圖所示：

▪ 3-5-1 　建立EditText元件

　　EditText元件可以讓使用者以鍵盤輸入所需資料。例如：姓名、帳號、身高、體重、年齡和電話等，如下圖所示：

```
使用者姓名：  Joe Chen|
```

　　一般來說，在EditText元件之前，都會有一個欄位說明用途的TextView元件，此元件只是單純說明欄位，並非作為輸出用途。

↪ getText()方法：取得元件的內容

　　EditText和TextView元件都可以使用getText()方法來取得元件內容，即text屬性值，如下所示：

```
EditText name = (EditText) findViewById(R.id.txtName);
String str = name.getText().toString();
```

　　上述程式碼取得EditText元件後，呼叫getText()方法取得輸入的內容，toString()方法是轉換成String字串資料型態。

setText()方法：指定元件的内容

EditText和TextView元件都可以使用setText()方法指定元件內容，即指定text屬性值，如下所示：

```
TextView output = (TextView) findViewById(R.id.lblOutput);
output.setText("你好! " + str);
```

Android Studio專案：Ch3_5_1

在Android應用程式的EditText元件輸入姓名，按下按鈕，可以在下方TextView顯示輸入姓名的問侯訊息，其執行結果如下圖所示：

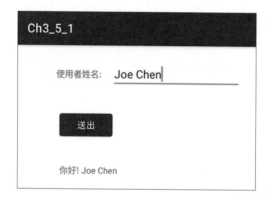

佈局檔：\res\layout\activity_main.xml

在佈局檔需要編排2個TextView元件、1個Button和1個EditText元件，其建立步驟如下所示：

STEP01 開啓activity_main.xml佈局檔，因為TextView元件預設對齊中間，請拖拉至指定位置後，在id屬性輸入【lblName】，text屬性改為【使用者姓名:】和調整上方和左方的間隙，如下圖所示：

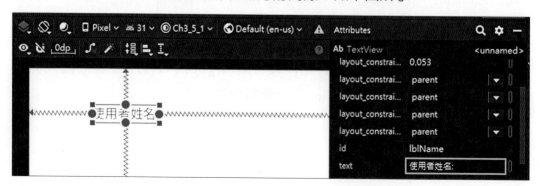

請注意！一定要輸入TextView的id屬性值，因為EditText元件是位在TextView元件的右邊水平對齊。

STEP02 在「Palette」視窗的「Text」區段，拖拉【Plain Text】元件至TextView元件的右邊，並且對齊元件方框的中間後，調整上方和左方的間隙，如下圖所示：

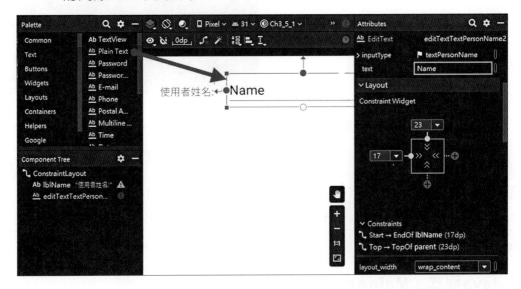

STEP03 將EditText的id屬性改為【txtName】，並且清除預設的text屬性值【Name】，如下圖所示：

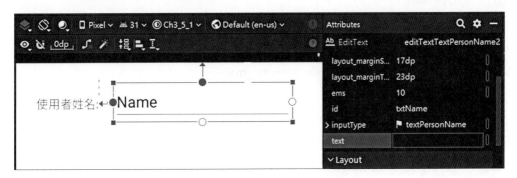

STEP04 最後在下方新增一個Button和TextView元件，就完成使用介面的建立，如下圖所示：

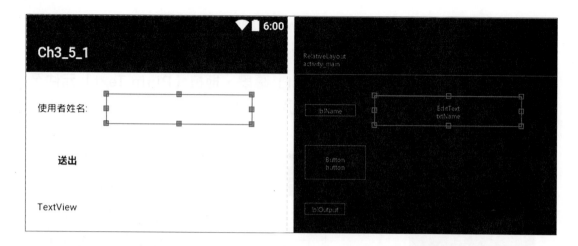

上述圖例Button和TextView元件更改的屬性值，如下表所示：

介面元件	屬性	屬性值
Button	onClick	button_Click
Button	text	送出
TextView	id	lblOutput

📝 Java程式：MainActivity.java

```
01: public class MainActivity extends AppCompatActivity {
02:    @Override
03:    protected void onCreate(Bundle savedInstanceState) {
04:       super.onCreate(savedInstanceState);
05:       setContentView(R.layout.activity_main);
06:    }
07:    public void button_Click(View view) {
08:       EditText name = (EditText) findViewById(R.id.txtName);
09:       String str = name.getText().toString();
10:       TextView output = (TextView) findViewById(R.id.lblOutput);
11:       output.setText("你好! " + str);
12:    }
13: }
```

📑 程式說明

⊃ **第7~12行**：button_Click()方法是在第8~9行取得輸入值，第10~11行輸出
輸入姓名的問候訊息。

◼ 3-5-2 更多類型的EditText元件

在Android Studio的介面設計工具的「Text」區段，提供除了Text View
元件之外更多輸入類型的EditText元件（這些就是不同的inputType屬性
值），如下圖所示：

📑 EditText元件的inputType屬性

EditText元件的inputType屬性可以決定元件允許輸入的內容，例如：
number數字，如下圖所示：

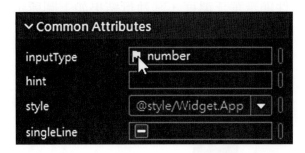

點選上述inputType屬性欄前的旗子圖示,可以勾選輸入類型,常用類型說明如下表所示:

屬性值	說明	屬性值	說明
none	唯讀	text	一般文字
textUri	URL網址	number	整數
numberSigned	有符號整數	numberDecimal	浮點數
phone	電話號碼	datetime	日期/時間
date	日期	time	時間
textMultiLine	多行文字	textEmailAddress	電子郵件地址
textPassword	密碼	textVisiblePassword	可見密碼

➮ 取得EditText元件輸入的數值資料

在取得EditText物件且使用getText()方法取得輸入字串後,就可以呼叫Integer.parseInt()類別方法轉換成整數,如下所示:

```
EditText txtTemp = (EditText) findViewById(R.id.txtTemp);
int tmp = Integer.parseInt(txtTemp.getText().toString());
```

如果輸入的是浮點數值,我們是使用Double.parseDouble()方法將EditText元件的輸入值轉換成浮點數,如下所示:

```
double tmp = Double.parseDouble(txtTemp.getText().toString());
```

➮ Android Studio專案:Ch3_5_2

在Android應用程式的EditText元件輸入攝氏溫度,按【轉換】鈕,可以在下方TextView元件顯示華氏溫度,其執行結果如下圖所示:

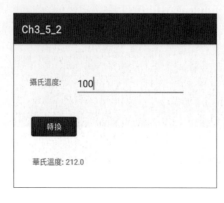

佈局檔：\res\layout\activity_main.xml

佈局檔是將TextView元調整位置後，在右方新增EditText元件，下方依序新增Button和TextView元件，如下圖所示：

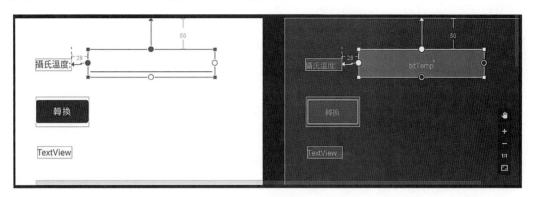

介面元件屬性

在「Component Tree」元件樹視窗可以看到使用介面元件的結構，如下圖所示：

在元件樹的介面元件由上而下更改的屬性值，如下表所示：

介面元件	屬性	屬性值
TextView	id	lblTemp
EditText	id	txtTemp
Button	text	轉換
TextView	id	lblOutput

☞ Java程式：MainActivity.java

```
01: public class MainActivity extends AppCompatActivity {
02:    @Override
03:    protected void onCreate(Bundle savedInstanceState) {
04:        super.onCreate(savedInstanceState);
05:        setContentView(R.layout.activity_main);
06:    }
07:    public void button_Click(View view) {
08:        // 取得EditText元件
09:        EditText txtTemp = (EditText) findViewById(R.id.txtTemp);
10:        // 取得輸入值
11:        int tmp = Integer.parseInt(txtTemp.getText().toString());
12:        // 攝氏轉華氏的公式
13:        double result = (9.0 * tmp) / 5.0 + 32.0;
14:        // 取得TextView元件
15:        TextView output = (TextView) findViewById(R.id.lblOutput);
16:        output.setText("華氏溫度: " + result);
17:    }
18: }
```

☞ 程式說明

➲ **第7~17行**：button_Click()事件處理方法是在第9行取得EditText元件，第11行取得輸入值的攝氏溫度，在第13行計算轉換的華氏溫度，然後第15~16行顯示在TextView元件。

學習評量

1. 請說明Android應用程式有哪四種應用程式層級的元件？

2. 請舉例說明什麼是活動？

3. 請說明Android應用程式設計流程的步驟？

4. 請問Android文字功能的介面元件主要有哪兩種？

5. 請問什麼是EditText元件的inputType屬性？

6. _____介面元件可以顯示文字內容；_____介面元件可以輸入文字內容。

7. 請修改第3-5-1節的Android Studio專案，將原來輸出至TextView元件，改為輸出至EditText元件。

8. 請修改第3-5-2節的Android Studio專案，改為輸入華氏溫度，按下按鈕可以轉換成攝氏溫度。

04 使用介面設計

4-1 介面元件與佈局元件

佈局元件是一些看不見的容器物件（ViewGroup物件），可以幫助我們群組與編排介面元件（View物件），如下圖所示：

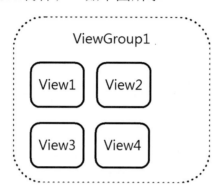

4-1-1 介面元件

介面元件（Widgets，可稱為View物件）正確的說是Widget；不是View，Widget是View的子類別（屬於android.widget套件），就是一些與使用者互動的圖形介面元件，例如：Button和EditText元件等。

說明

因為在物件導向的類別架構中，宣告成父類別的物件變數，一樣可以參考子類別的物件，我們可以將所有Widget類別建立的物件通稱為是一種父類別的View物件。

介面元件介紹

基本上，Android應用程式的使用介面就是使用多種介面元件所組成，如下圖所示：

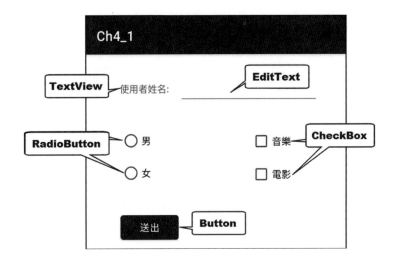

在佈局檔是使用XML標籤定義這些介面元件，例如：TextView元件（請在介面設計工具切換至【Code】標籤），如下所示：

```
<TextView
    android:id="@+id/lblName"
    android:layout_width="wrap_content"
    android:layout_height="wrap_content"
    android:text="使用者姓名:"
    app:layout_constraintBottom_toBottomOf="parent"
    app:layout_constraintHorizontal_bias="0.16"
    app:layout_constraintLeft_toLeftOf="parent"
    app:layout_constraintRight_toRightOf="parent"
    app:layout_constraintTop_toTopOf="parent"
    app:layout_constraintVertical_bias="0.061" />
```

上述TextView元件是<TextView>標籤，使用屬性定義元件的名稱、尺寸、顯示內容和位置的相關參數。同理，EditText元件是<EditText>；Button元件是<Button>標籤等。

⤷ 更改介面元件的屬性

介面元件最常更改的屬性有id和尺寸屬性，其說明如下表所示：

屬性視窗	XML標籤	說明
id	android:id	元件名稱
layout_width	android:layout_width	元件的寬
layout_height	android:layout_height	元件的高

上表XML標籤的屬性和「Attributes」視窗的屬性同名，不過在「:」之前有android字首。Android Studio開發工具可以使用2種方式來更改介面元件的屬性值，如下所示：

◐ **方法一：**在介面設計工具Design標籤選TextView元件後，在「Attributes」視窗更改屬性欄位的值，預設是以分類方式來顯示元件的屬性，如下圖所示：

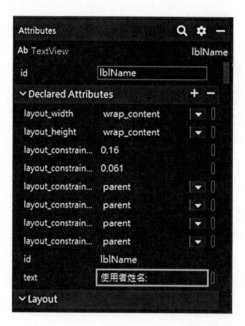

⊃ **方法二：**選右上方的【Code】標籤，直接修改XML標籤的屬性值，如下圖所示：

↪ 再談介面元件的id屬性

　　介面元件的id屬性是讓程式碼可以在使用介面中找到指定元件的索引，如果需要撰寫Java程式碼更改介面元件的屬性，或建立事件處理時，我們需指定id屬性（XML標籤的屬性名稱是android:id），例如：建立Button元件的事件處理方法。

　　請注意！在佈局檔指定元件的id屬性值，Android Studio會自動編譯成Java語言的類別常數，換句話說，屬性值是一個Java常數，一樣需要遵守Java變數的命名原則，例如：我們替Button元件命名為【button】，這是介面設計工具的id屬性值，如下圖所示：

當切換至XML標籤，id屬性是android:id，如下所示：

```
<Button
    android:id="@+id/button"
    android:layout_width="wrap_content"
    android:layout_height="wrap_content"
    android:layout_marginStart="52dp"
    android:layout_marginTop="32dp"
    android:text="送出"
    app:layout_constraintStart_toStartOf="parent"
    app:layout_constraintTop_toBottomOf="@+id/radioGroup" />
```

上述android:id屬性值是以「@+id」開頭，表示新增「/」符號之後的識別名稱button，習慣上，我們都是使用小寫英文字母開頭來命名。在Android Studio專案參考此元件的寫法，如下所示：

◐ **XML標籤：** 使用@+id/button或@id/button參考此元件，如下所示：

```
app:layout_constraintTop_toBottomOf="@+id/button"
```

◐ **Java程式碼：** 使用R.id.button參考此元件，因為Android Studio已經自動將android:id屬性值編譯成R.java類別檔，如下所示：

```
Button btn = (Button) findViewById(R.id.button);
```

4-1-2 佈局元件

佈局元件是繼承ViewGroup類別的子類別，其主要目的是組織和編排其他佈局或介面元件（Views）。

佈局元件介紹

基本上，活動的使用介面是一棵View和ViewGroup物件組成的樹狀結構，如下圖所示：

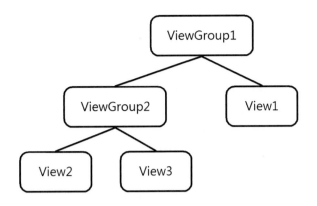

上述樹狀結構代表螢幕上顯示介面元件的架構,在根ViewGroup物件之中包含多個View物件,或另一個ViewGroup物件,可以編排另一組View物件。例如:第4-3-1節的Android Studio專案,其使用介面的樹狀結構,如下圖所示:

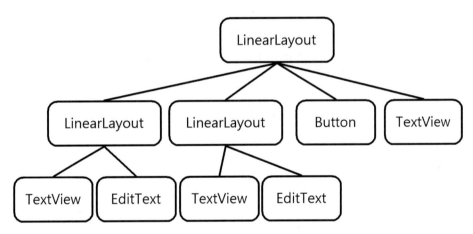

上述圖例使用多個佈局元件來編排介面元件,換句話說,我們只需活用佈局元件,就可以輕鬆編排出所需的使用者介面。對於複雜的使用介面,我們可能需要同時使用多層和多種佈局元件才能建立所需的使用介面,如下圖所示:

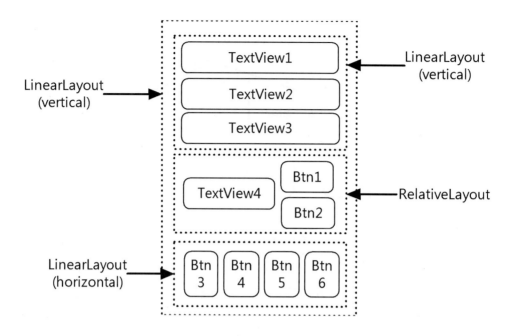

　　上述使用介面使用兩層共3個LinearLayout和1個RelativeLayout佈局元件來編排介面元件，在最外層是垂直LinearLayout，編排內層2個LinearLayout和1個RelativeLayout，在上方垂直編排3個TextView元件，中間編排1個TextView和2個Button，下方水平編排4個Button元件。

⤳ 佈局元件的種類

　　Android支援多種佈局元件來編排使用介面，各種佈局元件的簡單說明，如下所示：

- **RelativeLayout佈局元件**：專案預設的佈局元件，其編排的介面元件是相對其他介面元件，或貼齊父佈局元件的邊線，可以幫助我們建立不規則編排的使用介面，如下圖所示：

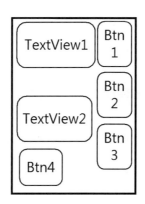

○ **LinearLayout佈局元件**：編排的介面元件是一個接著一個排列成水平或垂直一條直線，如下圖所示：

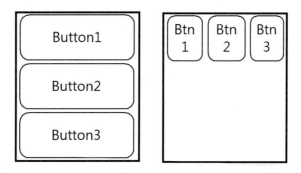

○ **TableLayout佈局元件**：使用表格欄與列來編排介面元件，每一個介面元件是新增至表格每一列的TableRow物件，如下圖所示：

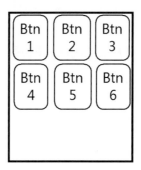

○ **FrameLayout佈局元件**：如同堆疊來編排多個介面元件，所有介面元件都是位在左上角同一個位置，每一個元件如同是一頁圖層。

⊃ **ConstraintLayout佈局元件**：進階版的RelativeLayout，能夠建立自動調整和產生適用不同螢幕尺寸的使用介面。

4-1-3 Android使用的尺寸單位

在Android介面元件屬性指定尺寸時，除了match_constraint和wrap_content常數外，我們還可以指定元件的實際尺寸，其單位的說明如下表所示：

單位	說明
dp或dip	Desity-independent Pixel簡稱，一英吋實際的螢幕尺寸相當於160dp，這是Android建議使用的尺寸單位
sp	Scale-independent Pixel，類似dp，建議使用在字型尺寸
pt	一點等於1/72英吋
px	實際螢幕上的點，Android並不建議使用此尺寸單位

4-2 使用ConstraintLayout佈局元件

Android Studio在2.2.x版支援ConstraintLayout佈局元件，這是一種RelativeLayout進階版本的佈局元件，也是目前專案預設使用的佈局元件。

4-2-1 ConstraintLayout佈局元件介紹

ConstraintLayout佈局元件是一個功能強大、簡單、快速和有彈性的版面配置系統，可以幫助我們建立「反應式使用介面」（Responsive User Interface），自動調整和產生適用在不同螢幕尺寸的使用介面。

認識ConstraintLayout佈局元件

當在ConstraintLayout新增元件後，我們需要新增元件的「限制」（Constraints），這是一組規則用來描述元件和相關元件之間的對齊與間距，也可能是元件和ConstraintLayout邊界之間的對齊與間距，或自行新增準則線（Guidelines）來指定間距。

　　請注意！為了讓ConstraintLayout引擎能夠在使用介面標示出元件位置，任何一個元件必須擁有足夠讓引擎定位的「限制連接線」（Constraint Connections），這是一條或多條連接元件上下左右和邊界或其他元件之間的連接線，可以標示出元件相對於邊界或其他元件之間的相對或絕對位置。

　　例如：在Button元件新增4條限制連接線來連接四個方向ConstraintLayout的邊界，分別距離左右邊界35%和65%；上下邊界15%和85%（也可以使用固定距離），如下圖所示：

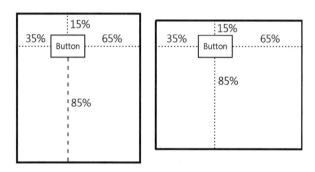

　　上述4條限制連接線可以讓ConstraintLayout引擎在旋轉螢幕（從圖左轉成圖右）後，自動調整Button元件位置來維持上下左右的比例，讓ConstraintLayout編排的元件可以適用在不同的螢幕尺寸。

　　當Android Studio使用ConstraintLayout佈局元件，在Design設計編輯器上方工具列的第二列就會新增多個按鈕來處理限制，如下圖所示：

　　上述工具列第2排的按鈕從左至右的簡單說明，如下所示：

● **顯示選項（View Options）**：選擇在設計與藍圖檢視如何顯示限制。

● **啟用／停用自動連接父親模式（Enable／Disable Autoconnection to Parent）**：此按鈕是用來切換使用自動連接模式，預設沒有使用，如果開啟自動模式，當新增元件後，就會自動使用演算法依據元件位置，在邊界和附近元件之間建立限制連接線，沒有開啟是手動模式，我們就需要自行建立元件之間的限制連接線。

- **預設間距（Default Margins）**：設定元件之間的預設間距值。

- **刪除所有限制（Clear All Constraints）**：清除所有在元件之間新增的限制連接線。

- **推論限制（Infer Constraints）**：當關閉自動模式，手動新增元件且沒有新增任何限制連接線時，可以按此按鈕，使用嘗試錯誤演算法來自動找出元件之間的限制連接線。

- **新增準則線（Guidelines）**：按此按鈕來新增水平或垂直準則線。

■ 4-2-2 使用ConstraintLayout佈局元件編排使用介面

現在，我們就可以試著在ConstraintLayout新增和編排元件，在新增 Android Studio專案後，請先刪除預設新增的TextView元件。

然後，點選上方工具列第二列的第1個按鈕勾選【Show All Constraints】顯示所有限制，和第2個按鈕開啟自動連接，就可以在ConstraintLayout新增拖拉Button元件至使用介面的正中央，當看到十字對齊線時，放開即可看到 Button元件四周自動建立鋸齒線的限制連接線（鋸齒線是用百分比來調整位置，以此例都是50%），如下圖所示：

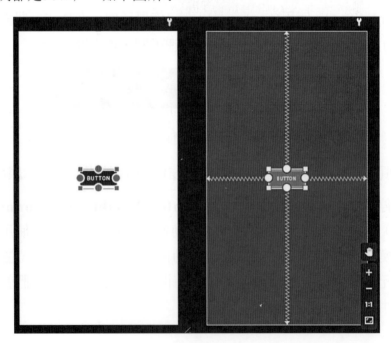

　　上述Button元件是上下左右都置中編排，然後請在正上方新增一個Button
元件時，當看到水平置中的對齊線時放開，可以看到自動建立左右限制連接
線（鋸齒線），然後在屬性視窗點選下方邊界的【+】號，可以顯示與下方
Button元件之間的間距，請輸入或拖拉元件調整成60，可以建立固定間距的限
制連接線（實線），箭頭是方向，如下圖所示：

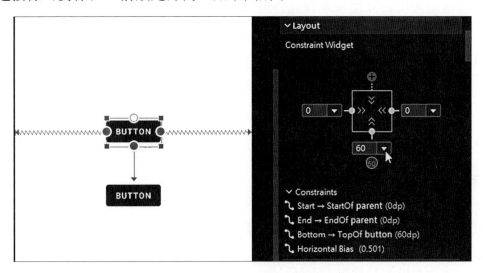

新增限制連接線（Constraint Connections）

　　在Design標籤的編輯器除了使用自動連接來新增元件的限制連接線
外，我們也可以手動新增限制連接線。在新增前，我們先來看一看元件周圍
的連接線、小方塊和圓形圖示的意義和用途，如下圖所示：

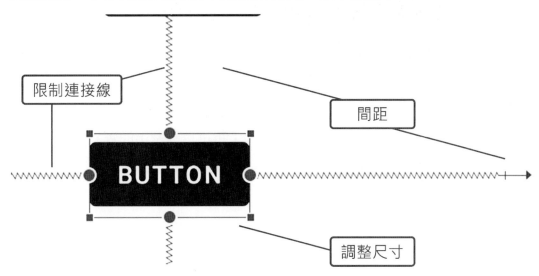

在編輯器可以直接拖拉上述Button元件來調整位置，限制連接線有兩種，如下所示：

- **箭頭實線：**實線可以標示與上方邊界或元件之間的固定距離。

- **鋸齒線：**如果同軸的上下和左右都有新增限制連接線，就是顯示成鋸齒線，這是使用百分比來調整元件的相對位置。

在選取上述兩種連接線後，可以執行右鍵快顯功能表的【Delete】命令來刪除連接線，如果需要，我們也可以同時指定元件與邊界之間的最小間距，讓元件不會貼齊邊右邊線，以此例是16。

在元件四角的實心小方塊是用來拖拉調整元件尺寸，四邊小圓形如果是空心表示沒有建立限制連接線；實心圓形表示已經建立連接線，以此例的上、下、左和右都有限制連接線。

當元件四周的小圓形是空心時，我們可以手動新增限制連接線，例如：Button元件的右邊是空心圓形，當游標移至上方時，就可以拖拉來建立和右方Button元件的限制連接線，如下圖所示：

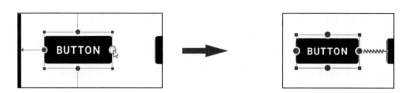

請點選後拖拉向右，當箭頭線碰到其他元件就可以建立連接線，同樣方式，可以新增其他方向的限制連接線。

↪ 刪除限制連接線（Constraint Connections）

如果元件四周已經有限制連接線，除了選取連接線後，執行【右】鍵快顯功能表的【Delete】命令來刪除連接線外，也可以點選中間實心圓後，執行【右】鍵快顯功能表的【Clear Constrains of Selection】命令來刪除限制連接線，如下圖所示：

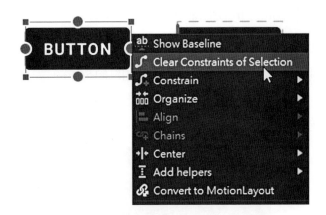

📱 屬性視窗的佈局（Layout）

當在元件新增限制連接線後，在屬性視窗提供佈局（Layout）區段，可以幫助我們進一步調整限制偏心、間距和元件尺寸，如下圖所示：

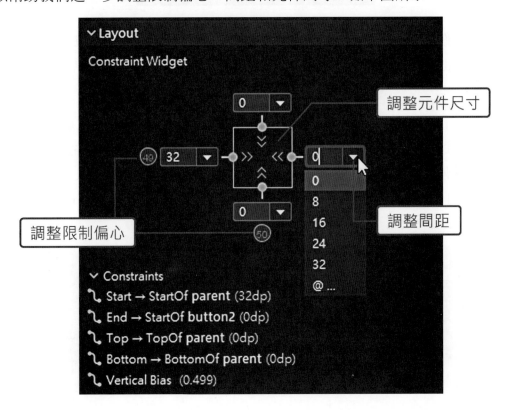

上述佈局（Layout）的使用說明，如下所示：

◯ **調整元件的限制偏心（Constraint Bias）**：當我們替元件建立上下，或左右成對的限制連接線後，在小圓形中的值50%，表示是置中，我們可以拖拉調整值，此時的元件位置就會偏離中心，例如：調整水平成為70%和30%，同樣方式可以調整垂直方向，如下圖所示：

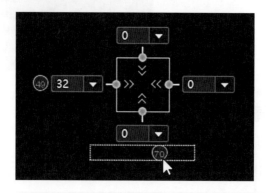

◯ **調整元件間距（Margins）**：在檢測面板的元件方框四周，位在連接至邊界或其他元件的連接線上的數字是間距，可以使用下拉式清單來更改間距值。

◯ **調整元件尺寸（Dimensions）**：位在檢測面板中間的方框就是代表元件，點選中間的水平和垂直線可以切換元件的水平和垂直尺寸，<<或>>線型是依文字內容調整尺寸（Wrap Content），工字型直線是固定尺寸（Fixed）；工字型鋸齒線是符合限制的尺寸（Match Constraints），如下圖所示：

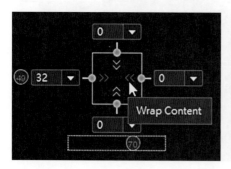 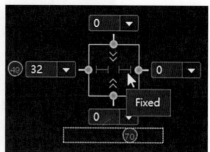

⤷ 新增準則線（Guidelines）

ConstraintLayout的限制連接線除了可以連接上層容器元件的邊界、其他元件外，如果需要，我們也可以自行新增水平或垂直的準則線（Guidelines）來作爲連接的依據。

請在Design標籤的設計或藍圖檢視，在上方工具執點選第二列的最後1個按鈕，可以執行【Vertical Guideline】命令新增垂直準則線；【Horizontal Guideline】命令新增水平準則線，如下圖所示：

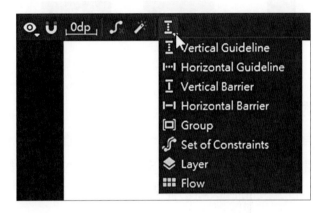

然後，就可以拖拉調整準則線的位置，如下圖所示：

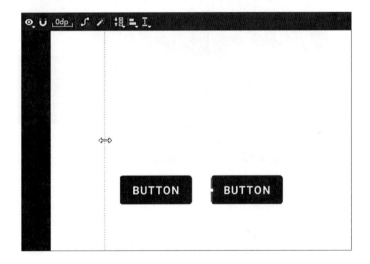

接著，我們可以更改元件的限制是連接至準則線，如下圖所示：

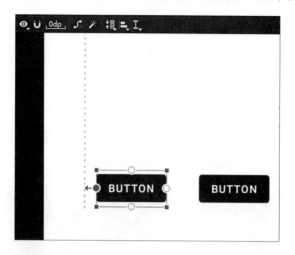

📤 群組元件的對齊與分佈排列位置

當使用介面有多個元件需要對齊或分佈排列位置時，我們可以在Design
標籤編輯器的設計或藍圖檢視，使用 Shift 鍵配合滑鼠按鍵選取多個元件
後，在元件上按【右】鍵開啓快顯功能表，位在「Organize」子選單是多種分
佈命令，如下圖所示：

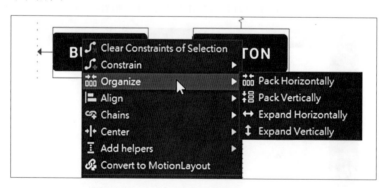

在「Align」子選單是多種對齊命令，如下圖所示：

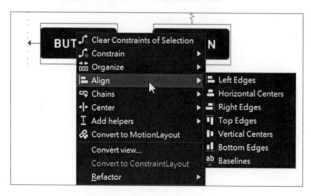

請注意！如果關閉自動連接模式，這些命令只會移動選取的多個元件至適當位置，並不會新增任何限制連接線；如果元件已經新增足夠的限制連接線，請先開啟自動連接模式，如此執行群組命令才會有作用。

4-3　使用LinearLayout佈局元件

如果Android應用程式的使用介面是規則排列元件時，例如：水平排列數個元件，或垂直排列數個元件，我們可以使用LinearLayout佈局元件來編排建立使用介面。

LinearLayout佈局元件介紹

LinearLayout佈局元件是將介面元件排列成一列（垂直），或一欄（水平），一個接著一個排列成一直線。在「Palette」視窗的「Layouts」區段，可以看到2個LinearLayout佈局元件，一個是水平；一個是垂直，如下圖所示：

上述2個LinearLayout佈局元件只有【orientation】屬性值不同，值vertical是垂直；horizontal是水平。

使用LinearLayout佈局元件編排使用介面

我們準備在Android應用程式使用LinearLayout佈局元件建立BMI計算機的使用介面，其建立步驟如下所示：

STEP01 請啟動Android Studio建立名為Ch4_3的專案，然後開啟activity_main.xml佈局檔且切換至設計檢視。

STEP02 在刪除預設TextView元件後，請在「Palette」工具箱的「Layouts」區段拖拉【LinearLayout (vertical)】垂直編排至螢幕左上角，id是linear，上方、右方和左方限制是0，如下圖所示：

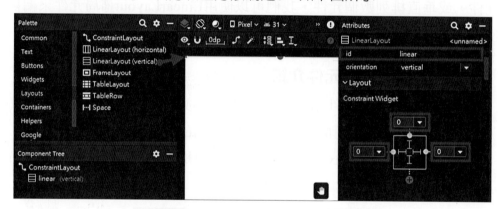

STEP03 接著拖拉1個【LinearLayout (horizontal)】至LinearLayout之中，並且將【layout_height】屬性值改為【wrap_content】，如下圖所示：

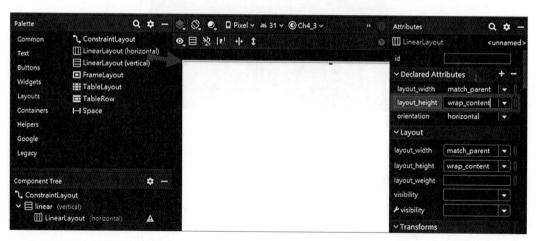

STEP04 再新增2個【LinearLayout (horizontal)】，並且修改【layout_
height】屬性值後，即可在下方新增1個TextView元件，我們可以在
「Component Tree」視窗看到介面元件是呈垂直排列。

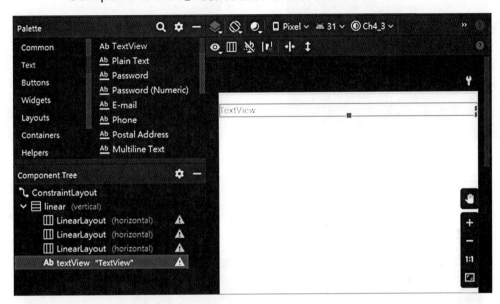

STEP05 請拖拉1個TextView元件至LinearLayout (horizontal)之中，請注意！
在設計檢視並不容易處理，請直接拖拉至「Component Tree」視窗
的第1個LinearLayout (horizontal)，如下圖所示：

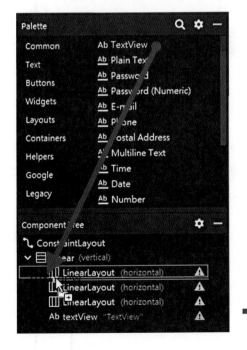
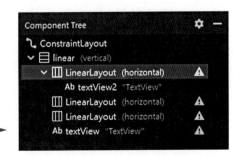

STEP06 再拖拉1個Number元件至「Component Tree」視窗的textView2元件的下方，如下圖所示：

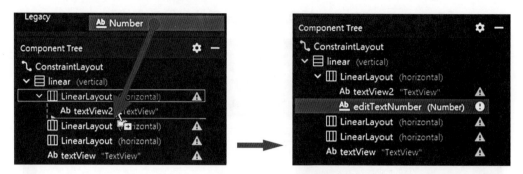

STEP07 同樣方式，請拖拉1個TextView和1個Number元件至第2個 LinearLayout (horizontal)之中，和2個Button元件至第3個就完成介面元件的新增，如下圖所示：

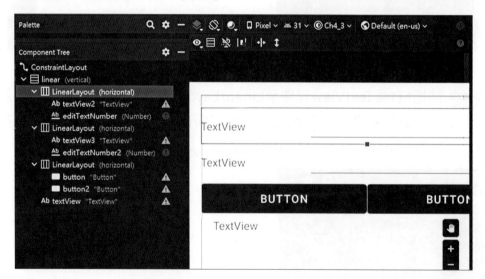

請注意！當新增至第2層LinearLayout的介面元件，其layout_width 和layout_height屬性的預設值都是0dp 或 wrap_content，如果是第 1層分別是match_parent和wrap_content。

STEP08 在更改各介面元件的屬性值後，就完成BMI計算機的使用介面建立，如下圖所示：

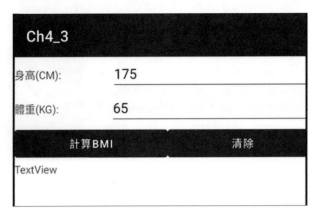

4-4 更改介面元件的外觀

除了使用佈局元件編排介面元件外，如果想建立出漂亮的使用介面，我們還需要進一步調整介面元件的屬性，例如：比例、對齊、間距、填充和色彩等。

4-4-1 使用介面元件的屬性

在「Attributes」視窗提供很多介面元件的屬性來進一步更改元件的顯示外觀，在這一節我們就來看一些常用的屬性。

↪ layout_weight屬性：調整元件尺寸的顯示比例

在LinearLayout佈局元件編排的介面元件加上layout_weight屬性，可以更改元件尺寸比例的權值，各元件的屬性值總和是1，例如：3個Button元件分別是0.25、0.5和0.25，表示中間是其他的兩倍大。我們可以活用layout_weight屬性來調整元件尺寸的比例和對齊欄位。

例如：在第4-3節的BMI計算機使用介面，下方2個的按鈕寬度是相等的，我們可以調整layout_weight屬性值分別是0.7和0.3，讓第1個按鈕比較大，如下圖所示：

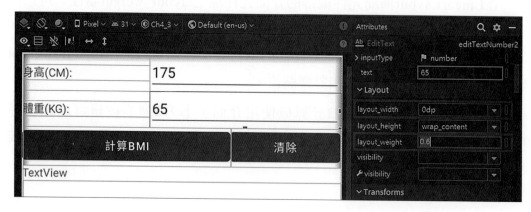

請注意！上述2個按鈕的尺寸比例並不太像7比3，這是因為元件的寬度是文字內容wrap_content，所以比例會有誤差。

⤷ layout_weight屬性：對齊元件

在BMI計算機使用介面的2組TextView和EditText元件因為內容的文字長度不同，事實上，根本沒有對齊，我們可以使用layout_weight屬性值來對齊欄位。

因為權值會因為文字內容而影響精確度，為了對齊介面元件，我們可以將layout_width屬性值的尺寸都設為【0dp】，完全讓layout_weight屬性值來調整尺寸，其步驟如下所示：

STEP01 分別選第1組和第2組的TextView和EditText元件，將【layout_width】屬性值的尺寸從wrap_content都改為【0dp】。

STEP02 分別將【layout_weight】屬性值改為0.4和0.6，即可對齊2個欄位，如下圖所示：

⤷ gravity屬性：指定對齊方式

介面元件的gravity屬性（請注意！不是layout_gravity屬性）可以指定對齊方式是right、center和left等，如下圖所示：

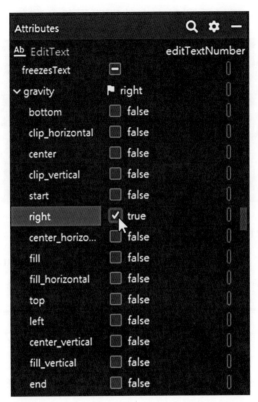

展開【gravity】屬性，可以勾選對齊方式，例如：將BMI計算機的2個EditText元件加勾選【right】向右對齊，最下方的TextView元件再勾選【center】來置中對齊，如下圖所示：

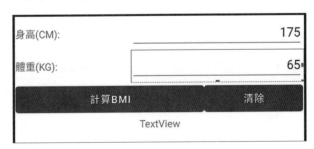

Android 程式設計與應用

間距與填充屬性：增加元件之間的距離

介面元件的Layout_Margin間距屬性是用來指定介面元件四個方向距離其他元件或佈局元件的距離。在「Attributes」屬性視窗的完整屬性清單，展開【Layout_Margin】，可以看到各方向的間距屬性，如下圖所示：

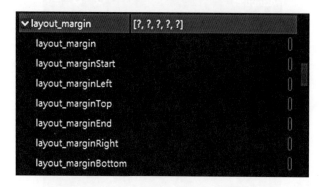

上述layout_margin屬性是四周的間距，之後是上、下、左和右方的間距。例如：在BMI計算機的使用介面增加3個LinearLayout (horizontal)佈局元件和最後TextView元件的layout_margin屬性值為【10dp】，如下圖所示：

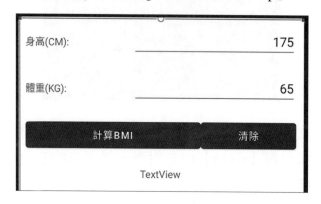

Padding屬性是填充距離，這是文字內容和元件尺寸四周邊線的距離，和Layout_Margin屬性相同有四個方向，增加填充距離也會增加元件尺寸，例如：將Button元件button的【padding】屬性改為【20dp】，可以看到第1個按鈕變高也變胖，如下圖所示：

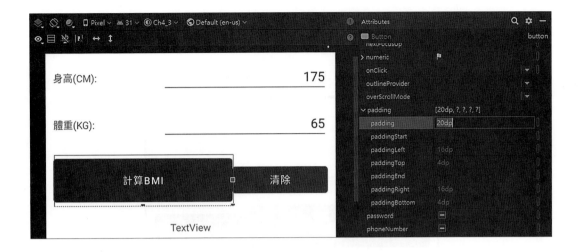

色彩屬性：更改元件的文字和背景色彩

　　介面元件的textColor和background屬性可以分別指定文字和背景的色彩或圖形，在「Attributes」屬性視窗選欄位前的圖示，可以看到色彩選擇對話方塊。

在上方標籤可以選【Resources】，或【Custom】標籤來選擇色彩，以此例是選第5個藍色，可以看到欄位說明的TextView元件已經更改文字色彩，如下圖所示：

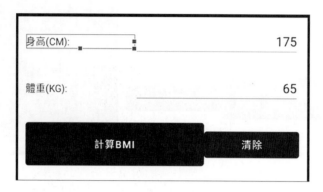

☞ 文字尺寸屬性：更改顯示文字的大小

在介面元件可以指定文字尺寸的屬性有2個，其說明如下所示：

◯ **textSize屬性：**指定文字尺寸，其單位是sp，如下圖所示：

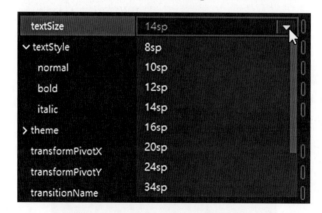

◯ **textScaleX屬性：**指定文字水平放大的比例。

■ 4-4-2 使用程式碼更改介面元件的外觀

除了設計階段更改介面屬性來更改介面元件的外觀，我們也可以在執行階段，使用Java程式碼呼叫相關方法來更改介面元件的外觀，其相關方法的說明，如下表所示：

方法	說明
setTextColor(int)	指定文字色彩是參數的色彩常數
setBackgroundColor(int)	指定背景色彩是參數的色彩常數
setTextSize(float)	指定文字尺寸是參數的尺寸，單位是sp，在第5-2節有進一步的說明
setPaddings(int, int, int, int)	指定介面元件四方向是參數的填充距離，依序是左、上、右和下

⤷ setTextColor()方法：指定文字顯示的色彩

TextView元件可以呼叫setTextColor()方法指定文字顯示的色彩，如下所示：

```
TextView output = (TextView) findViewById(R.id.lblOutput);
output.setTextColor(Color.RED);
```

上述程式碼取得TextView元件後，呼叫setTextColor()方法指定顯示紅色文字，其參數是Color類別常數，常用色彩常數如下表所示：

色彩常數	說明	色彩常數	說明
Color.RED	紅色	Color.BLUE	藍色
Color.YELLOW	黃色	Color.WHITE	白色
Color.GREEN	綠色	Color.BLACK	黑色
Color.GRAY	灰色	Color.DKGRAY	深灰色

在MainActivity.java的onCreate()方法可以初始介面元件的外觀，例如：將TextView元件的文字色彩改為紅色，如下所示：

```
@Override
protected void onCreate(Bundle savedInstanceState) {
    super.onCreate(savedInstanceState);
    setContentView(R.layout.activity_main);
    TextView output = (TextView) findViewById(R.id.lblOutput);
    output.setTextColor(Color.RED);
}
```

Android Studio專案Ch4_3的執行結果,如下圖所示:

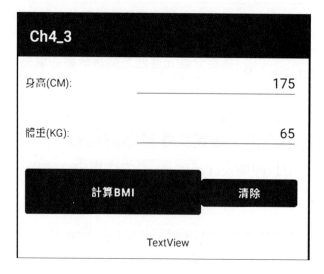

上述身高和體重的欄位說明文字是第4-4-1節指定textColor屬性更改的文字色彩,最下方TextView是紅色字,這是使用程式碼呼叫setTextColor()方法更改的文字色彩。

 **4-5** 使用專案的字串資源

對於使用介面元件的說明文字，例如：欄位說明，或按鈕的標題文字等，我們可以使用Android Studio專案的字串資源來幫助我們管理這些文字內容的字串。

■ 4-5-1 字串資源介紹

字串資源（string resources）是用來定義Android應用程式顯示的字串或字串陣列（在第7章說明），這是位在「\res\values」目錄，使用XML標籤定義的字串資源，專案預設建立名為strings.xml的字串資源檔，如下圖所示：

⤵ 再談strings.xml字串資源檔

請開啟strings.xml資源檔，可以看到<resources>標籤定義的字串資源，每一個<string>標籤定義1個字串，以此例是定義應用程式名稱【app_name】（name屬性值）的字串【Ch4_5】，如下圖所示：

```
activity_main.xml    strings.xml    MainActivity.java
Edit translations for all locales in the translati... Open editor    Hide notification
1    <resources>
2        <string name="app_name">Ch4_5</string>
3    </resources>

    resources
```

上述檔案是Ch4_5專案，此專案和Ch4_3完全相同。請開啓位在專案「manifests」目錄下的AndroidManifest.xml，如下圖所示：

```xml
1  <?xml version="1.0" encoding="utf-8"?>
2  <manifest xmlns:android="http://schemas.android.com/apk/res/andr
3      package="com.example.ch4_5">
4
5      <application
6          android:allowBackup="true"
7          android:icon="@mipmap/ic_launcher"
8          android:label="Ch4_5"
8          android:label="@string/app_name"     cher_round"
10         android:supportsRtl="true"
11         android:theme="@style/Theme.Ch4_5">
12         <activity
13             android:name=".MainActivity"
14             android:exported="true">
```

上述<application>標籤的【android:label】屬性值是Ch4_5，請移動游標至字串上方，可以看到字串資源的參考，如下所示：

@string/app_name

上述「@string」開頭表示是字串資源，參考<string>標籤name屬性值是【app_name】的字串，即【Ch4_5】。Java程式碼可以使用getString()方法取得字串資源，例如：app_name，如下所示：

String app = getResources().getString(R.string.app_name);

上述程式碼的字串資源索引是R.string.app_name。

在字串資源檔新增字串資源

基本上，只要是Android Studio專案使用的字串，我們都可以建立成字串資源，例如：在strints.xml新增名爲height的字串資源，如下圖所示：

```xml
<resources>
    <string name="app_name">Ch4_5</string>
    <string name="height">身高(CM):</string>
</resources>
```

　　上述resources根元素下使用string子元素定義字串資源height，值是【身高(CM):】。在activity_main.xml佈局檔指定屬性值是字串資源索引的步驟，如下所示：

STEP01 請開啓activity_main.xml佈局檔，選textView2的TextView元件，可以在【text】欄位後，按欄位後按鈕指定顯示文字是字串資源。

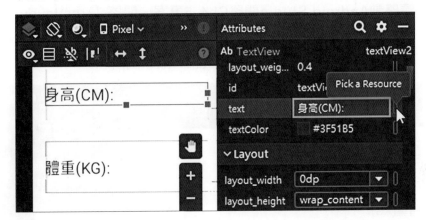

STEP02 在「Pick a Resources」視窗選【height】字串資源，按【OK】鈕指定使用的字串資源。

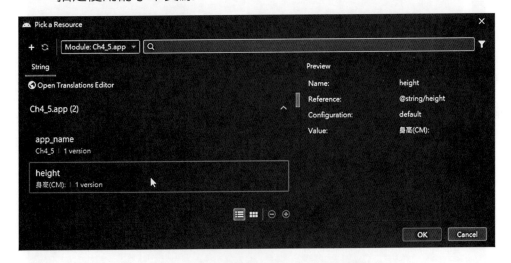

STEP03 可以看到屬性值是字串資源參考【@string/height】，如下圖所示：

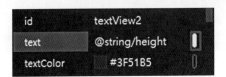

4-5-2 抽出字串成為字串資源

在開發Android應用程式時,我們可以將說明字串或訊息文字建立成字串資源,Android Studio介面設計工具提供功能,可以幫助我們抽出字串至strings.xml檔,其步驟如下所示:

STEP01 請啓動Android Studio開啓Ch4_5專案,開啓「\res\layout」目錄的activity_main.xml佈局檔,在【Design】標籤的右上方可以看到紅色驚嘆號圖示,這是一些警告訊息,如下圖所示:

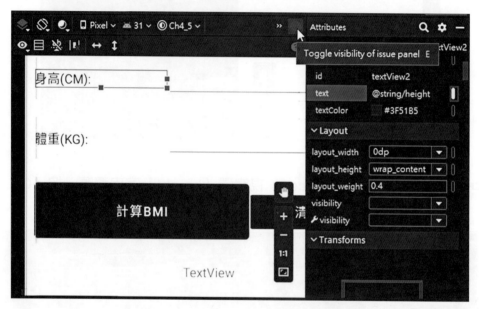

STEP02 點選圖示,可以在下方看到錯誤和警告訊息清單,Hardcoded text的警告訊息是可抽出的字串資源,請展開第2個Hardcoded text,可以看到是第2欄的說明文字。

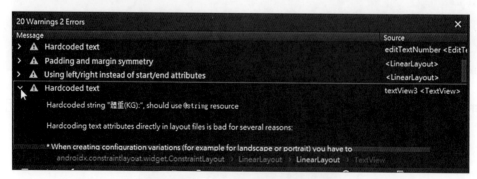

STEP 03 然後捲動至下方可以看到【Fix】鈕，按此按鈕修正此問題。

20 Warnings 2 Errors ×
Message Source

Issue id: HardcodedText

Vendor: Android Open Source Project
Contact: https://groups.google.com/g/lint-dev
Feedback: https://issuetracker.google.com/issues/new?component=192708

[Fix] Extract string resource
⚠ Use Autofill editTextNumber2 <Edit

STEP 04 在「Extract Resource」對話方塊的【Resource name:】欄，輸入
資源名稱【weight】，按【OK】鈕。

Extract Resource ×

Resource name: weight

Resource value: 體重(KG):

Source set: main src/main/res ▼

File name: strings.xml ▼

Create the resource in directories:
☑ values
☐ values-night

+ − ☑ ⊟

OK   Cancel

STEP 05 就可以在strings.xml看到新增的<string>標籤，如下圖所示：

```
<resources>
    <string name="app_name">Ch4_5</string>
    <string name="height">身高(CM):</string>
    <string name="weight">體重(KG):</string>
</resources>
```

STEP06 同樣方式,我們可以將Android應用程式使用介面的字串抽出成為字串資源(請注意!並不是每一個都需要,例如:欄位預設值就不需要抽出),最後完成的strings.xml檔案,如下圖所示:

```xml
<resources>
    <string name="app_name">Ch4_5</string>
    <string name="height">身高(CM):</string>
    <string name="weight">體重(KG):</string>
    <string name="clear">清除</string>
    <string name="bmi">計算BMI</string>
</resources>
```

4-6 在實機測試執行 Android 應用程式

讀者如果擁有Android作業系統的智慧型手機或平板電腦,當使用USB連接線連接Windows開發電腦且成功安裝驅動程式後,Android Studio可以自動偵測到實機,讓我們直接在實機上安裝和執行Android應用程式,其步驟如下所示:

STEP01 在Windows電腦請啟動Android Studio開啟專案Ch4_5。

STEP02 在Android實機執行【設定】程式,開啟【開發人員選項】,然後在【偵錯】區段開啟【USB偵錯】(英文是【USB Debugging】),可以啟動行動裝置的偵錯模式,如下圖所示

← 開發人員選項

開啟　　　　　　　　　　　　　　　　開啟

取得錯誤報告

電腦備份密碼
電腦完整備份目前未受保護

螢幕不休眠　　　　　　　　　　　　　關閉
充電時螢幕不會進入休眠

啟用藍牙 HCI 窺探紀錄　　　　　　　關閉
擷取單一檔案內的所有藍牙 HCI 封包

正在運作的服務
查看並管理目前正在執行的服務

偵錯 ───────────────────────

USB 偵錯　　　　　　　　　　　　　　開啟
連接 USB 時進入偵錯模式

撤銷 USB 偵錯授權

錯誤回報捷徑

說明

　　請注意！開發人員選項在實機預設是隱藏的，其開啓步驟因各家客製化 Android設定程式，而有所不同，請直接在Google查詢讀者手機的開啓步驟。

STEP03 請使用USB傳輸線連接行動裝置和Windows電腦，如果需要，Windows作業系統會自動偵測和安裝驅動程式。

STEP04 當在行動裝置看到「允許USB偵錯嗎？」確認對話方塊，請按【確定】鈕。

允許 USB 偵錯嗎？

這台電腦的 RSA 金鑰指紋如下：
EC:8F:9E:02:30:BB:45:6E:89:1B:DB:
15:2A:AE:20:3C

☐　一律允許透過這台電腦進行

取消　　　　　　　　確定

STEP05 當在行動裝置看到「是否使用USB進行檔案傳輸？」確認對話方塊，請按【是】鈕。

是否使用USB進行檔案傳輸?

連接USB後，將允許您信任的電腦進行
檔案傳輸作業。

取消　　　　　　　　是

STEP06 請在Android Studio執行「Run > Run 'app'」命令或按 Shift-F10 鍵，稍等一下，可以在下方【Run】標籤看到Android應用程式的安裝過程，訊息指出是安裝在實機，如下圖所示：。

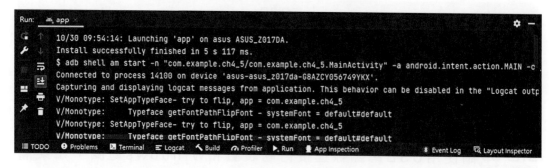

STEP07 等到成功安裝，就可以在實機上看到執行的Android應用程式。

學習評量

1. 請簡單說明什麼是Android的介面元件？什麼是佈局元件？

2. 請簡單說明佈局元件有哪幾種？ConstraintLayout與LinearLayout佈局元件的差異為何？

3. 請問使用ConstrainteLayout佈局編排使用介面需要注意的事項？

4. 當我們使用LinearLayout佈局元件編排使用介面時，請問layout_weight屬性可以作什麼用？

5. 請問什麼是Android Studio專案的字串資源？

6. 請簡單說明使用實機測試執行Android應用程式的步驟？

7. 請改用LinearLayout佈局元件建立第3-5-1節的使用介面。

8. 請改用ConstraintLayout佈局元件建立第4-3節的使用介面。

05 使用者互動設計

5-1 事件處理機制介紹

單純的介面元件只是在Android行動裝置的螢幕上繪出的使用介面圖形,使用者可以觀看;但是並不會有任何互動,Android應用程式與使用者互動的關鍵,就是撰寫Java程式碼來建立事件處理。

■ 5-1-1 事件與委託事件處理模型

Android應用程式設計是一種事件驅動程式設計,而與使用者互動的基礎就是事件與委託事件處理模型,Android使用的事件處理機制就是委託事件處理模型。

↪ 事件

「事件」(event)是在執行Android應用程式時,狀態改變、觸控或鍵盤等操作觸發的一些動作,如同讓遙控機器人玩具行走,機器人是程式,按下遙控器開關可以產生事件,我們需要按下前進按鈕觸發事件,才能執行事件處理讓機器人開始向前走,如下圖所示:

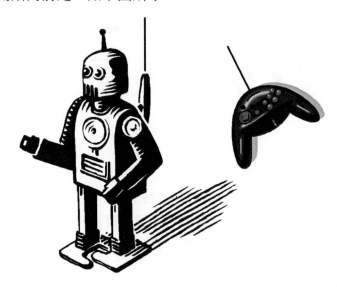

　　再來看一個生活中的範例，如果將Android應用程式視為一輛公共汽車，公車依照行車路線在馬路上行駛，事件就是在行駛過程中發生的一些動作或狀態改變，如下所示：

➲ **狀態改變：** 看到馬路上紅綠燈變換燈號。

➲ **動作：** 乘客上車、投幣和下車。

　　上述動作發生時可以觸發對應的事件，當一個事件產生後，接著可以針對事件作處理，例如：當看到站牌有乘客準備上車時，乘客上車的事件就觸發，司機知道需要路邊停車和開啟車門，在這個公車的例子中傳達了一個觀念，不論搭乘那一路公車，雖然行駛路線不同，或搭載不同乘客，上述動作在每一路公車都一樣會發生。

　　回到Android應用程式也是一樣，在第3-3節的Android範例，當我們按下標題【增加計數】的Button按鈕元件，就會觸發按一下事件，所有安裝此Android應用程式的按鈕，按一下，都會觸發按一下事件，而針對事件作的處理，就是將計數加1。

▷ 委託事件處理模型

　　Android事件處理就是Java事件處理，這是一種「委託事件處理模型」（delegation event model），分為「事件來源」（event source）和處理事件的「傾聽者」（listener）物件，如下圖所示：

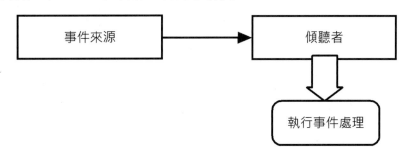

　　上述圖例的事件來源可能是按一下、長按、觸控和鍵盤事件或元件產生的選取或文字輸入事件，當事件產生時，註冊的傾聽者物件可以接收事件後呼叫相關方法進行處理，傾聽者是一個委託處理指定事件的物件。

當使用者按下使用介面的Button元件，就產生按一下事件，因為我們已經註冊Button元件的傾聽者物件且實作onClick()方法，所以按一下事件的事件處理，就是執行傾聽者物件的onClick()方法來進行事件處理。

5-1-2 Java介面

Java委託事件處理模型是使用介面（interface）來實作，所以在進入主題之前，我們需要先了解什麼是Java介面。請注意！此介面和使用介面完全不同，Java介面是一種定義類別行為的Java語法。

Java介面是在類別繼承架構中定義類別的行為，介面如同是一張證照，類別實作介面，如同考上證照，擁有專屬能力，另一方面透過介面的證照，我們可以找出擁有專屬能力的類別，即擁有同一種證照。

⤷ 宣告介面

Java介面和類別一樣都是一種資料型態，介面宣告的方法是抽象方法（此方法只有宣告，沒有實作的Java程式碼），當類別實作介面，需要實作「所有」抽象方法，例如：宣告計算面積的AreaInterface介面，如下所示：

```java
public interface AreaInterface {
    final double PI = 3.1415926;
    double area();
}
```

上述介面宣告是使用interface關鍵字，類似類別架構，只是宣告的內容是常數和尚未實作的抽象方法，以此例有常數PI和area()面積方法。在介面宣告的方法隱含宣告成public和abstract修飾子（所以不需加上abstract）；常數隱含宣告成public、final和static修飾子。

⤷ 類別實作介面

類別可以實作一個或多個介面，例如：各種形狀都可以計算面積，所以，我們可以讓形狀類別實作AreaInterface介面，讓類別擁有計算面積的能力。例如：Circle類別實作AreaInterface介面，如下所示：

```
public class Circle implements AreaInterface {
  private int r;
  …
  public double area() {
    return PI*r*r;
  }
}
```

上述Circle類別使用implements關鍵字實作AreaInterface介面，如果實作介面不只一個，請使用「,」逗號分隔，因為類別實作介面，所以在類別宣告需要實作area()介面方法，可以計算圓形面積。同理，Square正方形也可以實作AreaInterface介面，計算正方形面積，如下所示：

```
public class Square implements AreaInterface {
  private int side;
  …
  public double area() {
    return side*side;
  }
}
```

換一個角度來說，Java介面讓Circle和Square類別產生了關係，因為，它們擁有相同的AreaInterface證照，都是可以計算面積area()的Java類別。

5-1-3 在Android介面元件建立事件處理

Android程式設計的介面就是實作事件處理的幕後黑手，可以讓我們透過介面的證照找到可以處理此事件的物件，即所謂的傾聽者物件（此物件擁有證照的能力來處理指定事件），其建立步驟如下所示：

步驟一：在MainActivity活動實作OnClickListener介面

MainActivity活動類別不只繼承AppCompatActivity類別，還需實作OnClickListener事件處理介面（此介面擁有onClick()介面方法），所以，AppCompatActivity物件本身是一個可以處理按一下事件的傾聽者物件，如下所示：

```
public class MainActivity extends AppCompatActivity
  implements View.OnClickListener {
  public void onCreate(Bundle savedInstanceState) {
    …...
  }
  public void onClick(View view) {
    // 處理按一下的Click事件
  }
}
```

上述類別宣告使用implements關鍵字實作OnClickListener介面，onClick()就是實作此介面的介面方法。

步驟二：註冊按鈕元件使用的傾聽者物件

現在，因為MainActivity活動類別實作OnClickListener事件處理介面，所以MainActivity物件擁有處理按一下事件的證照，可以處理Button元件使用者按下的按一下事件，即執行MainActivity類別的onClick()方法。

問題是，哪一個Button元件需要MainActivity物件來處理按一下事件，所以，我們需要在onCreate()方法註冊按鈕元件使用的傾聽者物件是MainActivity物件，以便讓註冊物件可以處理使用者按下按鈕的按一下事件，如下所示：

```
public class MainActivity extends AppCompatActivity
  implements View.OnClickListener {
  public void onCreate(Bundle savedInstanceState) {
    …...
    Button btn = findViewById(R.id.button);
```

```
    btn.setOnClickListener(this);
  }
  public void onClick(View view) {
    // 處理按一下的Click事件
  }
}
```

上述onCreate()方法使用findViewById()方法取得使用介面的Button元件btn後,註冊Button元件的傾聽者物件,如下所示:

```
Button btn = findViewById(R.id.button);
btn.setOnClickListener(this);
```

上述setOnClickListener()方法註冊參數this是傾聽者物件,this關鍵字就是指MainActivity類別自己,換句話說,就是將自己的物件註冊成為傾聽者物件。

現在,當使用者按下Button元件,就知道處理的傾聽者物件是MainActivity物件,其事件處理是呼叫MainActivity物件的onClick()方法。

5-2 按鈕元件的事件處理實習

在第3-3節是使用Android專屬功能Button元件的onClick屬性來建立事件處理,這一節我們準備改用第5-1-3節說明的步驟在Android Studio建立Button按鈕元件的事件處理程序。

本節Android應用程式擁有一個Button按鈕元件,按下按鈕,可以放大TextView元件顯示的字型尺寸。

☞ getTextSize()方法：取得元件的字型尺寸

TextView元件可以呼叫getTextSize()方法取得指定文字內容的字型尺寸，如下所示：

```
TextView output = (TextView) findViewById(R.id.lblOutput);
float size = output.getTextSize();
```

上述程式碼取得TextView元件output後，呼叫getTextSize()方法取得尺寸，傳回值是float型態，單位是sp，詳見第4-1-3節的說明。

☞ setTextSize()方法：指定顯示的字型尺寸

TextView元件可以呼叫setTextSize()方法指定文字內容的字型尺寸，如下所示：

```
TextView output = (TextView) findViewById(R.id.lblOutput);
float size = output.getTextSize();
output.setTextSize(size + 5);
```

上述程式碼呼叫setTextSize()方法來更改尺寸，單位是sp，因為是加5，所以是放大；如果是減5就是縮小。

☞ Android Studio專案：Ch5_2

在Android應用程式新增一個按鈕，和註冊OnClickListener傾聽者物件，當按下Button按鈕元件的按鈕，可以放大TextView元件的文字內容，其執行結果如下圖所示：

按【放大】鈕，可以看到上方Hello World!文字內容已經放大。

⤷ 佈局檔：\res\layout\activity_main.xml

首先拖拉佈局檔預設TextView元件至左上方後，輸入id屬性值lblOutput，如下圖所示：

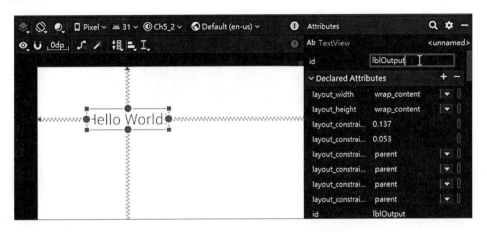

接著拖拉新增一個Button元件至TextView元件的下方後，在【text】屬性輸入【放大】，即可在【Layout】分類點選上方和左邊【+】號來新增上方和左方的限制，以此例的上方間距是31；左方間距是46，如下圖所示：

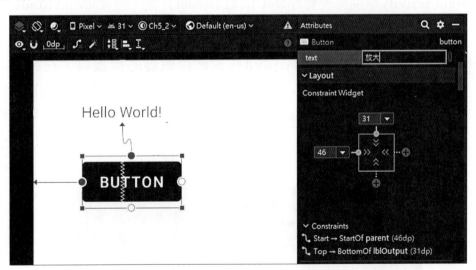

介面元件屬性

在「Component Tree」元件樹視窗可以看到使用介面元件的結構，如下圖所示：

在元件樹的介面元件由上而下更改的屬性值，如下表所示：

介面元件	屬性	屬性值
TextView	id	lblOutput
Button	text	放大

Java程式：MainActivity.java

MainActivity類別需要實作OnClickListener介面，在Android Studio程式碼編輯器輸入實作介面程式碼的步驟，如下所示：

STEP01 請開啟MainActivity.java程式碼編輯器的標籤頁，在extends AppCompatActivity之後；「{」左大括號前，按 Enter 鍵換行，再空幾格後，輸入implements，在空一格輸入【OnCli】，可以看到選單，我們需要實作【OnClickListener (android.view.View)】介面，如下圖所示：

```
public class MainActivity extends AppCompatActivity
    implements OnCli {
         OnClickListener android.view.View
@Overri   OnClickListener android.content.DialogInterface
protecte  OnClickAction android.service.autofill
  supe    OnClientUpdateListener android.media.RemoteController
  set(    OnChildClickListener android.widget.ExpandableListView
}         OnContextClickListener android.view.View
          OnContextClickListener android.view.GestureDetector
          OnGroupClickListener android.widget.ExpandableListView
          OnItemClickListener android.widget.AdapterView
          OnLongClickListener android.view.View
          OnPrimaryClipChangedListener android.content.ClipboardM...
          OnPreferenceClickListener android.preference.Preference
Press Ctrl+. to choose the selected (or first) suggestion and insert a dot afterwards  Next Tip
```

STEP02 按二下OnClickListener完成實作介面的程式碼輸入和匯入此介面，不過，輸入完程式碼後，仍然出現紅色鋸齒底線，這不是因為不認識此符號，而是因為我們尚未實作介面方法，如下圖所示：

STEP03 請將插入點移至紅色鋸齒底線的程式碼之中，按 Alt-Enter 鍵，可以看到一個選單，請執行【Implement methods】選項實作方法，如下圖所示：

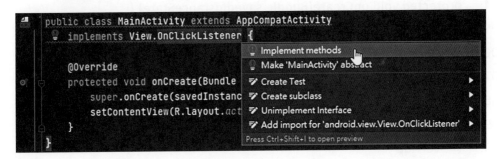

STEP04 在「Select Methods to Implement」對話方塊可以看到選擇onClick()方法（因為此介面只有1個方法），按【OK】鈕建立此方法。

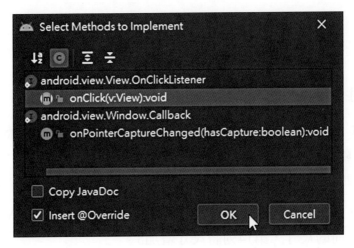

STEP05 在程式碼編輯器可以看到自動插入的onClick()方法,如下圖所示:

```
    @Override
    public void onClick(View v) {

    }
}
```

STEP06 然後,我們可以在onCreate()方法輸入註冊Button按鈕的傾聽者物件,和完成onClick()方法放大字型尺寸,如下所示:

```
01: public class MainActivity extends AppCompatActivity
02:   implements View.OnClickListener {
03:   @Override
04:   protected void onCreate(Bundle savedInstanceState) {
05:     super.onCreate(savedInstanceState);
06:     setContentView(R.layout.activity_main);
07:     Button btn = (Button) findViewById(R.id.button);
08:     btn.setOnClickListener(this);
09:   }
10:   @Override
11:   public void onClick(View view) {
12:     TextView output = (TextView) findViewById(R.id.lblOutput);
13:     float size = output.getTextSize();
14:     output.setTextSize(size + 5);
15:   }
16: }
```

🖝 程式說明

➲ **第1~16行**:MainActivity類別繼承AppCompatActivity類別且實作OnClickListener介面,在第7~8行將自己this註冊成Button元件按一下事件的傾聽者物件。

➲ **第11~15行**:實作介面的onClick()方法,在第12行取得TextView元件,第13行取得目前的尺寸,第14列將尺寸增加5。

 **5-3** 監聽長按事件實習

長按事件（long click event）是使用者觸摸螢幕且停留超過一秒鐘時觸發，長按事件的事件處理需要實作OnLongClickListener傾聽者介面的onLongClick()方法。

↳ 在Java類別實作多個介面

Java類別宣告可以同時實作多個介面，例如：MainActivity類別同時實作OnClickListener和OnLongClickListener兩個介面，如下所示：

```
public class MainActivity extends AppCompatActivity
    implements View.OnClickListener, View.OnLongClickListener {
...
@Override
public void onClick(View view) {

}
@Override
public boolean onLongClick(View view) {

}
}
```

上述implements關鍵字後是使用「,」逗號分隔的多個介面，當類別實作多個介面，類別宣告就需同時實作這些介面的「所有」介面方法，以此例需要建立onClick和onLongClick()兩個方法。

↳ 在MainActivity類別註冊多個傾聽者物件

當MainActivity活動類別實作多個傾聽者介面，表示它可以同時註冊成為多個事件的傾聽者物件，例如：在onCreate()方法註冊Button元件的2個傾聽者物件，如下所示：

```
Button btn = (Button) findViewById(R.id.button);
btn.setOnClickListener(this);
btn.setOnLongClickListener(this);
```

上述程式碼在取得Button元件後,依序註冊按一下和長按事件的傾聽者物件就是MainActivity活動自己。

OnLongClickListener介面的onLongClick()方法

OnClickListener介面的onClick()方法在上一節已經說明過,這一節是實作OnLongClickListener介面的onLongClick()方法,如下所示:

```
public boolean onLongClick(View v) {
    // 處理LongClick事件的程式碼
    return true;
}
```

上述方法參數是View物件,傳回值是布林值,true表示此事件由我全權處理;false預設值會繼續傳遞事件至下一個傾聽者物件來處理。

因為長按事件就是按比較久的按一下事件,如果傳回false,就會繼續傳遞給OnClickListener傾聽物件呼叫onClick()方法,因為也會產生按一下事件;傳回true,事件不再繼續傳遞,所以不會呼叫onClick()方法。

Android Studio專案:Ch5_3

這個Android應用程式是修改第5-2節的範例,同時註冊OnClickListener和OnLongClickListener傾聽者物件,按一下事件是增加尺寸;長按事件是設成原始尺寸,其執行結果如下圖所示:

按【放大】鈕，TextView元件就從原始值30增加成35，如果按下停留超過一秒鐘，就是觸發長按事件，可以尺寸恢復成原始值30，如下圖所示：

如果修改Java程式碼讓onLongClick()方法傳回false，當長按觸發長按事件後，還會再觸發按一下事件，所以看到字型尺寸設為原來尺寸30後，馬上就會放大成35。

佈局檔：\res\layout\activity_main.xml

本節佈局檔和第5-2節類似，只是將Button元件插入在TextView元件上方，請先將TextView元件調整位置空出上方空間後，即可在上方新增Button元件，TextView元件的id屬性值改為【lblOutput】，Button元件的text屬性值是【放大】，如下圖所示：

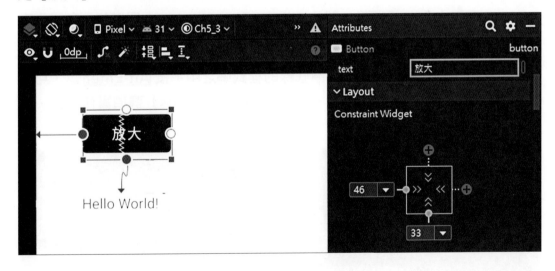

Java程式：MainActivity.java

MainActivity類別需要實作OnClickListener和OnLongClickListener兩個介面，其輸入程式碼的步驟如下所示：

STEP01 在AppCompatActivity後按 Enter 鍵換行後，輸入implements關鍵
字且空一格。

STEP02 因為上一節輸入過OnClickListener介面，只需輸入「OnC」，就會
顯示OnClickListener介面（Android Studio很有智慧，會記得你的
輸入，將常用輸入移至最上方），請按 Enter 鍵，或按二下第1個選
項輸入OnClickListener，如下圖所示：

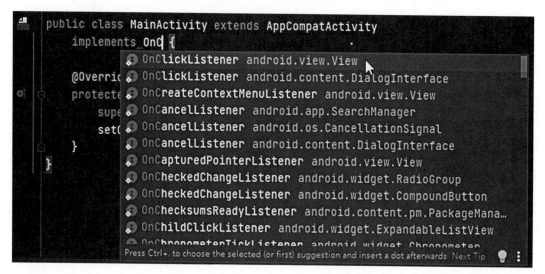

STEP03 在輸入「,」逗號後，輸入OnLongClickListener，同樣的，在輸入完
後會看到紅色鋸齒底線。

STEP04 請將插入點移至紅色鋸齒底線的程式碼之中，按 Alt-Enter 鍵，可以
看到一個選單，請執行【Implement methods】選項實作方法，如
下圖所示：

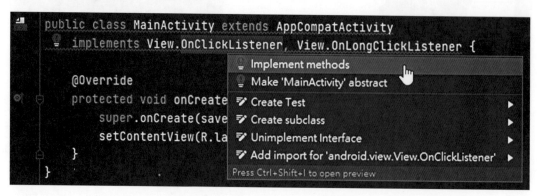

STEP05 在「Select Methods to Implement」對話方塊可以看到同時選擇 onClick()和onLongClick()方法（因為共有2個介面），請按【OK】 鈕建立這2個方法。

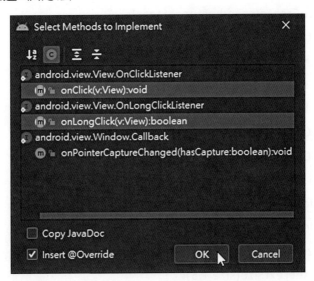

STEP06 在程式碼編輯器可以看到自動插入的onClick()和onLongClick()方法 （請注意！onLongClick()方法的預設傳回值是false），如下圖所 示：

```
    @Override
    public void onClick(View v) {

    }

    @Override
    public boolean onLongClick(View v) {
        return false;
    }
}
```

STEP07 然後在onCreate()方法輸入註冊Button按鈕的2個傾聽者物件，和完 成onClick()和onLongClick()方法的程式碼，如下所示：

```
01: public class MainActivity extends AppCompatActivity
02:     implements View.OnClickListener, View.OnLongClickListener {
03:     private float original_size = 20;
```

```
04:    private TextView output;
05:    @Override
06:    protected void onCreate(Bundle savedInstanceState) {
07:        super.onCreate(savedInstanceState);
08:        setContentView(R.layout.activity_main);
09:        output = (TextView) findViewById(R.id.lblOutput);
10:        output.setTextSize(original_size);
11:        Button btn = (Button) findViewById(R.id.button);
12:        btn.setOnClickListener(this);
13:        btn.setOnLongClickListener(this);
14:    }
15:    @Override
16:    public void onClick(View view) {
17:        float size = output.getTextSize();
18:        output.setTextSize(size + 5);
19:    }
20:    @Override
21:    public boolean onLongClick(View view) {
22:        output.setTextSize(original_size);
23:        return true;
24:    }
25: }
```

➡ 程式說明

➲ 第1~25行：MainActivity類別繼承AppCompatActivity類別且實作 OnClickListener和OnLongClickListener介面，在第3行宣告尺寸初值變數 original_size，值是20，第4行是TextView元件的變數，因為2個介面方法都 會使用。

➲ 第6~14行：onCreate()方法是在第9行取得TextView元件，第10行指定初始 的字型尺寸，在第11~13行將自己this註冊成Button元件LongClick和Click 事件的傾聽者物件。

➲ 第16~24行：實作介面的onClick()和onLongClick()方法，在第17~18行增 加字型尺寸5，第22行重設TextView元件的字型尺寸，在第23行傳回true。

5-4 鍵盤事件實習

鍵盤事件（keyboard event）是指按下鍵盤按鍵和放開鍵盤按鍵事件，因為活動類別已經實作KeyEvent.Callback介面，所以，我們並不需要實作任何介面，只需在活動類別覆寫onKeyDown()和onKeyUp()方法，就可以處理這兩種鍵盤事件。

⤳ onKeyDown()方法：處理按下鍵盤按鍵的事件

在MainActivity類別處理按下鍵盤按鍵事件只需覆寫onKeyDown()方法，如下所示：

```
@Override
public boolean onKeyDown(int keyCode, KeyEvent event) {
  if (keyCode == KeyEvent.KEYCODE_BACK) {
    // 按下BACK鍵
    return true;
  }
  return super.onKeyDown(keyCode, event);
}
```

上述方法的第1個參數keyCode是鍵盤按鍵碼，例如：KeyEvent.KEYCODE_BACK是 BACK 鍵，傳回值是布林值，方法可以全權處理事件就傳回true，如果希望下一個接收的傾聽者物件也可以處理，請傳回false，如果不是 BACK 鍵，傳回呼叫父類別onKeyDown()方法的傳回值。

⤳ onKeyUp()方法：處理放開鍵盤按鍵的事件

在MainActivity類別處理放開鍵盤按鍵事件只需覆寫onKeyUp()方法，其參數和onKeyDown()方法相同，如下所示：

```
@Override
public boolean onKeyUp(int keyCode, KeyEvent event) {
  TextView output = (TextView) findViewById(R.id.lblOutput);
  output.setText("按下KeyCode按鍵碼: " + keyCode);
```

```
    return super.onKeyUp(keyCode, event);
}
```

Android Studio專案：Ch5_4

　　在Android應用程式測試KeyDown和KeyUp事件，選EditText文字方塊，按下鍵盤的數字按建，可以在上方顯示按鍵碼，其執行結果如下圖所示：

　　在隱藏虛擬鍵盤後，在Android模擬器右方工具列按倒數第4個 BACK 鍵，可以在EditText元件顯示按下BACK鍵的訊息文字，如下圖所示：

佈局檔：\res\layout\activity_main.xml

　　在佈局檔將TextView元件的id屬性值改為【lblOutput】和調整位置後，在下方新增「Text」區段的【Phone】元件（id屬性值txtInput），如下圖所示：

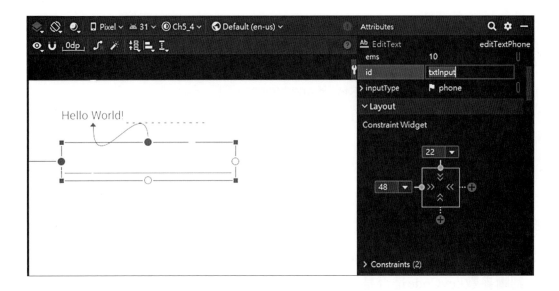

📤 Java程式：**MainActivity.java**

```
01: public class MainActivity extends AppCompatActivity {
02:    @Override
03:    protected void onCreate(Bundle savedInstanceState) {
04:      super.onCreate(savedInstanceState);
05:      setContentView(R.layout.activity_main);
06:    }
07:    @Override
08:    public boolean onKeyDown(int keyCode, KeyEvent event) {
09:      if (keyCode == KeyEvent.KEYCODE_BACK) {
10:        // 取得EditText元件
11:        EditText txt = (EditText) findViewById(R.id.txtInput);
12:        txt.setText("按下BACK鍵...");
13:        return true;
14:      }
15:      return super.onKeyDown(keyCode, event);
16:    }
17:    @Override
```

```
18:   public boolean onKeyUp(int keyCode, KeyEvent event) {
19:      // 取得TextView元件
20:      TextView output = (TextView) findViewById(R.id.lblOutput);
21:      output.setText("按下KeyCode按鍵碼: " + keyCode);
22:      return super.onKeyUp(keyCode, event);
23:   }
24: }
```

⤷ 程式說明

- **第8~23行**：覆寫onKeyDown()和onKeyUp()方法，在第9~14行使用if條件判斷參數keyCode是否是 BACK 鍵，如果是，就在EditText元件顯示訊息文字，第20~21行是在TextView元件顯示鍵盤的按鍵碼。

5-5 觸控事件與手機震動應用實習

　　Android行動裝置的特點是擁有觸控螢幕，因為按一下事件也一樣適用在觸控螢幕，但是，觸控事件並不能使用在行動裝置的虛擬鍵盤，所以，大部分介面元件建議使用按一下事件，只有需要特殊觸控操作的手勢（gestures），才會使用到觸控事件。

⤷ 觸控事件

　　觸控事件（touch event）是在處理手勢的三種動作：ACTION_DOWN、ACTION_MOVE和ACTION_UP（類似滑鼠拖拉過程），如下所示：

- **ACTION_DOWN**：手勢動作的開始，可以在手指第1個接觸點的座標建立一個虛擬指標，類似滑鼠游標，只是你看不見。

- **ACTION_MOVE**：當指標在螢幕上移動時就產生此動作（即手指在螢幕上滑動，如同滑鼠游標在螢幕上移動）。

○ **ACTION_UP**：手指離開螢幕，可以取得最後1個接觸點指標的座標。

　　活動類別只需實作OnTouchListener介面的onTouch()方法，就可以從參數MotionEvent判斷是哪一種動作，如下所示：

```
public boolean onTouch(View view, MotionEvent motionEvent) {
  int act = motionEvent.getAction();
  switch (act) {
  case MotionEvent.ACTION_DOWN:
    // 處理ACTION_DOWN
    break;
  case MotionEvent.ACTION_UP:
    // 處理ACTION_UP
    break;
  case MotionEvent.ACTION_MOVE:
    // 處理ACTION_MOVE
    break;
  }
  return true;
}
```

　　上述switch條件判斷是哪一種動作，以便執行所需處理。傳回值是布林值，方法可以全權處理事件就傳回true；如果希望下一個接收的傾聽者物件也可以處理，請傳回false。

☞ 使用手機振動提醒使用者

　　手機振動是一種Android作業系統的系統服務，我們需要使用getSystemService()方法取得系統服務，如下所示

```
Vibrator vb = (Vibrator) getSystemService(
        Context.VIBRATOR_SERVICE);
```

　　上述程式碼取得參數Context.VIBRATOR_SERVICE振動服務的Vibrator物件，就可以呼叫vibrate()方法產生振動，參數是毫秒，2000就是振動2秒，如下所示：

```
vb.vibrate(2000);
```

取消振動是呼叫cancel()方法，如下所示：

```
vb.cancel();
```

請注意！Android Studio專案需要在AndroidManifest.xml檔案加上使用振動的權限，如下所示：

```
<uses-permission android:name="android.permission.VIBRATE" />
```

⤴ Android Studio專案：Ch5_5

在Android應用程式的ConstraintLayout佈局元件測試觸控事件，和使用振動回應使用者的操作，可以在TextView元件顯示目前的狀態，請注意！程式需安裝在實機才會有振動，其執行結果如下圖所示：

上述整個畫面都可以測試觸控事件，觸摸畫面顯示紅色ACTION_DOWN和振動2秒，放開顯示綠色ACTION_UP，按住移動，就顯示藍色的目前座標，如下圖所示：

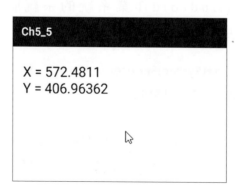

佈局檔：**\res\layout\activity_main.xml**

在佈局檔指定TextView元件的ID屬性值【lblOutput】和調整位置，如下圖所示：

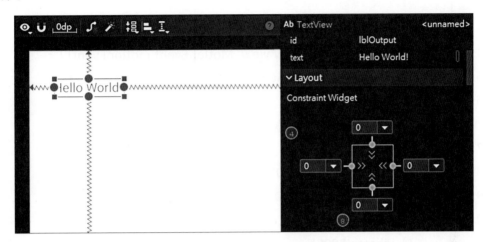

在「Component Tree」元件樹視窗可以看到ConstraintLayout佈局元件的id屬性值輸入activity_main（因為傾聽者物件是註冊在佈局元件），如下圖所示：

Java程式：**MainActivity.java**

```
01: public class MainActivity extends AppCompatActivity
02:     implements View.OnTouchListener {
03:     private TextView output;
04:     @Override
05:     protected void onCreate(Bundle savedInstanceState) {
06:         super.onCreate(savedInstanceState);
07:         setContentView(R.layout.activity_main);
08:         output = (TextView) findViewById(R.id.lblOutput);
09:         output.setTextSize(25);
```

```java
10:    ConstraintLayout layout =
          (ConstraintLayout) findViewById(R.id.activity_main);
11:    layout.setOnTouchListener(this);
12:  }
13:  @Override
14:  public boolean onTouch(View view, MotionEvent motionEvent) {
15:    int act = motionEvent.getAction();
16:    Vibrator vb =
       (Vibrator) getSystemService(Context.VIBRATOR_SERVICE);
17:    switch (act) {
18:      case MotionEvent.ACTION_DOWN:
19:        output.setText("ACTION_DOWN");
20:        output.setTextColor(Color.RED);
21:        vb.vibrate(2000);
22:        break;
23:      case MotionEvent.ACTION_UP:
24:        output.setText("ACTION_UP");
25:        output.setTextColor(Color.GREEN);
26:        vb.cancel();
27:        break;
28:      case MotionEvent.ACTION_MOVE:
29:        float x = motionEvent.getX();
30:        float y = motionEvent.getY();
31:        output.setText("X = " + x + "\nY = " + y);
32:        output.setTextColor(Color.BLUE);
33:        break;
34:    }
35:    return true;
36:  }
37: }
```

📤 程式說明

◑ **第1~37行**：MainActivity類別繼承AppCompatActivity類別且實作OnTouchListener介面，在第10~11行將RelativeLayout佈局元件註冊成Touch事件的傾聽者物件是活動自己this。

◑ **第14~36行**：實作介面的onTouch()方法，在第15行使用getAction()方法取得動作值，第16行取得振動的系統服務，在第17~34行使用switch條件判斷是哪一種動作

◑ **第18~22行**：ACTION_DOWN動作在第19~20行顯示紅色字，第21行振動2秒鐘。

◑ **第23~27行**：ACTION_UP動作在第24~25行顯示綠色字，第26行停止振動。

◑ **第28~33行**：ACTION_MOVE動作顯示目前座標，使用參數MotionEvent物件的getX()和getY()方法取得目前座標。

📤 設定檔：\manifests\AndroidManifest.xml

行動裝置除了硬體支援振動外，我們還需要在AndroidManifest.xml檔案加上使用振動的android.permission.VIBRATE權限，其步驟如下所示：

STEP01 請在「Project」視窗展開「app\manifests」目錄，按二下【AndroidManifest.xml】開啟設定檔，然後在<application>標籤前的空白行點一下作為輸入點。

STEP02 輸入「<」，可以看到標籤清單，按二下【uses-permission】選擇
權限標籤，可以輸入uses-permission android:name=""。

STEP03 現在的游標是在android:name=""屬性中，可以看到可用的權限常數
清單，請按二下【android.permission.VIBRATE】選擇振動權限。

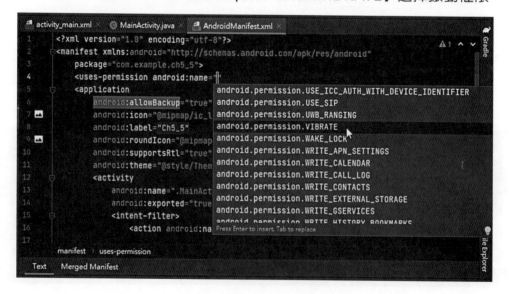

STEP04 可以看到填入android:name屬性值，如下圖所示：

```xml
<?xml version="1.0" encoding="utf-8"?>
<manifest xmlns:android="http://schemas.android.com/apk/res/android"
    package="com.example.ch5_5">
    <uses-permission android:name="android.permission.VIBRATE"
    <application
        android:allowBackup="true"
        android:icon="@mipmap/ic_launcher"
```

STEP05 請按 Ctrl-Shift-Enter 鍵完成XML標籤的輸入，即加上「/>」結尾，可以在AndroidManifest.xml設定檔新增所需的權限，如下圖所示：

```xml
<manifest xmlns:android="http://schemas.android.com/apk/res/android"
    package="com.example.ch5_5">

    <uses-permission android:name="android.permission.VIBRATE" />
    <application
        android:allowBackup="true"
        android:icon="@mipmap/ic_launcher"
        android:label="Ch5_5"
```

5-6 在介面元件共用事件處理

活動的多個Button按鈕元件可以共用同一個傾聽者物件的事件處理，例如：在活動佈局檔有button和button2共2個Button按鈕元件，依照之前範例，我們需要建立2個傾聽者物件來分別處理按一下事件。

事實上，我們可以讓2個Button元件註冊同一個傾聽者物件，如下所示：

```
Button btn = (Button) findViewById(R.id.button);
Button btn2 = (Button) findViewById(R.id.button2);
btn.setOnClickListener(this);
btn2.setOnClickListener(this);
```

上述程式碼的btn和btn2註冊同一個活動自己作為傾聽者物件，都會呼叫同一個onClick()方法來處理事件，所以在onClick()方法需要以參數的View物件來判斷是哪一個元件觸發事件，如下所示：

```
if (view.getId() == R.id.button) {
    size++;
}
else {
    size--;
}
```

上述if/else條件判斷getId()方法取得參數View的資源索引，R.id.button是
ID屬性值button的按鈕元件，這是button按鈕元件觸發按一下事件，同理，如
果是R.id.button2就是button2按鈕元件觸發按一下事件。

📤 Android Studio專案：Ch5_6

這個Android應用程式是修改第5-2和第5-3節的範例，新增2個Button按鈕
和註冊同一個OnClickListener傾聽者物件，第一個按鈕是增加尺寸，第二個
按鈕是減少尺寸，其執行結果如下圖所示：

按【放大】鈕，TextView元件就增加尺寸，按【縮小】鈕，TextView元
件就減少尺寸。

📤 佈局檔：\res\layout\activity_main.xml

在佈局檔是先拖拉調整TextView元件後，即可在上方新增並排的2個
Button元件，如下圖所示：

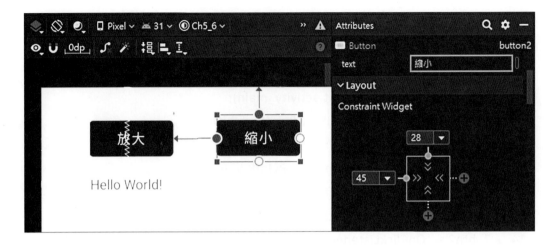

↩ 介面元件屬性

在「Component Tree」元件樹視窗可以看到使用介面元件的結構，如下圖所示：

在元件樹的介面元件由上而下更改的屬性值，如下表所示：

介面元件	屬性	屬性值
TextView	id	lblOutput
Button(button)	text	放大
Button(button2)	text	縮小

↩ Java程式：**MainActivity.java**

```
01: public class MainActivity extends AppCompatActivity
02:     implements View.OnClickListener {
03:     private float size = 20;
04:     private TextView output;
```

```
05:    @Override
06:    protected void onCreate(Bundle savedInstanceState) {
07:       super.onCreate(savedInstanceState);
08:       setContentView(R.layout.activity_main);
09:       output = (TextView) findViewById(R.id.lblOutput);
10:       output.setTextSize(size);
11:       Button btn = (Button) findViewById(R.id.button);
12:       Button btn2 = (Button) findViewById(R.id.button2);
13:       btn.setOnClickListener(this);
14:       btn2.setOnClickListener(this);
15:    }
16:    @Override
17:    public void onClick(View view) {
18:       if (view.getId() == R.id.button) {
19:          size++;
20:       }
21:       else {
22:          size--;
23:       }
24:       output.setTextSize(size);
25:    }
26: }
```

🖙 程式說明

- ⊃ **第1~26行**：MainActivity類別繼承AppCompatActivity類別且實作 OnClickListener介面，在第3行宣告尺寸初值變數size，值是20，第4行是 TextView元件的變數。

- ⊃ **第6~15行**：onCreate()方法是在第9行取得TextView元件，第10行指定初始 的字型尺寸，在第11~14行將自己this註冊成2個Button元件按一下事件的傾 聽者物件。

- ⊃ **第17~25行**：實作介面的onClick()方法，在第18~23行的if/else條件判斷是 哪一個Button元件，如果是R.id.button，就遞增字型尺寸變數size，第22行 是遞減字型尺寸，在第24行指定TextView元件的字型尺寸。

學習評量

1. 請使用圖例說明什麼是Android事件處理？什麼是Java介面？

2. 如果Button元件沒有使用onClick屬性，請問Android介面元件是如何建立事件處理？

3. 請問Android應用程式如何處理鍵盤事件？

4. 請簡單說明Android觸控事件的手勢動作有哪三種？

5. 請問如何讓Android行動裝置振動，同時在AndroidManifest.xml檔需要新增什麼權限？

6. 請問Android應用程式的多個介面元件是如何共用事件處理？

7. 請完成第4-3節的BMI計算機，BMI值的計算公式是W/H/H，W是公斤；H是公尺，請使用第5-1-3節的方式建立Button元件的按一下事件的事件處理。

8. 請修改第3-5-1節的Android Studio專案，使用第5-1-3節的方式來建立Button元件的事件處理。

06 基本介面元件

6-1　選項按鈕實習

Android的選擇功能有RadioButton和CheckBox兩種基本介面元件，在這一節說明RadioButton；下一節是CheckBox元件。

■ 6-1-1　RadioGroup和RadioButton元件

RadioButton選項按鈕元件是一種二選一或多選一的單選題，使用者可以在一組RadioButton元件（這些RadioButton元件需要使用RadioGroup元件來群組）中選取其中一個選項，而且只能選一個。

🖾 RadioGroup和RadioButton元件

基本上，單獨存在的RadioButton元件並沒有單選功能，我們需要使用RadioGroup元件（此元件並不可見，即下方四周方框）群組多個RadioButton元件（以此例是群組2個），才會變身成為單選使用介面，如下圖所示：

◉ 男

◯ 女

上述RadioButton元件的選項只能選擇其中之一（單選），選取的選項顯示中間的實心圓，沒有選取是空心圓。在Android Studio介面設計工具需要先新增「Buttons」區段下的【RadioGroup】元件後，才可以在之中新增多個「Buttons」區段下的【RadioButton】元件來建立一組RadioButton元件，如下圖所示：

RadioGroup元件的常用屬性說明，如下表所示：

屬性	說明
orientation	指定顯示方向是垂直（vertical）或水平（horizontal）

RadioButton元件的常用屬性說明，如下表所示：

屬性	說明
text	標題文字內容
checked	是否勾選，值true是；false是沒有勾選

⮑ isChecked()方法：檢查使用者是否有選擇

RadioButton元件共有2個狀態：選擇或沒有選擇，Java程式碼可以呼叫RadioButton元件的isChecked()方法檢查是否選擇，如下所示：

```
RadioButton boy = (RadioButton) findViewById(R.id.rdbBoy);
if (boy.isChecked())
    str += "男\n";
```

上述if條件呼叫RadioButton元件的isChecked()方法檢查是否選擇，傳回true表示選擇；反之沒有選擇。

⮑ getCheckedRadioButtonId()方法：取得選項按鈕的狀態

除了使用RadioButton元件的isCheck()方法，RadioGroup元件也可以呼叫getCheckedRadioButtonId()方法，取得使用者選擇了群組的哪一個RadioButton元件，如下所示：

```
RadioGroup type = (RadioGroup) findViewById(R.id.rgType);
if (type.getCheckedRadioButtonId() == R.id.rdbAdult)
    str += "全票\n";
else if (type.getCheckedRadioButtonId() == R.id.rdbChild)
    str += "兒童票\n";
else
    str += "學生票\n";
```

上述程式碼取得RadioGroup元件後，if/else/if多選一條件敘述判斷getCheckedRadioButtonId()方法取得的ID資源索引，就可以取得使用者的選擇。

↪ Android Studio專案：Ch6_1_1

在Android應用程式建立門票選擇程式，可以使用RadioButton元件選擇性別和門票的種類，在選擇後，按下按鈕，可以在下方TextView元件顯示使用者的選擇，其執行結果如下圖所示：

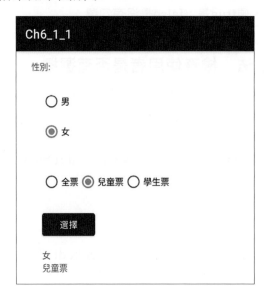

↪ 佈局檔：\res\layout\activity_main.xml

在佈局檔預設TextView元件下方新增2個RadioGroup，各有2個和3個RadioButton元件，最後是Button和TextView元件，其建立步驟如下所示：

STEP01 選專案預設TextView元件，拖拉至左上角後，將id屬性值輸入【textView】；text屬性值改為【性別:】。

STEP02 從「Palette」視窗找到「Buttons」區段，拖拉【RadioGroup】元件至TextView元件下方，如下圖所示：

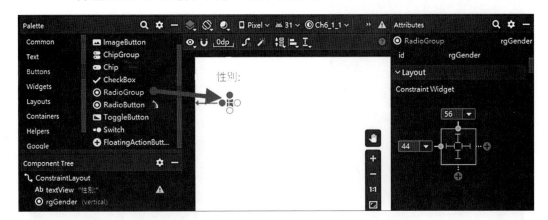

STEP03 在「Attributes」視窗的【id】屬性輸入【rgGender】，如下圖所示：

STEP04 因為RadioGroup元件的layout_width屬性值是wrap_content，不容易拖拉新增RadioButton元件，請從「Palette」視窗的「Buttons」區段，拖拉【RadioButton】元件至下方「Component Tree」視窗的RadioGroup元件中，展開可以看到新增的RadioButton元件，如下圖所示：

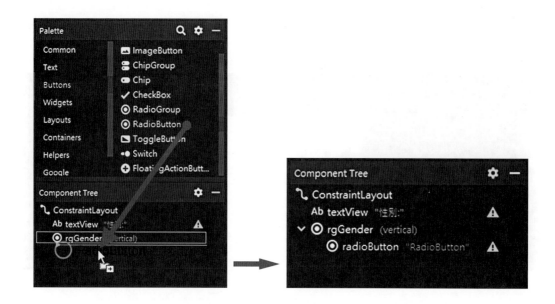

STEP05 從「Palette」視窗的「Buttons」區段,拖拉第2個【RadioButton】
元件至下方「Component Tree」視窗的第1個RadioButton元件
下,可以新增第2個RadioButton元件,如下圖所示:

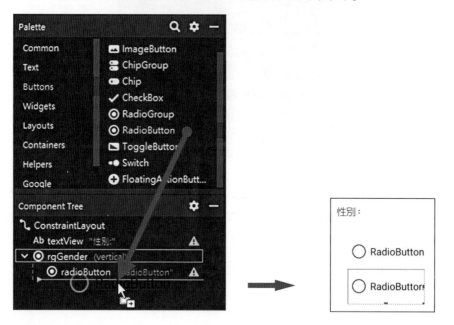

STEP06 選第1個RadioButton元件,在【id】屬性輸入【rdbBoy】;
【text】屬性輸入【男】,勾選【checked】,如下圖所示:

STEP07 選第2個RadioButton元件,在id屬性值輸入【rdbGirl】;text屬性值【女】。

STEP08 請重複上述步驟,在下方新增門票種類的RadioGroup元件,內含3個RadioButton元件,如下圖所示:

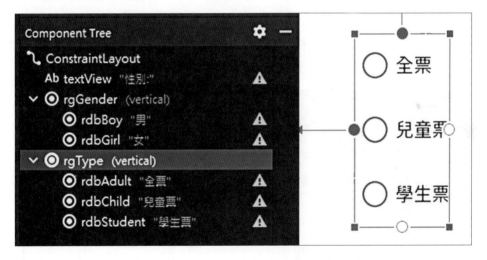

上述RadioGroup元件和RadioButton元件指定的屬性值,如下表所示:

介面元件	id屬性值	text屬性值
RadioGroup	rgType	N/A
RadioButton(第1個)	rdbAdult	全票
RadioButton(第2個)	rdbChild	兒童票
RadioButton(第3個)	rdbStudent	學生票

STEP09 選【rgType】的RadioGroup元件，在「Attributes」視窗按上方工具列的第1個圖示切換成完整屬性清單，請找到【orientation】屬性，選【horizontal】切換成水平顯示，如下圖所示：

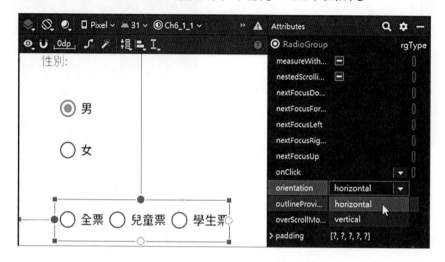

STEP10 請在下方新增名為【選擇】的Button元件，【onClick】屬性值是【button_Click】，和id屬性值lblOutput的TextView元件，就完成使用介面的建立，如下圖所示：

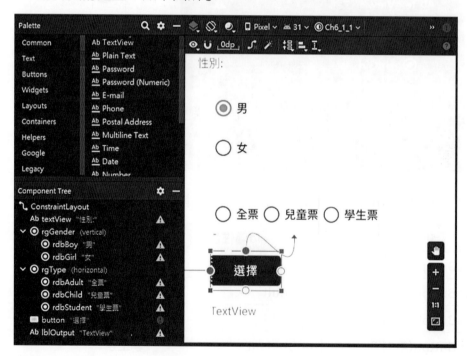

↪ Java程式：**MainActivity.java**

```java
01: public class MainActivity extends AppCompatActivity {
02:    @Override
03:    protected void onCreate(Bundle savedInstanceState) {
04:       super.onCreate(savedInstanceState);
05:       setContentView(R.layout.activity_main);
06:    }
07:    public void button_Click(View view) {
08:       String str = "";
09:       // 取得性別
10:       RadioButton boy = (RadioButton) findViewById(R.id.rdbBoy);
11:       if (boy.isChecked())
12:          str += "男\n";
13:       RadioButton girl = (RadioButton) findViewById(R.id.rdbGirl);
14:       if (girl.isChecked())
15:          str += "女\n";
16:       // 取得門票種類
17:       RadioGroup type = (RadioGroup) findViewById(R.id.rgType);
18:       if (type.getCheckedRadioButtonId() == R.id.rdbAdult)
19:          str += "全票\n";
20:       else if (type.getCheckedRadioButtonId() == R.id.rdbChild)
21:          str += "兒童票\n";
22:       else
23:          str += "學生票\n";
24:       TextView output = (TextView) findViewById(R.id.lblOutput);
25:       output.setText(str);
26:    }
27: }
```

程式說明

- 第7~26行：button_Click()事件處理是在第10~15行使用RadioButton
元件的isChecked()方法取得性別，第17~23行使用RadioGroup元件的
getCheckedRadioButtonId()方法取得門票種類。

■ 6-1-2 RadioGroup元件的選項改變事件

RadioGroup元件的選項改變事件可以讓我們選擇RadioButton的選項
後，馬上顯示我們的選擇，而不用等到按下Button元件。

實作OnCheckedChangeListener介面

當使用者更改RadioButton元件的選擇時，Java程式是使用實作
RadioGroup.OnCheckedChangeListener介面的傾聽者物件來處理，如下所示：

```java
public class MainActivity extends AppCompatActivity
  implements RadioGroup.OnCheckedChangeListener {
  @Override
  protected void onCreate(Bundle savedInstanceState) {
    …
    RadioGroup rg = (RadioGroup) findViewById(R.id.rgGender);
    rg.setOnCheckedChangeListener(this);
  }
  …
}
```

onCheckedChanged()方法

在OnCheckedChangeListener介面只有一個onCheckedChanged()方法，如
下所示：

```java
@Override
public void onCheckedChanged(RadioGroup radioGroup, int i) {
  TextView output = (TextView) findViewById(R.id.lblOutput);
```

```
switch (i) {
  case R.id.rdbBoy:
    RadioButton boy = (RadioButton) findViewById(R.id.rdbBoy);
    output.setText(boy.getText());
    break;
  case R.id.rdbGirl:
    RadioButton girl =(RadioButton) findViewById(R.id.rdbGirl);
    output.setText(girl.getText());
    break;
  }
}
```

上述方法的參數i是使用者選擇的RadioButton元件（即ID資源索引值），然後使用switch多選一條件敘述判斷選擇的選項。RadioButton元件的常用方法說明，如下表所示：

方法	說明
getId()	取得RadioButton元件的id屬性值
getText()	取得RadioButton元件的text屬性值

⤷ Android Studio專案：Ch6_1_2

這個Android應用程式是修改第6-1-1節的範例，保留選擇性別的RadioGroup和RadioButton元件，在選擇後，可以馬上在TextView元件顯示使用者的選擇，其執行結果如下圖所示：

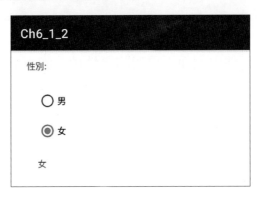

不同於上一節範例，因為使用CheckedChange事件，當有更改選擇，馬上就會顯示使用者的選擇，所以並不需要Button元件。

佈局檔：\res\layout\activity_main.xml

在佈局檔調整TextView元件和在下方新增1個RadioGroup元件，和在之中新增2個RadioButton元件，最後再新增一個TextView元件，如下圖所示：

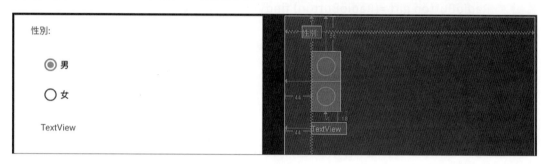

介面元件屬性

在「Component Tree」元件樹視窗可以看到使用介面元件的結構，如下圖所示：

在元件樹的介面元件由上而下更改的屬性值，如下表所示：

介面元件	id屬性值	text屬性值
TextView	textView	性別:
RadioGroup	rgGender	N/A
RadioButton	rbBoy（checked屬性true）	男
RadioButton	rbGirl	女
TextView	lblOutput	TextView

📝 Java程式：**MainActivity.java**

```
01: public class MainActivity extends AppCompatActivity
02:    implements RadioGroup.OnCheckedChangeListener {
03:    @Override
04:    protected void onCreate(Bundle savedInstanceState) {
05:      super.onCreate(savedInstanceState);
06:      setContentView(R.layout.activity_main);
07:      RadioGroup rg = (RadioGroup) findViewById(R.id.rgGender);
08:      // 註冊傾聽者物件
09:      rg.setOnCheckedChangeListener(this);
10:    }
11:    @Override
12:    public void onCheckedChanged(RadioGroup radioGroup, int i) {
13:      // 取得View物件
14:      TextView output = (TextView) findViewById(R.id.lblOutput);
15:      // 判斷是選擇哪一個, 使用的參數i
16:      switch (i) {
17:        case R.id.rdbBoy:
18:          RadioButton boy =
              (RadioButton) findViewById(R.id.rdbBoy);
19:          output.setText(boy.getText());
20:          break;
21:        case R.id.rdbGirl:
22:          RadioButton girl =
              (RadioButton) findViewById(R.id.rdbGirl);
23:          output.setText(girl.getText());
24:          break;
25:      }
26:    }
27: }
```

程式說明

- **第1~27行：** MainActivity類別繼承AppCompatActivity且實作 OnCheckedChangeListener介面，在第9行註冊RadioGroup元件的傾聽者物件為自己。

- **第12~26行：** onCheckedChanged()方法顯示使用者的選擇，參數i是使用者選擇的RadioButton元件，在第16~25行使用switch條件敘述判斷使用者的選擇。

6-1-3 EditText元件的文字改變事件

RadioButton元件可以使用選項改變事件馬上取得使用者的選擇，同樣的，EditText元件也有文字改變事件，當使用者更改內容，馬上可以取得使用者輸入的資料。

實作TextWatcher介面

當使用者輸入或編輯EditText元件的內容時，就會觸發TextChange事件，我們需要實作TextWatcher介面的傾聽者物件來處理，如下所示：

```
public class MainActivity extends AppCompatActivity
  implements TextWatcher {
  private EditText txt;
  @Override
  protected void onCreate(Bundle savedInstanceState) {
    …
    txt = (EditText) findViewById(R.id.txtName);
    txt.addTextChangedListener(this);
  }
  …
}
```

上述程式碼使用addTextChangedListener()方法來註冊傾聽者物件。

TextWatcher介面方法

　　TextWatcher介面方法有beforeTextChanged()、onTextChanged
()和afterTextChanged()三個方法，因為是文字更改，我們只有使用
onTextChanged()方法，不過，實作介面的類別仍然需要實作另2個方法，如下
所示：

```
@Override
public void onTextChanged(CharSequence charSequence, int i, int i1, int i2) {
    show(rg.getCheckedRadioButtonId());
}
```

　　上述事件處理是呼叫show()方法來顯示使用者輸入的資料。

Android Studio專案：Ch6_1_3

　　這個Android應用程式是修改第6-1-2節的範例，新增EditText元件輸入姓
名，不論是輸入或編輯姓名，或選擇RadioButton後，都可以馬上在TextView
元件顯示使用者的輸入與選擇，其執行結果如下圖所示：

⤷ 佈局檔：\res\layout\activity_main.xml

在佈局檔新增1個RadioGroup元件，包含2個RadioButton元件，之下是水平排列的1個TextView和1個EditText元件，最後是一個TextView元件，如下圖所示：

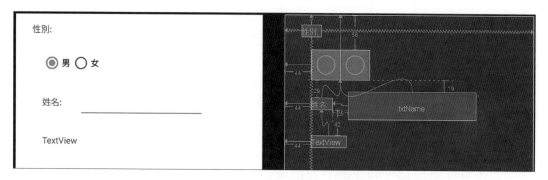

⤷ 介面元件屬性

在「Component Tree」元件樹視窗可以看到使用介面元件的結構，如下圖所示：

在元件樹的介面元件由上而下更改的屬性值，如下表所示：

介面元件	id屬性值	text屬性值
TextView	textView	性別：
RadioGroup	rgGender（orientation屬性horizontal）	N/A
RadioButton	rbBoy（checked屬性true）	男
RadioButton	rbGirl	女
TextView	textView2	姓名：
EditText	txtName	（空白）
TextView	lblOutput	TextView

↪ Java程式：**MainActivity.java**

```
01: public class MainActivity extends AppCompatActivity
02: implements RadioGroup.OnCheckedChangeListener, TextWatcher {
03:    private TextView output;
04:    private EditText txt;
05:    private RadioGroup rg;
06:    @Override
07:    protected void onCreate(Bundle savedInstanceState) {
08:       super.onCreate(savedInstanceState);
09:       setContentView(R.layout.activity_main);
10:       // 取得View物件
11:       output = (TextView) findViewById(R.id.lblOutput);
12:       // 註冊傾聽者物件
13:       rg = (RadioGroup) findViewById(R.id.rgGender);
14:       rg.setOnCheckedChangeListener(this);
15:       txt = (EditText) findViewById(R.id.txtName);
16:       txt.addTextChangedListener(this);
17:    }
18:    @Override
19:    public void beforeTextChanged(
          CharSequence charSequence, int i, int i1, int i2) { }
```

```
20:    @Override
21:    public void onTextChanged(
          CharSequence charSequence, int i, int i1, int i2) {
22:      show(rg.getCheckedRadioButtonId());
23:    }
24:    @Override
25:    public void afterTextChanged(Editable editable) {  }
26:    @Override
27:    public void onCheckedChanged(RadioGroup radioGroup, int i) {
28:      show(i);
29:    }
30:    public void show(int i) {
31:      String str = "";
32:      str = txt.getText().toString() + "\n";  // 取得EditText值
33:      // 判斷是選擇哪一個, 使用的參數i
34:      switch (i) {
35:        case R.id.rdbBoy:
36:          RadioButton boy =
            (RadioButton) findViewById(R.id.rdbBoy);
37:          output.setText(str + boy.getText());
38:          break;
39:        case R.id.rdbGirl:
40:          RadioButton girl =
            (RadioButton) findViewById(R.id.rdbGirl);
41:          output.setText(str + girl.getText());
42:          break;
43:      }
44:    }
45: }
```

程式說明

- ⊃ **第1~45行**：MainActivity類別繼承AppCompatActivity且實作OnCheckedChangeListener和TextWatcher介面，在第14行和第16行註冊2個傾聽者物件都是自己，在第19~29行是實作的4個方法，我們只有使用2個。

- ⊃ **第21~23行**：onTextChanged()方法是呼叫show()方法顯示使用者輸入的姓名，參數是呼叫getCheckedRadioButtonId()方法取得目前選擇的RadioButton元件，因為同時顯示姓名和性別資料。

- ⊃ **第27~29行**：onCheckedChanged()方法也是呼叫show()方法顯示使用者的選擇。

- ⊃ **第30~44行**：show()方法是在32行取得使用者輸入的姓名，第34~43行使用switch條件敘述判斷使用者的選擇，和顯示姓名與性別。

6-2 核取方塊實習

CheckBox核取方塊元件是一個開關，可以讓使用者選擇是否開啟功能或設定某些參數。

6-2-1 CheckBox元件

CheckBox元件可以建立複選使用介面，當同時擁有多個CheckBox元件，因為每一個元件都是獨立選項，所以允許複選，如下圖所示：

在Android Studio介面設計工具是使用「Widgets」區段下的【CheckBox】元件來新增CheckBox元件。CheckBox元件的常用屬性說明，如下表所示：

屬性	說明
text	標題文字內容
checked	是否勾選，值true是；false是沒有勾選

⤷ isCheck()方法：取得使用者的選擇

CheckBox元件一樣擁有2個狀態：勾選是【核取】和沒有勾選是【未核取】，如果是核取的CheckBox元件，在小方塊中顯示小勾號。Java程式碼是呼叫isChecked()方法檢查是否勾選，如下所示：

```
CheckBox original = (CheckBox) findViewById(R.id.chkOriginal);
if (original.isChecked())
    str += original.getText() + "\n";
```

上述if條件使用CheckBox元件的isChecked()方法來檢查是否核取，傳回true表示核取；反之沒有核取。

⤷ Android Studio專案：Ch6_2_1

在Android應用程式建立披薩店訂購程式，在勾選後可以顯示使用者勾選哪些披薩，其執行結果如下圖所示：

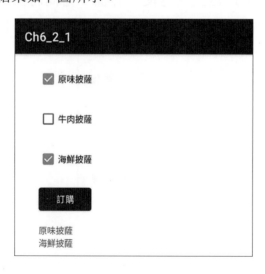

↪ 佈局檔：\res\layout\activity_main.xml

在佈局檔拖拉預設TextView元件調整位置後，新增3個CheckBox元件和1個Button元件，其步驟如下所示：

STEP01 從「Palette」視窗找到「Buttons」區段，拖拉【CheckBox】元件至佈局元件的左上角，如下圖所示：

STEP02 然後依序拖拉二個【CheckBox】元件至第1個的下方，如下圖所示：

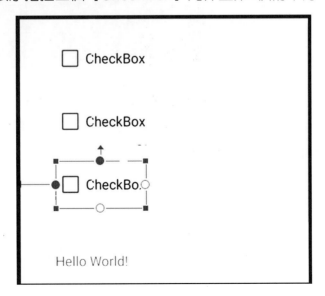

STEP03 請依下表依序輸入和更改CheckBox元件的屬性（當輸入id屬性值，如果看到「Rename」確認對話方塊，請按【Refactor】鈕更新），如下表所示：

介面元件	id屬性值	text屬性值
checkBox	chkOriginal	原味披薩
checkBox2	chkBeef	牛肉披薩
checkBox3	chkSeafood	海鮮披薩

STEP04 選【chkOriginal】，在「Attributes」視窗勾選【checked】屬性，可以看到核取方塊打勾，表示已經預設勾選，如下圖所示：

STEP05 接著在之下新增名為【訂購】的Button元件，【onClick】屬性值是【button_Click】，並且替最後的TextView元件輸入【id】屬性值【lblOutput】，如下圖所示：

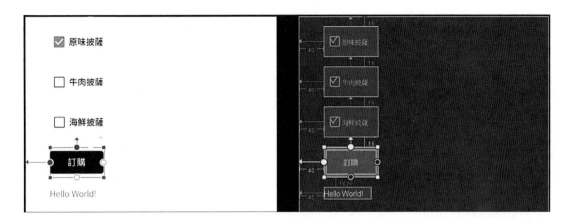

⮕ Java程式：MainActivity.java

```
01: public class MainActivity extends AppCompatActivity {
02:     @Override
03:     protected void onCreate(Bundle savedInstanceState) {
04:         super.onCreate(savedInstanceState);
05:         setContentView(R.layout.activity_main);
06:     }
07:     public void button_Click(View view) {
08:         String str = "";
09:         // 檢查勾選哪些披薩
10:         CheckBox original =
                    (CheckBox) findViewById(R.id.chkOriginal);
11:         if (original.isChecked())
12:             str += original.getText() + "\n";
13:         CheckBox beef = (CheckBox) findViewById(R.id.chkBeef);
14:         if (beef.isChecked())
15:             str += beef.getText() + "\n";
16:         CheckBox seafood =
                    (CheckBox) findViewById(R.id.chkSeafood);
17:         if (seafood.isChecked())
18:             str += seafood.getText() + "\n";
19:         // 顯示訂購項目
```

```
20:     TextView output = (TextView) findViewById(R.id.lblOutput);
21:     output.setText(str);
22:   }
23: }
```

⤇ 程式說明

➲ **第7~22行**：button_Click()事件處理是在11~18行使用3個if條件判斷勾選哪
些CheckBox元件。

■ 6-2-2　CheckBox元件的選項改變事件

如同RadioGroup元件，CheckBox元件也支援選項改變事件，傾聽者物
件需要實作CompoundButton.OnCheckedChangeListener介面，此介面有1個
onCheckedChanged()介面方法。

⤇ 註冊CheckBox元件的傾聽者物件

本節範例共有3個CheckBox元件，我們可以一一取得元件後，呼叫
setOnCheckedChangedListener()方法來註冊傾聽者物件，如下所示：

```
CheckBox chk1 = (CheckBox) findViewById(R.id.chkOriginal);
chk1.setOnCheckedChangeListener(this);
CheckBox chk2 = (CheckBox) findViewById(R.id.chkBeef);
chk2.setOnCheckedChangeListener(this);
CheckBox chk3 = (CheckBox) findViewById(R.id.chkSeafood);
chk3.setOnCheckedChangeListener(this);
```

另一種方法是先建立ID資源索引的陣列，如下所示：

```
private int[] chkIDs = {R.id.chkOriginal, R.id.chkBeef, R.id.chkSeafood};
```

上述int整數一維陣列共有3個元素，然後使用for迴圈走訪每一個ID資源

索引來註冊傾聽者物件，如下所示：

```
for (int id : chkIDs) {
    CheckBox chk = (CheckBox) findViewById(id);
    chk.setOnCheckedChangeListener(this);
}
```

上述for迴圈可以走訪陣列或集合物件，在「:」符號前是每一次取出的元素，之後是陣列或集合物件，以此例是一一取出每一個元素的ID資源索引，然後取出此索引的CheckBox元件和註冊傾聽者物件。

↱ onCheckedChanged()介面方法

在實作onCheckedChanged()介面方法可以使用第1個參數來判斷使用者點選了哪一個選項，請注意！這只是點選，可能是勾選，也可能是取消，如下所示：

```
@Override
public void onCheckedChanged(
    CompoundButton compoundButton, boolean b) {
    switch (compoundButton.getId()) {
        case R.id.chkOriginal:
            output.setText("你點選的是原味...\n");
            break;
        ...
        case R.id.chkSeafood:
            output.setText("你點選的是海鮮...\n");
            break;
    }
}
```

上述方法使用switch條件敘述判斷使用者點選了哪一個CheckBox元件。如同註冊CheckBox元件的傾聽者物件，在第6-2-1節我們是使用3個if條件判斷使用者的選擇，現在，我們可以使用for迴圈執行相同的判斷，如下所示：

```
for (int id : chkIDs) {
    CheckBox chk = (CheckBox) findViewById(id);
    if (chk.isChecked())
        str += chk.getText() + "\n";
}
```

上述for迴圈走訪ID資料索引陣列的每一個元素，if條件判斷是否勾選，如果有勾選就新增至訂購清單字串的最後。

↩ Android Studio專案：Ch6_2_2

這個Android應用程式是修改第6-2-1節的披薩店訂購程式，當勾選CheckBox元件後，可以馬上顯示點選了哪一種披薩（可能是勾選，也可能是取消），和目前的訂購清單，其執行結果如下圖所示：

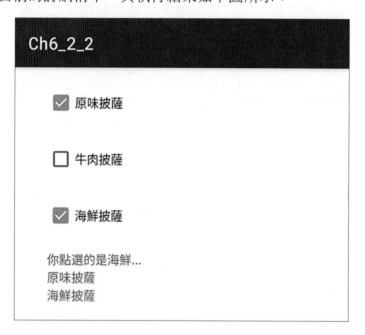

在上述圖例點選【海鮮披薩】，可以在下方看到第1行訊息指出點選了海鮮披薩，接著顯示的是目前訂購的披薩清單。

↩ 佈局檔：\res\layout\activity_main.xml

佈局檔和第6-2-1節相似，只是少了1個Button元件，並且將最後的TextView元件往上移，如下圖所示：

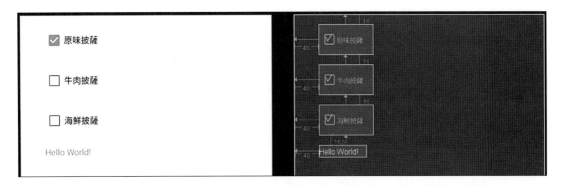

🖎 Java程式：**MainActivity.java**

```
01: public class MainActivity extends AppCompatActivity
02:    implements CompoundButton.OnCheckedChangeListener {
03:    private TextView output;
04:    private int[] chkIDs = {R.id.chkOriginal, R.id.chkBeef,
                R.id.chkSeafood};
05:    @Override
06:    protected void onCreate(Bundle savedInstanceState) {
07:       super.onCreate(savedInstanceState);
08:       setContentView(R.layout.activity_main);
09:       output = (TextView) findViewById(R.id.lblOutput);
10:       for (int id : chkIDs) {
11:          CheckBox chk = (CheckBox) findViewById(id);
12:          chk.setOnCheckedChangeListener(this);
13:       }
14:    }
15:    @Override
16:    public void onCheckedChanged(
            CompoundButton compoundButton, boolean b) {
17:       switch (compoundButton.getId()) {
18:       case R.id.chkOriginal:
19:          output.setText("你點選的是原味...\n");
20:          break;
21:       case R.id.chkBeef:
22:          output.setText("你點選的是牛肉...\n");
23:          break;
```

```
24:        case R.id.chkSeafood:
25:          output.setText("你點選的是海鮮...\n");
26:          break;
27:      }
28:      showOrder();
29:    }
30:    public void showOrder() {
31:      String str = output.getText().toString();
32:      // 檢查勾選哪些披薩
33:      for (int id : chkIDs) {
34:        CheckBox chk = (CheckBox) findViewById(id);
35:        if (chk.isChecked())
36:          str += chk.getText() + "\n";
37:      }
38:      // 顯示訂購項目
39:      output.setText(str);
40:    }
41: }
```

程式說明

- **第1~41行**：MainActivity類別繼承AppCompatActivity且實作CompoundButton.OnCheckedChangeListener介面，在第10~13行使用for迴圈註冊每一個CheckBox元件的傾聽者物件。

- **第16~29行**：onCheckedChanged()方法是在第17~27行使用switch條件判斷勾選哪些CheckBox元件，第28行呼叫showOrder()方法顯示訂購清單。

- **第30~40行**：showOrder()方法使用第33~37行的for迴圈顯示使用者的訂購清單。

圖形顯示實習

ImageView元件是一種顯示圖形的元件，例如：圖示或照片等，可以用來顯示Android Studio專案圖形資源的圖檔，例如：PNG、JPG和GIF等格式的圖檔。

■ 6-3-1 Android Studio專案的圖形資源

Android Studio專案的資源都是儲存在「\res」子目錄，其中的圖形資源是位在「drawable」或「mipmap」子目錄，如下圖所示：

↩ 圖形資源（Drawable Resources）

圖形資源是在Android應用程式顯示的圖示和圖形等點陣圖資源，例如：PNG、JPG和GIF等格式的圖檔。目前Android Studio專案的應用程式圖示（Icons）已經不在「drawable」目錄；而是在「mipmap」目錄，其格式是WebP圖檔格式，如下圖所示：

上述ic_launcher圖示檔後括號中的hdpi、mdpi、xhdpi、xxhdpi和xxxhdpi是指不同解析度的目錄名稱，因為行動裝置的螢幕解析度有多種，為了顯示最佳效果，Android定義多種螢幕解析度和放置圖檔的目錄，如下所示：

解析度名稱	解析度	圖形資源目錄名稱
中解析度（mdpl）	160dpi	res\mipmap-mdpl
高解析度（hdpl）	240dpi	res\mipmap-hdpl
超高解析度（xhdpl）	320dpi	res\mipmap-xhdpl
超超高解析度（xxhdpl）	480dpi	res\mipmap-xxhdpl
超超超高解析度（xxxhdpl）	640dpi	res\mipmap-xxxhdpl

請注意！Android應用程式需要依據不同螢幕解析度提供不同尺寸的圖形，並且分別置於上表的圖形資源目錄，如此，Android作業系統就能自動選擇正確解析度的圖形來顯示，讓Android應用程式支援各種不同螢幕解析度的行動裝置。

基本上，「mipmap」目錄的用法和「drawable」目錄並沒有什麼不同，「drawable」目錄的資源索引是R.mipmap；「drawable」目錄是R.drawable，官方推薦將圖示置於「mipmap」目錄，因為當圖示解析度和螢幕解析度不同時，系統可以自動提供最佳化縮放處理，達到更佳的螢幕顯示和佔用較少的記憶體空間。

說明

因為圖形資源的解析度大多不會剛好和裝置螢幕相同，所以系統需要縮放處理圖形，位在「mipmap」目錄的圖形可以最佳化圖形在不同螢幕尺寸的縮放顯示，特別是在需要顯示動畫時。

建立專案的圖形資源

在Android應用程式顯示圖檔，首先需要建立圖形資源，這些PNG圖檔位在「ch06」目錄，請注意！檔案名稱需要是小寫，其建立步驟如下所示：

STEP01 請建立名為Ch6_3的Android Studio專案，然後使用檔案總管開啟「ch06」目錄，選取4個PNG圖檔案後，執行【右】鍵快顯功能表的【複製】指令複製這些圖檔。

STEP02 在專案視窗的「res\mipmap」目錄上，執行【右】鍵快顯功能表的【Paste】指令，可以看到「Choose Destination Directory」對話方塊。

STEP03 選【⋯\app\src\main\res\mipmap-mdpi】實際目錄，按【OK】鈕，可以看到「Copy」對話方塊。

STEP04 按【OK】鈕，複製這些圖檔到專案的資源目錄，如下圖所示：

6-3-2　使用ImageView元件顯示圖形

　　Android應用程式可以使用ImageView元件來顯示圖形資源的圖檔，如下圖所示：

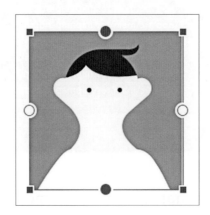

　　上述圖例在RadioButton元件下方是ImageView元件，在Android Studio介面設計工具是選「Common」區段下的【ImageView】元件來新增。ImageView元件的常用屬性說明，如下表所示：

屬性	說明
srcCompat	顯示的圖形資源，即位在「app/src/main/res/mipmap」目錄下的圖檔

setImageResource()方法：指定顯示的圖形資源

當Java程式碼找到使用介面中的ImageView元件後，我們可以呼叫setImageResource()方法更改顯示的圖片資源，如下所示：

```
image.setImageResource(R.mipmap.elephant);
```

上述setImageResource()方法的參數是R.mipmap.elephant，這就是「app/src/main/res/mipmap」目錄下名為elephant.png的圖檔。

Android Studio專案：Ch6_3

在Android應用程式建立簡易的秀圖程式，只需在上方選擇檔案的RadioButton選項按鈕元件，就可以在下方顯示圖形資源，其執行結果如下圖所示：

在上方選取選項按鈕，可以在下方顯示不同的圖片檔案。

佈局檔：\res\layout\activity_main.xml

在佈局檔刪除預設TextView元件後，新增水平RadioGroup和在之中新增4個RadioButton元件，就可以在下方新增1個ImageView元件，其步驟如下所示：

STEP01 從「Palette」視窗找到「Common」區段，拖拉【ImageView】至RadioGroup元件的下方，如下圖所示：

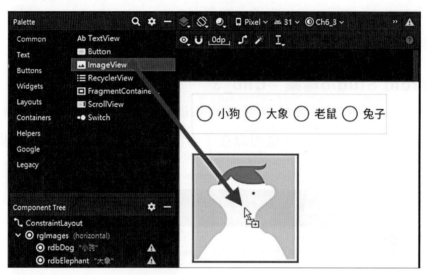

STEP02 可以看到「Pick a Resources」對話方塊，請選【Mip Map】標籤下的dog，按【OK】鈕指定ImageView元件顯示的圖形資源。

STEP03 選ImageView，在「Attributes」視窗，將【id】屬性值改為
【imgOutput】，在【layout_width】屬性選【0dp（match
constraint）】，如下圖所示：

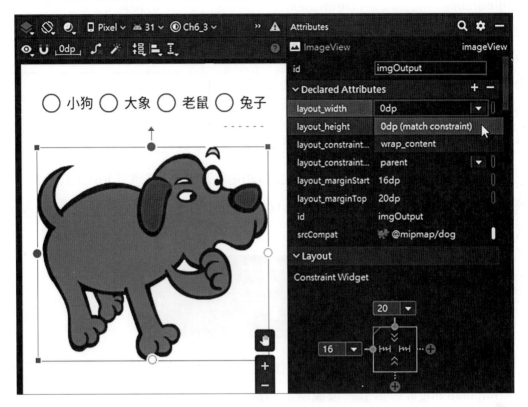

☞ 介面元件屬性

在「Component Tree」元件樹視窗可以看到使用介面元件的結構，如下
圖所示：

在元件樹的介面元件由上而下更改的屬性值，如下表所示：

介面元件	id屬性值	text屬性值
RadioGroup	rgImages	N/A
RadioButton	rdbDog（checked屬性true）	小狗
RadioButton	rdbElephant	大象
RadioButton	rdbMouse	老鼠
RadioButton	rdbRabbit	兔子
ImageView	imgOutput	N/A

上述RadioGroup元件的【orientation】屬性，請選【horizontal】切換成水平，ImageView元件的【srcCompat】屬性值是圖形資源的索引【@mipmap/dog】，如下圖所示：

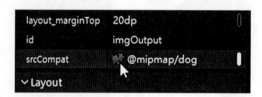

上述@mipmap/dog屬性值是XML標籤的資源參考，相當於是Java程式碼的R.mipmap.dog資源索引，按欄位前的圖示可以選擇其他圖形資源。

↪ 專案的圖形資源

Android Studio專案已經參考第6-3-1節步驟新增4張PNG圖檔的圖形資源，如下圖所示：

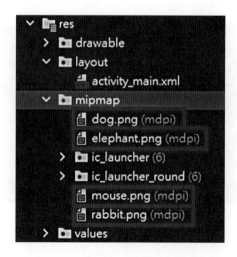

➲ Java程式：**MainActivity.java**

```
01: public class MainActivity extends AppCompatActivity
02:     implements RadioGroup.OnCheckedChangeListener {
03:     private ImageView image;
04:     @Override
05:     protected void onCreate(Bundle savedInstanceState) {
06:         super.onCreate(savedInstanceState);
07:         setContentView(R.layout.activity_main);
08:         image=(ImageView) findViewById(R.id.imgOutput);
09:         RadioGroup rg = (RadioGroup) findViewById(R.id.rgImages);
10:         // 註冊傾聽者物件
11:         rg.setOnCheckedChangeListener(this);
12:     }
13:     @Override
14:     public void onCheckedChanged(RadioGroup radioGroup, int i) {
15:         // 判斷選擇哪個RadioButton元件
16:         switch (i) {
17:             case R.id.rdbDog:
18:                 image.setImageResource(R.mipmap.dog);
19:                 break;
20:             case R.id.rdbElephant:
21:                 image.setImageResource(R.mipmap.elephant);
22:                 break;
23:             case R.id.rdbMouse:
24:                 image.setImageResource(R.mipmap.mouse);
25:                 break;
26:             case R.id.rdbRabbit:
27:                 image.setImageResource(R.mipmap.rabbit);
28:                 break;
29:         }
30:     }
31: }
```

程式設計與應用

⤴ 程式說明

- ⊃ **第1~31行**：MainActivity類別繼承AppCompatActivity且實作 OnCheckedChangeListener介面，在第11行註冊傾聽者物件為自己。

- ⊃ **第14~30行**：onCheckedChanged()方法顯示使用者的選擇，參數i是使用者 選擇的RadioButton元件，在第16~29行使用switch條件敘述判斷使用者的選 擇，可以分別顯示dog.png、elephant.png、mouse.png和rabbit.png的圖檔。

學習評量

1. 請問Android基本的選擇功能元件有哪兩種？

2. Java程式碼可以呼叫RadioButton元件的_____方法檢查是否選擇。

3. EditText元件的文字改變事件需要實作_____介面的傾聽者物件來處理。

4. 請問如何取得複選CheckBox元件的使用者勾選的選項？

5. 請問什麼是Android Studio專案的圖形資源？

6. Android應用程式可以使用_____元件來顯示圖形資源的圖檔。

7. 請建立四則運算的Android應用程式，使用RadioButton元件選擇運算子+、-、*或/，EditText元件輸入2個運算元，按下Button元件，可以在TextView元件顯示運算結果。

8. 請建立帳單金額計算的Android應用程式，當輸入帳單金額且勾選【外送】，就需加上額外費用50元，內用是金額打八折。

07 進階介面元件

7-1 下拉式選單元件實習

Android提供兩種選擇功能的清單元件；Spinner和ListView元件，可以顯示序列的清單項目來供使用者選擇，在這一節說明Spinner元件；下一節是ListView元件。

▌7-1-1 建立Spinner元件

Spinner元件類似Windows作業系統的下拉式清單方塊，一種單選的清單元件，在Android Studio介面設計工具是選「Containers」區段下的【Spinner】項目來新增Spinner元件，如下圖所示：

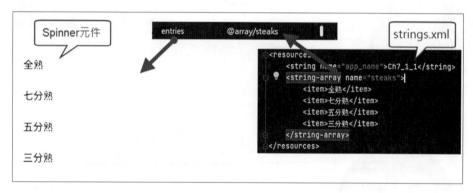

上述圖例的左邊是Spinner元件，因為是下拉式選單，我們需要點選右邊向下箭頭才能開啟選單，選單項目是定義在strings.xml資源檔的<string-array>標籤的字串陣列，每一個<item>標籤是陣列的一個元素。

Spinner元件是透過【entries】屬性指定清單項目的字串陣列資源【@array/steaks】，@array是陣列資源，在「/」後的steaks是名稱，即<string-array>標籤的name屬性值。Spinner元件的常用屬性說明，如下表所示：

屬性	說明
entries	指定清單項目的字串陣列資源
spinnerMode	指定顯示方式，dialog是使用對話方塊來顯示；dropdown是下拉式清單

getSelectedItemPosition()方法：取得選取項目的索引

Spinner元件可以使用getSelectedItemPosition()方法取得使用者選取項目的索引值，值是從0開始，如下所示：

```
Spinner sp = (Spinner) findViewById(R.id.spinner);
int index = sp.getSelectedItemPosition();
```

上述變數index是Spinner選取項目的整數索引值。Java程式碼可以使用getResources()方法取得專案資源，如下所示：

```
String[] Steaks = getResources().getStringArray(R.array.steaks);
```

上述程式碼呼叫getStringArray()方法取得字串陣列資源，參數的資源索引是R.array.steaks，中間的array是指字串陣列。

Android Studio專案：Ch7_1_1

在Android應用程式建立牛排點餐單，使用Spinner元件選擇幾分熟後，按下按鈕，可以在下方顯示選擇的項目，其執行結果如下圖所示：

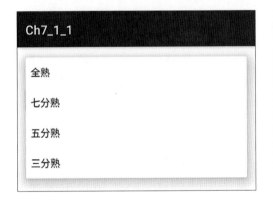

字串資源檔：\res\values\strings.xml

Android Studio專案可以在strings.xml字串資源檔建立Spinner元件的選項字串，其步驟如下所示：

Android 程式設計與應用

STEP01 請在「Project」視窗的「app\res\values」目錄找到【strings.xml】，按二下開啟strings.xml字串資源檔。

STEP02 在＜resource＞標籤之中，＜string＞標籤最後按 Enter 鍵換行後，就可以在插入點開始輸入字串陣列資源，＜string-array＞標籤是＜resource＞標籤的子標籤，如下所示：

```
1: <resources>
2:    <string name="app_name">Ch7_1_1</string>
3:    <string-array name="steaks">
4:       <item>全熟</item>
5:       <item>七分熟</item>
6:       <item>五分熟</item>
7:       <item>三分熟</item>
8:    </string-array>
9: </resources>
```

資源檔說明

● **第3~8行：**使用＜string-array＞標籤定義字串陣列steaks，這是用來建立Spinner元件的選項。

佈局檔：\res\layout\activity_main.xml

在佈局檔將預設TextView元件向上拖拉調整位置後，依序在上方新增1個Spinner和Button，其步驟如下所示：

STEP01 從「Palette」視窗的「Containers」區段，拖拉【Spinner】元件至父佈局元件的左上角，如下圖所示：

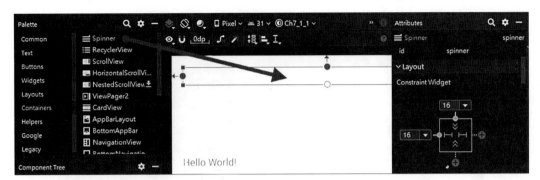

STEP02 選Spinner元件（預設id值是spinner），然後在「Attributes」視窗的【entries】欄，輸入資源索引【@array/steaks】指定項目（這是參考strings.xml的<string-array>標籤），如下圖所示：

STEP03 然後在下方新增名為【選擇】的Button元件，【onClick】屬性值是
【button_Click】，和新增最後的TextView元件，【id】屬性值是
【lblOutput】，就完成使用介面建立，如下圖所示：

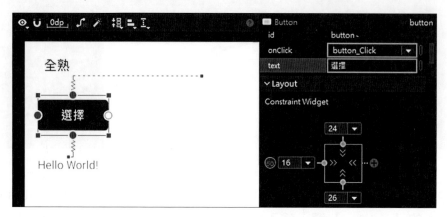

↪ Java程式：MainActivity.java

```
01: public class MainActivity extends AppCompatActivity {
02:     @Override
03:     protected void onCreate(Bundle savedInstanceState) {
04:         super.onCreate(savedInstanceState);
05:         setContentView(R.layout.activity_main);
06:     }
07:     public void button_Click(View view) {
08:         String[] Steaks = getResources().getStringArray(
                    R.array.steaks);
09:         Spinner sp = (Spinner) findViewById(R.id.spinner);
10:         int index = sp.getSelectedItemPosition();
11:         TextView output = (TextView) findViewById(R.id.lblOutput);
12:         output.setText("牛排要" + Steaks[index]);
13:     }
14: }
```

↪ 程式說明

➲ **第7~13行**：Button元件的事件處理是在第8行取得字串陣列資源，第9~10
行取得Spinner元件選擇項目的索引值，第11~12行顯示在TextView元件。

7-1-2 Spinner元件的選取項目事件

　　Spinner元件的選取項目事件是當使用者選取項目就觸發此事件，活動類別需要實作OnItemSelectedListener介面來建立傾聽者物件，此介面有：onItemSelected()和onNothingSelected()兩個介面方法。

↳ onItemSelected()方法

　　onItemSelected()方法是處理有選擇項目的ItemSelected事件，換句話說，當使用者選擇Spinner元件的項目，就會呼叫此方法，如下所示：

```
@Override
public void onItemSelected(AdapterView<?> adapterView,
            View view, int position, long id) {
  …
  switch (poistion) {
    case 0:  // 加法
      r = v1 + v2;
      break;
    …
    case 3:  // 除法
      r = v1 / v2;
      break;
  }
  output.setText("運算結果 = " + r);
}
```

　　上述程式碼使用第3個參數position作為switch條件敘述的判斷條件，以便決定執行哪一種四則運算。onItemSelected()方法有4個參數，其說明如下所示：

● **第1個參數adapterView**：Adapter類別的子類別AdapterView，<?>符號表示泛型類別支援所有資料型態，這就是Spinner元件。

- **第2個參數view**：因為Spinner的項目是介面集合，可以傳回Spinner元件中被點選的項目。

- **第3個參數position**：被點選項目的位置索引值（從0開始）。

- **第4個參數id**：被點選項目的ID資源索引。

☛ onNothingSelected()方法

如果Spinner元件沒有選擇項目，就是呼叫onNothingSelected()方法，如下所示：

```
@Override
public void onNothingSelected(AdapterView<?> adapterView) {
}
```

上述方法的參數是Spinner元件，在本節範例並沒有使用此方法。

☛ Android Studio專案：Ch7_1_2

在Android應用程式建立四則計算機，使用Spinner元件選擇運算子來進行四則運算，其執行結果如下圖所示：

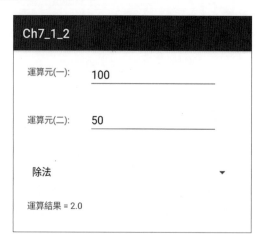

上述2個欄位輸入2個運算元的整數後，在Spinner元件選擇運算子，就可以在下方顯示運算結果。

字串資源檔：\res\values\strings.xml

```
1: <resources>
2:    <string name="app_name">Ch7_1_2</string>
3:    <string-array name="op">
4:       <item>加法</item>
5:       <item>減法</item>
6:       <item>乘法</item>
7:       <item>除法</item>
8:    </string-array>
9: </resources>
```

資源檔說明

● **第3~8行：**使用<string-array>標籤定義字串陣列op的運算子種類，這是用來建立選擇運算子的Spinner元件項目。

佈局檔：\res\layout\activity_main.xml

在佈局檔刪除預設TextView元件後，依序新增2組水平排列的1個TextView和1個EditText（Number），接著是Spinner元件，最後是TextView元件，如下圖所示：

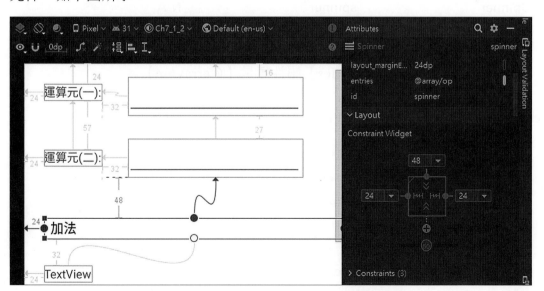

⤵ 介面元件屬性

在「Component Tree」元件樹視窗可以看到使用介面元件的結構，如下圖所示：

在元件樹的介面元件由上而下更改的屬性值，如下表所示：

介面元件	id屬性值	text屬性值
TextView	textView	運算元(一):
EditText	txtOpd1	(空白)
TextView	textView2	運算元(二):
EditText	txtOpd2	(空白)
Spinner	spinner	N/A
TextView	lblOutput	TextView

上述Spinner元件的【entries】屬性值是【@array/op】。

⤵ Java程式：MainActivity.java

```
01: public class MainActivity extends AppCompatActivity
02:     implements AdapterView.OnItemSelectedListener {
03:     private EditText opd1, opd2;
04:     private TextView output;
05:     @Override
06:     protected void onCreate(Bundle savedInstanceState) {
07:         super.onCreate(savedInstanceState);
```

```
08:      setContentView(R.layout.activity_main);
09:      // 取得介面元件
10:      opd1 = (EditText) findViewById(R.id.txtOpd1);
11:      opd1.setText("100");
12:      opd2 = (EditText) findViewById(R.id.txtOpd2);
13:      opd2.setText("50");
14:      output = (TextView) findViewById(R.id.lblOutput);
15:      Spinner sp = (Spinner) findViewById(R.id.spinner);
16:      // 註冊傾聽者物件
17:      sp.setOnItemSelectedListener(this);
18:   }
19:   @Override
20:   public void onItemSelected(AdapterView<?> adapterView,
               View view, int position, long id) {
21:    int v1, v2;
22:    double r = 0.0;
23:    v1 = Integer.parseInt(opd1.getText().toString());
24:    v2 = Integer.parseInt(opd2.getText().toString());
25:    switch (position) {
26:      case 0:  // 加法
27:         r = v1 + v2;
28:         break;
29:      case 1:  // 減法
30:         r = v1 - v2;
31:         break;
32:      case 2:  // 乘法
33:         r = v1 * v2;
34:         break;
35:      case 3:  // 除法
36:         r = v1 / v2;
37:         break;
38:    }
39:    output.setText("運算結果 = " + r);
40:   }
```

```
41:    @Override
42:    public void onNothingSelected(AdapterView<?> adapterView) {
43:    }
44: }
```

程式說明

⊃ **第1~44行**：MainActivity類別繼承AppCompatActivity且實作 OnItemSelectedListener介面，在第10~15行取得介面元件，第11和13行指 定EditText元件的初值（避免第23~24行無法取得輸入值而產生錯誤），第 17行註冊Spinner元件的傾聽者物件為自己。

⊃ **第20~40行**：onItemSelected()方法執行四則運算，在第23~24行取得2個 EditText元件輸入的整數值，第25~38行的switch條件敘述判斷參數position 選取項目位置索引，就可以知道使用者選擇哪一種運算，在執行四則運算 後，第39行顯示運算結果。

7-2 列舉清單方塊實習

ListView元件類似Windows作業系統的清單方塊，可以用來在佈局檔建立 選擇功能的使用介面。

建立ListView元件

ListView元件的顯示外觀就是直接依序顯示多個項目的功能表，在 Android Studio介面設計工具是選「Legacy」區段下的【ListView】項目來新 增ListView元件，如下圖所示：

```
台北市

新北市

桃園市

台中市
```

上述ListView元件的高度如果不足以顯示所有項目，右邊垂直桿就是標示其位置，可以捲動檢視其他項目。ListView元件的常用屬性說明，如下表所示：

屬性	說明
entries	清單項目的字串陣列資源

↪ ListView元件的按一下項目事件

請注意！Spinner元件雖然和ListView元件都屬於清單元件，指定項目的【entries】屬性也相同，不過，兩者不只顯示外觀不同，選擇項目註冊的傾聽者物件也不同。

ListView元件需要註冊OnItemClickListener傾聽者物件，所以活動類別需要實作此介面，此介面擁有1個介面方法onItemClick()，如下所示：

```
@Override
public void onItemClick(AdapterView<?> adapterView,
            View view, int position, long id) {
  TextView output = (TextView) findViewById(R.id.lblOutput);
  output.setText("你是住在: " + cities[position]);
}
```

上述onItemClick()方法的參數和第7-1-2節的onItemSelected()方法相同，我們可以使用第3個參數position取得選擇項目，以此例是在TextView元件顯示選擇項目的名稱。

↪ Android Studio專案：Ch7_2

在Android應用程式建立ListView元件來選擇居住的城市，其執行結果如下圖所示：

```
Ch7_2

你是住在: 新北市

    台北市
    ─────────────────────────
    新北市
    ─────────────────────────
    桃園市
    ─────────────────────────
    台中市
    ─────────────────────────
```

　　點選ListView元件的城市項目，就可以在上方顯示你的選擇，請注意！ListView元件可以捲動檢視之後的其他城市。

⤷ 字串資源檔：\res\values\strings.xml

```
01: <resources>
02:     <string name="app_name">Ch7_2</string>
03:     <string-array name="cities">
04:       <item>台北市</item>
05:       <item>新北市</item>
06:       <item>桃園市</item>
07:       <item>台中市</item>
08:       <item>台南市</item>
09:       <item>高雄市</item>
10:     </string-array>
11: </resources>
```

⤷ 資源檔說明

⮑ **第3~10行**：使用<string-array>標籤定義字串陣列cities，這是用來建立 ListView元件的項目。

佈局檔：\res\layout\activity_main.xml

在佈局檔調整預設TextView元件位置後，在下方新增1個ListView元件，其步驟如下所示：

STEP01 選TextView元件【Hello World!】，在「Attributes」視窗的【id】欄位輸入【lblOutput】，然後拖拉至上方。

STEP02 從「Palette」視窗的「Legacy」區段，拖拉【ListView】元件至TextView元件的下方，如下圖所示：

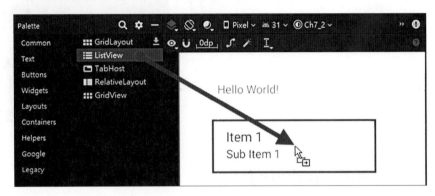

STEP02 選ListView元件，在「Attributes」視窗的【id】欄位輸入【listview】，【layout_height】欄輸入【200dp】，【entries】欄輸入資源索引【@array/cities】指定項目，如下圖所示：

STEP03 在完成ListView元件的屬性設定後，就完成使用介面的建立，如下圖所示：

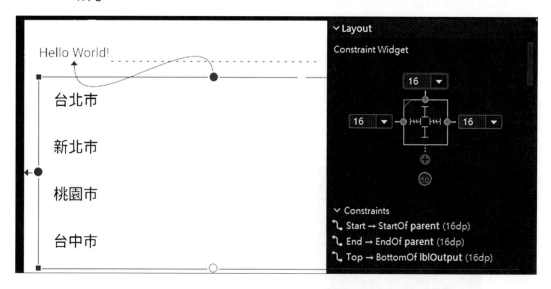

↪ Java程式：**MainActivity.java**

```
01: public class MainActivity extends AppCompatActivity
02:     implements AdapterView.OnItemClickListener {
03:     private ListView lv;
04:     private String[] cities;
05:     @Override
06:     protected void onCreate(Bundle savedInstanceState) {
07:         super.onCreate(savedInstanceState);
08:         setContentView(R.layout.activity_main);
09:         // 取得字串陣列的城市名稱陣列
10:         cities = getResources().getStringArray(R.array.cities);
11:         // 取得ListView元件
12:         lv = (ListView) findViewById(R.id.listview);
13:         lv.setOnItemClickListener(this);
14:     }
15:     @Override
16:     public void onItemClick(AdapterView<?> adapterView,
                View view, int position, long id) {
```

```
17:        TextView output = (TextView) findViewById(R.id.lblOutput);
18:        output.setText("你是住在: " + cities[position]);
19:    }
20: }
```

📝 程式說明

- ○ **第1~20行**：MainActivity類別繼承AppCompatActivity且實作
  OnItemClickListener介面，在第10行取得字串陣列資源的城市清單，第12
  行取得ListView元件，第13行註冊ListView元件的傾聽者物件為自己。

- ○ **第16~19行**：onItemClick()方法是在第17行取得TextView元件，第18行顯
  示選擇的城市，使用的是參數position選取項目位置索引。

📝 **7-3** 在下拉式選單變更顯示項目實習

在第7-1和7-2節的Spinner和ListView清單元件都是指定【entries】屬性建
立清單顯示的項目，如果需要在執行時才建立清單項目，我們需要使用接合
器物件來變更Spinner元件的顯示項目。

📝 認識接合器（adapter）

接合器是一種介面物件，可以作為清單元件和資料來源之間的橋樑，我
們是透過接合器從不同資料來源，建立Spinner和ListView元件的項目，使用
的是ArrayAdapter接合器物件，這是使用陣列作為資料來源，如下圖所示：

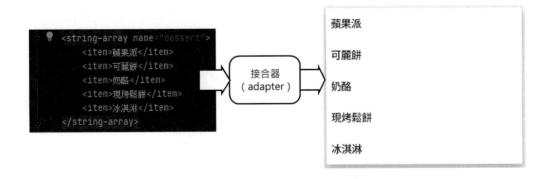

建立ArrayAdapter物件

ArrayAdapter物件可以使用字串陣列來建立清單項目。首先宣告Java字串陣列，如下所示：

```
String[] courses = {"美式漢堡", "特選牛排", "牛肉飯", "義大利麵"};
```

當建立字串陣列後（也可以使用之前的字串陣列資源來建立字串陣列，在之後有說明），就可以建立ArrayAdapter接合器物件，這是一種泛型物件，如下所示：

```
ArrayAdapter<String> a1 = new ArrayAdapter<>(this,
        android.R.layout.simple_spinner_item, courses);
```

上述程式碼使用字串陣列建立ArrayAdapter物件（泛型是<String>字串）。ArrayAdapter()建構子有3個參數，其說明如下所示：

- **第1個參數：**活動自己this。

- **第2個參數：**清單項目使用的佈局，這就是顯示每一個項目的編排，Android提供多種預設的系統佈局資源，以此例是simple_spinner_item，另一種常用的佈局資源是simple_spinner_dropdown_item。

- **第3個參數：**建立項目的字串陣列。

setAdapter()方法：指定使用的ArrayAdapter物件

在建立ArrayAdapter物件後，即可指定Spinner元件使用的ArrayAdapter物件，如下所示：

```
sp1 = (Spinner) findViewById(R.id.spinner);
sp1.setAdapter(a1);
```

上述程式碼取得Spinner元件後，使用setAdapter()方法指定使用的ArrayAdapter物件a1。除了使用Java程式碼宣告陣列外，我們也可以使用位在「res\values\」目錄的strings.xml字串資源，如下所示：

```
desserts = getResources().getStringArray(R.array.dessert);
```

上述程式碼使用getResources()方法取得資源後,呼叫資源的getStringArray()方法取得字串陣列資源,參數是資源索引R.array.dessert。

↪ **Android Studio專案:Ch7_3**

在Android應用程式建立團購點餐單,擁有2個Spinner元件依序選擇主餐和點心,這是分別使用Java陣列和字串陣列資源配合ArrayAdapter物件來建立,其執行結果如下圖所示:

上述圖例的第1個Spinner元件是選主餐,這是使用Java字串陣列和simple_spinner_item佈局,第2個是使用字串陣列資源建立甜點項目,這是使用simple_spinner_dropdown_item佈局,如下圖所示:

在點選主餐和甜點後，按下按鈕，可以顯示使用者選擇的主餐和甜點，如下圖所示：

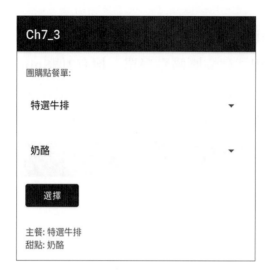

➔ 佈局檔：\res\layout\activity_main.xml

在佈局檔更改預設TextView元件的內容和位置後，依序新增2個Spinner元件，接著是1個Button和1個TextView元件，如下圖所示：

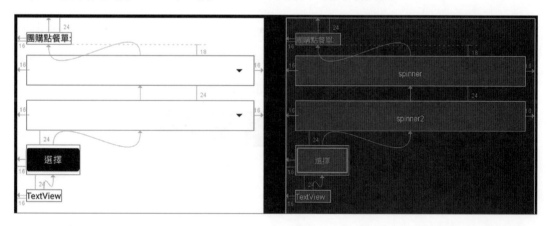

➔ 介面元件屬性

在「Component Tree」元件樹視窗可以看到使用介面元件的結構，如下圖所示：

在元件樹的介面元件由上而下更改的屬性值，如下表所示：

介面元件	id屬性值	text屬性值
TextView	textView	團購點餐單:
Spinner	spinner	N/A
Spinner	spinner2	N/A
Button	button	選擇
TextView	lblOutput	TextView

上表Button元件的【onClick】屬性值是【button_Click】。

字串資源檔：\res\values\strings.xml

```
01: <resources>
02:    <string name="app_name">Ch7_3</string>
03:    <string-array name="dessert">
04:       <item>蘋果派</item>
05:       <item>可麗餅</item>
06:       <item>奶酪</item>
07:       <item>現烤鬆餅</item>
08:       <item>冰淇淋</item>
09:    </string-array>
10: </resources>
```

↳ 資源檔說明

➲ **第3~9行**：使用<string-array>標籤定義字串陣列dessert，這是用來建立ArrayAdapter物件作為Spinner元件的選項。

↳ Java程式：**MainActivity.java**

```
01: public class MainActivity extends AppCompatActivity {
02:     private Spinner sp1, sp2;
03:     private String[] desserts;
04:     @Override
05:     protected void onCreate(Bundle savedInstanceState) {
06:         String[] courses = {"美式漢堡", "特選牛排",
                    "牛肉飯", "義大利麵"};
07:         super.onCreate(savedInstanceState);
08:         setContentView(R.layout.activity_main);
09:         // 主餐的Spinner元件
10:         sp1 = (Spinner) findViewById(R.id.spinner);
11:         // 建立ArrayAdapter接合器物件
12:         ArrayAdapter<String> a1 = new ArrayAdapter<>(this,
13:             android.R.layout.simple_spinner_item, courses);
14:         sp1.setAdapter(a1); // 指定接合器物件
15:         // 甜點的Spinner元件
16:         desserts = getResources().getStringArray(R.array.dessert);
17:         sp2 = (Spinner) findViewById(R.id.spinner2);
18:         ArrayAdapter<String> a2 = new ArrayAdapter<>(this,
19:         android.R.layout.simple_spinner_dropdown_item, desserts);
20:         sp2.setAdapter(a2);
21:     }
22:     public void button_Click(View view) {
23:         // 取得使用者的選擇
24:         String main = sp1.getSelectedItem().toString();
25:         String dessert = sp2.getSelectedItem().toString();
26:         TextView output = (TextView) findViewById(R.id.lblOutput);
27:         output.setText("主餐: " + main + "\n甜點: " + dessert);
```

```
28:   }
29: }
```

⤵ 程式說明

- ⊃ **第6行：**宣告主餐字串的courses[]陣列。

- ⊃ **第10~14行：**建立主餐的Spinner元件sp1，在第12~13行建立ArrayAdapter 泛型物件，指定型態為<String>字串，其資料來源是courses[]陣列，在第14 列指定Spinner元件sp1使用的ArrayAdapter物件。

- ⊃ **第16~20行：**建立甜點的Spinner元件sp2，在第16行取得字串陣列資源 R.array.dessert，第18~19行建立ArrayAdapter泛型物件，其資料來源是字 串陣列資源，在第20列指定Spinner元件sp2使用的ArrayAdapter物件。

- ⊃ **第22~28行：**Button元件的事件處理是在第24~25行取得2個Spinner元件的 選擇項目，第26~27行顯示在TextView元件。

⤵ 在ListView元件使用ArrayAdapter物件建立項目

第7-2節的ListView元件也可以使用ArrayAdapter物件建立清單項 目，Android Studio專案Ch7_3a和第7-2節的功能相同，只是改用ArrayAdapter 物件建立ListView元件的項目。讀者也可以直接修改Ch7_2專案，其步驟如下 所示：

STEP01 開啟佈局檔activity_main.xml，清除ListView元件的entries屬性 值，如下圖所示：

STEP02 開啓MainActivity.java修改onCreate()方法,我們需要建立
　　　　ArrayAdapter物件和指定ListView元件使用ArrayAdapter物件,如下
　　　　所示:

```
@Override
protected void onCreate(Bundle savedInstanceState) {
    ...
    cities = getResources().getStringArray(R.array.cities);
    ArrayAdapter<String> a = new ArrayAdapter<>(this,
        android.R.layout.simple_list_item_1, cities);
    lv = (ListView) findViewById(R.id.listview);
    lv.setAdapter(a);
    lv.setOnItemClickListener(this);
}
```

　　上述程式碼從字串陣列資源取得cities[]字串陣列後,就可以建立
ArrayAdapter物件a,使用的系統佈局資源是simple_list_item_1,然後取得
ListView物件和指定使用ArrayAdapter物件a。

7-4 選項選單與動作列實習

　　舊版Android標題列和選項選單(options menu),在Android 3.0之後版
本已經整合成動作列(action bar),這是一個固定區域用來建立一致的巡覽
介面和提供使用者操作的功能,例如:選單。

7-4-1 認識動作列

　　Android動作列是位在活動上方的一個固定區域,一種介面元件用來顯示
活動的標題文字、圖示和切換與巡覽功能,也可以用來指示Android應用程式
目前所在的活動,和顯示選單(menu)。

Android最常使用的是選項選單（options menu），當使用者按下行動裝置的實體【MENU】鍵，可以在下方顯示最多6個選項的選單。不過，目前Android行動裝置已經沒有實體【MENU】鍵，選項選單也整合至動作列成為「溢出選單」（Overflow），我們需要點選標題列最右方【垂直3點】圖示來開啟選單，如下圖所示：

上述【設定】程式上方顯示動作列的標題文字、圖示和最右邊【垂直3點】圖示，點選可以開啟選單，我們可以直接將選項置於動作列上來執行一些常用功能。

7-4-2 建立選項選單

Android應用程式位在上方動作列的選項選單，也稱為溢出選單，在這一節我們準備在動作列建立選項選單，並且使用介面設計工具來建立選單的選項。

↳ 將選單資源XML檔案建立成選單

Android選項選單的選項是定義在XML種資源檔案，不過，此檔案並不會自動成為選單，我們需要執行「Code>Override Methods」命令，在MainActivity類別新增onCreateOptionsMenu()方法來將選單資源建立成選單，如下所示：

```
@Override
public boolean onCreateOptionsMenu(Menu menu) {
```

```
    MenuInflater inflater = getMenuInflater();
    inflater.inflate(R.menu.menu_main, menu);
    return super.onCreateOptionsMenu(menu);
}
```

上述程式碼呼叫活動類別的getMenuInflater()方法取得MenuInflater物件後，使用inflate()方法建立選項選單，第1個參數是選單資源索引，即名為menu_main.xml的檔案，第2個參數是Menu物件，即我們準備建立的選單。

↪ 處理選單的選項

在MainActivity類別需要覆寫onOptionsItemSelected()方法來判斷使用者的選擇，如下所示：

```
@Override
public boolean onOptionsItemSelected(MenuItem item) {
    switch(item.getItemId()) {
    case R.id.toF:
        ……
        break;
    case R.id.toC:
        ……
        break;
    }
    return super.onOptionsItemSelected(item);
}
```

上述方法參數是選取選項的MenuItem物件，可以呼叫getItemId()方法取得選項唯一整數編號後，即可使用switch條件判斷選擇哪一個選項來執行所需功能，最後呼叫父類別onOptionsItemSelected(item)方法作為傳回值。

🔗 **Android Studio專案：Ch7_4_2**

在Android應用程式建立選項選單，選單擁有2個選項，可以將輸入溫度轉換成攝氏或華氏溫度，其執行結果如下圖所示：

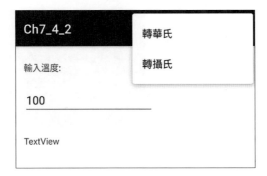

在輸入溫度後，按右上方垂直3個點顯示選單，選【轉華氏】選項，可以顯示轉換後的華氏溫度，如下圖所示：

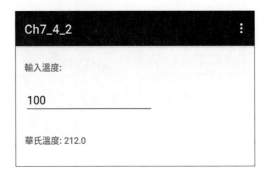

選【轉攝氏】選項，可以轉換成攝氏溫度。

⤷ 佈局檔：\res\layout\activity_main.xml

佈局檔是在調整預設TextView元件後，在下方依序新增1個EditText（Number）元件，和1個TextView元件，如下圖所示：

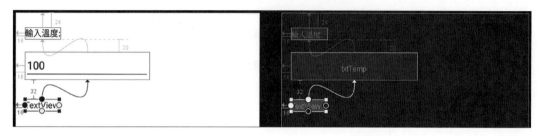

⤷ 介面元件屬性

在「Component Tree」元件樹視窗可以看到使用介面元件的結構，如下圖所示：

在元件樹的介面元件由上而下更改的屬性值，如下表所示：

介面元件	id屬性值	text屬性值
TextView	textView	輸入溫度:
EditText	txtTemp	100
TextView	lblOutput	TextView

↳ 選項資源檔：\res\menu\menu_main.xml

選單資源XML檔案的內容是選單顯示的選項，其建立步驟如下所示：

STEP01 在「Project」視窗的「app\res」目錄上，執行【右】鍵快顯功能表的「New>Android Resource File」命令新增資源檔，可以看到「New Resource File」對話方塊。

STEP02 在【File name】欄輸入檔案名稱【menu_main】，【Resource type】欄選【Menu】類型的資源，按【OK】鈕建立位在「app\res\menu\」目錄，名為menu_main.xml的選單資源檔。

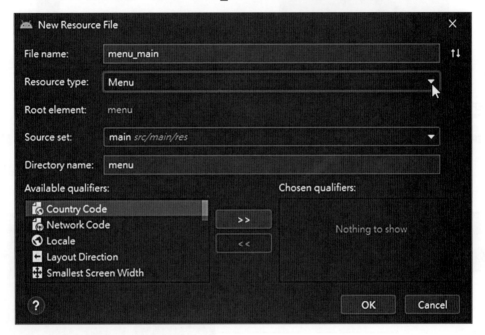

STEP03 請開啟menu_main.xml選單資源檔，從「Palette」視窗拖拉【Menu Item】至活動上方的動作列來新增選項，如下圖所示：

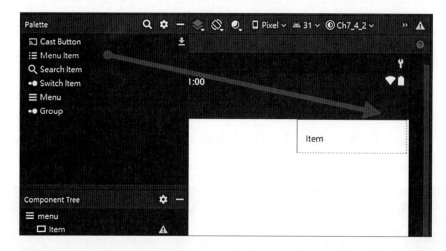

STEP04 重複步驟3.新增第2個選項後，就可以一一指定選項屬性。

STEP05 請選第1個選項，在【id】欄輸入【toF】；【title】欄輸入【轉華氏】，【showAsAction】欄勾選【never】後，按【Apply】鈕，如下圖所示：

STEP06 選第2個Item選項，在【id】欄輸入【toC】；【title】欄輸入【轉攝氏】，【showAsAction】欄是【never】，如下圖所示：

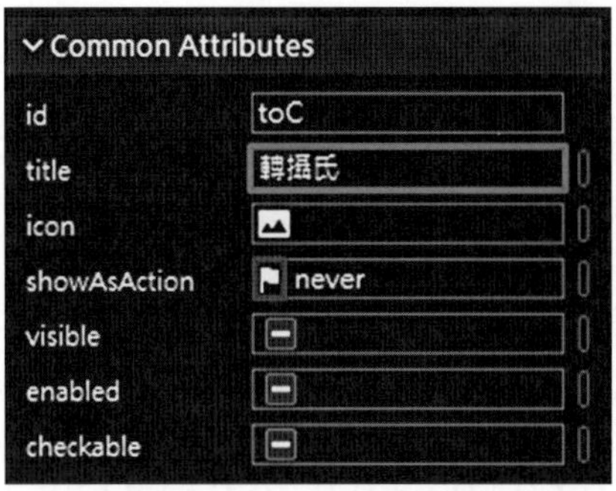

STEP07 請切換至【Code】標籤，可以看到XML標籤碼，如下所示：

```xml
<?xml version="1.0" encoding="utf-8"?>
<menu xmlns:app="http://schemas.android.com/apk/res-auto"
  xmlns:android="http://schemas.android.com/apk/res/android">

  <item android:title="轉華氏"
    android:id="@+id/toF"
    app:showAsAction="never" />
  <item android:title="轉攝氏"
    android:id="@+id/toC"
    app:showAsAction="never" />
</menu>
```

　　上述menu根元素下的item子元素是每一個項目，相關屬性的說明，如下表所示：

屬性	說明
android:id	選項的識別名稱，轉換成的資源索引值，就是選項的唯一整數編號
app:showAsAction	選項的顯示方式，值ifRoom是如果動作列有空間，就顯示在動作列上，withText顯示項目的文字內容，never顯示在選單中，always是永遠顯示在動作列上，多個屬性值可以使用「|」連接
android:title	選項顯示的標題名稱

↪ Java程式：MainActivity.java

在MainActivity.java需要新增onCreateOptionsMenu()方法，其步驟如下所示：

STEP01 請在MainActivity類別宣告的onCreate()方法之後，按 Enter 鍵換行後，點一下作為插入點。

STEP02 執行「Code＞Override Methods」命令，可以看到「Select Methods to Override/Implement」對話方塊。

STEP03 請 找 到 【 a n d r o i d . a p p . A c t i v i t y 】 ， 在 之 下 可 以 看 到 onCreateOptionsMenu()和onOptionsItemSelected()方法，按 Ctrl 鍵選擇2個方法後，按【OK】鈕新增這2個方法。

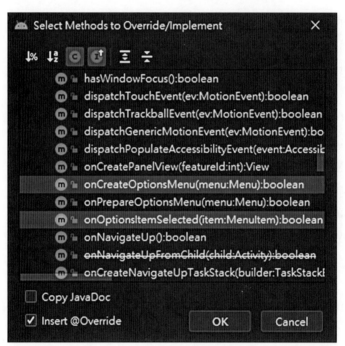

STEP04 然後輸入MainActivity類別的Java程式碼，如下所示：

```
01: public class MainActivity extends AppCompatActivity {
02:     private TextView output;
03:     @Override
04:     public void onCreate(Bundle savedInstanceState) {
05:        super.onCreate(savedInstanceState);
```

```
06:      setContentView(R.layout.activity_main);
07:      // 取得TextView元件
08:      output = (TextView) findViewById(R.id.lblOutput);
09:   }
10:   @Override
11:   public boolean onCreateOptionsMenu(Menu menu) {
12:      MenuInflater inflater = getMenuInflater();
13:      inflater.inflate(R.menu.menu, menu);
14:      return super.onCreateOptionsMenu(menu);
15:   }
16:   @Override
17:   public boolean onOptionsItemSelected(MenuItem item) {
18:      int tmp;
19:      double result;
20:      // 取得EditText元件
21:      EditText txtTemp = (EditText)
                  findViewById(R.id.txtTemp);
22:      // 取得輸入值
23:      tmp = Integer.parseInt(txtTemp.getText().toString());
24:      switch(item.getItemId()) {
25:      case R.id.toF:
26:         // 攝氏轉華氏的公式
27:         result = (9.0 * tmp) / 5.0 + 32.0;
28:         output.setText("華氏溫度: " + result);
29:         break;
30:      case R.id.toC:
31:         // 華氏轉攝氏的公式
32:         result = (5.0 / 9.0 ) * (tmp - 32);
33:         output.setText("攝氏溫度: " + result);
34:         break;
35:      }
36:      return super.onOptionsItemSelected(item);
37:   }
38: }
```

☞ 程式說明

➲ **第12~14行:** 在取得MenuInflater物件後,呼叫inflate()方法將選單資源的選項新增至參數的Menu物件。

➲ **第17~37行:** 在onOptionsItemSelected()方法使用switch條件判斷使用者選擇哪一個選項,我們是使用參數MenuItem物件item的getItemId()方法取得選項常數,這是定義在menu_main.xml的選項資源索引,然後使用公式計算轉換的溫度。

學習評量

1. 請問Android的清單介面主要有哪兩種？

2. Spinner元件的選取項目事件活動類別需要實作_____介面來
   建立傾聽者物件。ListView元件的按一下項目事件，需要註冊_____
   傾聽者物件。

3. 請問什麼是接合器（adapter）？

4. 請說明什麼是動作列？

5. 請簡單說明如何在Android應用程式建立選項選單？

6. 請建立Android專案，在Spinner元件新增3個項目來更改TextView元件
   lblOutput的背景色彩為紅、黃和藍色。

7. 請修改第7-1-2節建立的Android應用程式，改用選項選單來選擇四則運算
   子。

8. 請修改第7-4-2節的Android Studio專案，改用Spinner元件來選擇執行哪一
   種溫度轉換。

08 訊息與對話方塊

8-1 顯示訊息實習

Android應用程式除了使用TextView元件顯示訊息字串外,我們也可以使用Toast與Log類別來顯示訊息文字和偵錯資訊。

8-1-1 顯示Toast訊息

Toast類別屬於android.widget套件,提供類別方法可以在行動裝置顯示一個彈跳訊息框,我們可以在此訊息框顯示一段訊息文字,而且只會保留一段時間,如下圖所示:

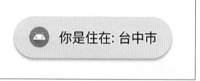

➮ Toast.makeText()方法:顯示Toast訊息

在第7-2節範例原來是在TextView元件顯示使用的選擇,我們可以改用Toast訊息,也就是當點選ListView元件的項目,使用Toast類別的makeText()類別方法建立一段訊息文字,可以顯示使用者選擇的項目名稱,如下所示:

```
Toast.makeText(this, "你是住在: " + cities[position],
        Toast.LENGTH_SHORT).show();
```

上述makeText()方法有3個參數,其說明如下所示:

➮ **第1個參數**:在活動類別就是自己this。

➮ **第2個參數**:顯示的訊息字串。

➮ **第3個參數**:訊息顯示的時間,Toast.LENGTH.SHORT較短;Toast.LENGTH.LONG較長。

最後使用串流呼叫show()類別方法顯示makeText()方法建立的訊息文字。

↪ Android Studio專案：Ch8_1_1

這個Android應用程式是修改第7-2節的ListView元件來選擇居住城市，改用Toast訊息顯示使用者的選擇，其執行結果如下圖所示：

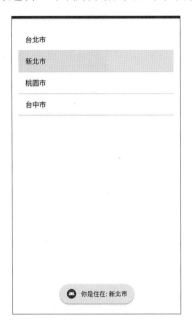

點選ListView元件的城市項目，就可以在下方的Toast訊息顯示你的選擇。

↪ 字串資源檔：\res\values\strings.xml

字串資源檔內容的<string-array>標籤和第7-2節同名檔案完全相同，如下圖所示：

```xml
<resources>
    <string name="app_name">Ch8_1_1</string>
    <string-array name="cities">
        <item>台北市</item>
        <item>新北市</item>
        <item>桃園市</item>
        <item>台中市</item>
        <item>台南市</item>
        <item>高雄市</item>
    </string-array>
</resources>
```

佈局檔：\res\layout\activity_main.xml

在佈局檔刪除TextView元件後，新增1個對齊父佈局元件左上角的
ListView元件，如下圖所示：

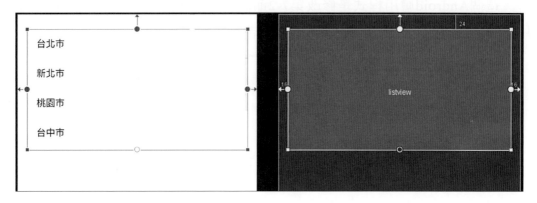

介面元件屬性

在「Component Tree」元件樹視窗可以看到使用介面元件的結構，如下
圖所示：

在元件樹的介面元件由上而下更改的屬性值，如下表所示：

介面元件	屬性	屬性值
ListView	id	listview
ListView	layout_height	200dp
ListView	entries	@array/cities

Java程式：MainActivity.java

```
01: public class MainActivity extends AppCompatActivity
02:     implements AdapterView.OnItemClickListener {
03:     private ListView lv;
```

```
04:     private String[] cities;
05:     @Override
06:     protected void onCreate(Bundle savedInstanceState) {
07:        super.onCreate(savedInstanceState);
08:        setContentView(R.layout.activity_main);
09:        // 取得字串陣列的城市名稱陣列
10:        cities = getResources().getStringArray(R.array.cities);
11:        // 取得ListView元件
12:        lv = (ListView) findViewById(R.id.listview);
13:        lv.setOnItemClickListener(this);
14:     }
15:     @Override
16:     public void onItemClick(AdapterView<?> adapterView,
                      View view, int position, long id) {
17:        Toast.makeText(this, "你是住在: " + cities[position],
18:            Toast.LENGTH_SHORT).show();
19:     }
20: }
```

📩 程式說明

○ **第1~20行**：MainActivity類別繼承AppCompatActivity且實作OnItemClickListener介面，在第10行取得字串陣列資源的城市清單，第12行取得ListView元件，第13行註冊ListView元件的傾聽者物件為自己。

○ **第16~19行**：onItemClick()方法是在第17~18行使用Toast訊息顯示選擇的城市，使用的是參數position選取項目位置索引。

8-1-2 顯示偵錯訊息

Java語言提供try/catch例外處理程式敘述，可以配合android.util套件的Log類別建立記錄訊息，幫助我們進行Android應用程式的偵錯。

Log類別方法

Log類別常用的類別方法，如下表所示：

類別方法	說明
Log.e()	記錄錯誤訊息
Log.w()	記錄警告訊息
Log.i()	記錄一般資訊的訊息
Log.d()	記錄偵錯訊息
Log.v()	記錄詳細訊息

上述Log類別有多個方法，我們可以依需求使用不同的方法來顯示訊息，例如：使用Log.d()方法顯示運算錯誤的訊息文字，如下所示：

```
Log.d("Ch8_1_2", "除以0的錯誤….");
```

上述方法有2個參數，第1個參數是標籤，可以用來識別是誰產生此訊息，第2個參數是訊息內容。

說明

請注意！使用Log類別方法記錄訊息會降低Android應用程式的執行效能，通常只有在程式開發和偵錯階段使用，正式釋出版本就會刪除。

try/catch例外處理程式敘述

Java語言的例外處理程式敘述分為try、catch和finally三個程式區塊，可以建立Java程式的例外處理，如下所示：

```
try {
  …
}
catch (ExceptionType e) {
  …
}
finally { ……… }
```

上述三個程式區塊的說明，如下所示：

◐ **try程式區塊：** 在try程式區塊的程式碼是用來檢查是否產生例外物件，當例外產生時，就會丟出指定例外類型的物件。

◐ **catch程式區塊：** 當try程式區塊的程式碼丟出例外，程式需要準備一到多個catch程式區塊來處理不同類型的例外，傳入的參數e是例外類型的物件，可以使用相關方法取得進一步的例外資訊，相關方法說明如下表所示：

方法	說明
String getMessage()	傳回例外說明的字串
void printStackTrace()	顯示程式呼叫的執行過程

◐ **finally程式區塊：** finally程式區塊是一個可有可無的程式區塊，其主要目的是進行程式善後，不論例外是否產生，都會執行此程式區塊的程式碼。

↪ Android Studio專案：Ch8_1_2

這個Android應用程式是修改第7-1-2節的四則計算機，如果第二個運算元輸入0，選除法就會產生除以0的錯誤，同時使用Log.d()方法顯示偵錯訊息，其執行結果如下圖所示：

在上述欄位輸入運算元的整數，因為運算元2輸入0，而且選除法，所以在下方顯示divide by zero錯誤訊息，如果沒有輸入運算元，顯示For input string: ""錯誤訊息。

請回到Android Studio，在下方選【Logcat】標籤開啓「Logcat」視窗，如下圖所示：

上述訊息顯示的是使用Log.d()方法寫入的訊息，在「/」符號前的大寫「D」是使用Log.d()方法；「W」是Log.w()；「E」是Log.e()方法。

字串資源檔：\res\values\strings.xml

字串資源檔內容的<string-array>標籤和第7-1-2節同名檔案完全相同，如下圖所示：

```
<resources>
    <string name="app_name">Ch8_1_2</string>
    <string-array name="op">
        <item>加法</item>
        <item>減法</item>
        <item>乘法</item>
        <item>除法</item>
    </string-array>
</resources>
```

佈局檔：\res\layout\activity_main.xml

佈局檔和第7-1-2節同名佈局檔完全相同，如下圖所示：

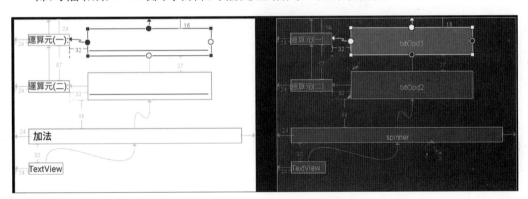

Java程式：MainActivity.java

```
01: public class MainActivity extends AppCompatActivity
02:     implements AdapterView.OnItemSelectedListener {
03:     private EditText opd1, opd2;
04:     private TextView output;
05:     @Override
06:     protected void onCreate(Bundle savedInstanceState) {
    ...
18:     }
```

```
19:    @Override
20:    public void onItemSelected(AdapterView<?> adapterView,
                  View view, int position, long id) {
21:       int v1, v2;
22:       double r = 0.0;
23:       try {
24:          v1 = Integer.parseInt(opd1.getText().toString());
25:          v2 = Integer.parseInt(opd2.getText().toString());
26:          switch (position) {
27:             case 0:  // 加法
28:                r = v1 + v2;
29:                break;
30:             case 1:  // 減法
31:                r = v1 - v2;
32:                break;
33:             case 2:  // 乘法
34:                r = v1 * v2;
35:                break;
36:             case 3:  // 除法
37:                r = v1 / v2;
38:                break;
39:          }
40:          output.setText("運算結果 = " + r);
41:       } catch (Exception ex) {
42:          output.setText(ex.getMessage());
43:          Log.d("Ch8_1_2", "除以0的錯誤….");
44:       }
45:    }
...
49: }
```

程式說明

● **第20~45行**：onItemSelected()方法的第23~44行是try/catch例外處理敘述，第24~25行取得2個EditText元件輸入的整數值，第26~39行的switch條件敘述判斷參數position選取項目位置索引，就可以知道使用者選擇哪一種運算，在執行四則運算後，第40行顯示運算結果，

● **第41~44行**：catch程式區塊是在第42行顯示例外物件的訊息文字，第43行使用Log.d()方法寫入偵錯訊息。

8-2 對話方塊介紹

　　對話方塊（dialog）是用來處理少量的使用者互動，每一種對話方塊都是設計用來取得使用者輸入的特定資料，例如：提供訊息、確認或選擇資料等。

對話方塊的種類

　　Android對話方塊是Dialog類別和其子類別，其類別架構如下圖所示：

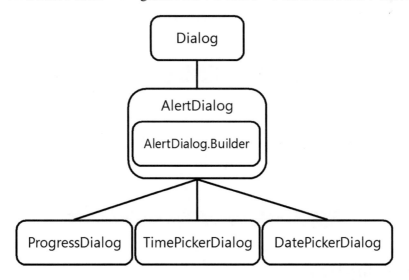

　　上述對話方塊的根類別是Dialog，AlertDialog是其子類別，此類別擁有一個內層AlertDialog.Builder類別，可以幫助我們建立「警告對話方塊」（AlertDialog）。

在AlertDialog類別的三個子類別可以建立特殊用途的對話方塊,其說明如下表所示:

Dialog類別	說明
ProgressDialog	顯示執行進度的對話方塊
DatePickerDialog	設定日期對話方塊,其內容是DatePicker元件,可以幫助我們設定日期
TimePickerDialog	設定時間對話方塊,其內容是TimePicker元件,可以幫助我們設定時間

8-3　對話方塊實習

AlertDialog.Builder類別提供相關方法來建立與顯示AlertDialog對話方塊,我們是使用Button元件的事件處理來測試對話方塊的建立與顯示。

8-3-1　訊息對話方塊

在活動建立對話方塊是透過AlertDialog.Builder類別來建立與顯示訊息對話方塊,可以顯示一段訊息文字,例如:建立「關於本書」對話方塊顯示本書訊息,如下圖所示:

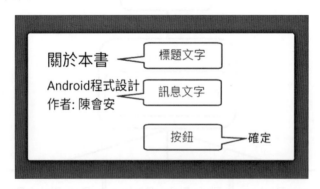

AlertDialog類別

AlertDialog類別提供內建對話方塊元素,例如:標題、訊息文字、最多三個按鈕和可選擇的清單,可以讓我們建立訊息、複選和單選等不同功能的對話方塊,如下所示:

```
AlertDialog.Builder builder = new AlertDialog.Builder(this);
```

上述程式碼使用AlertDialog.Builder類別建立AlertDialog對話方塊，建構子參數是活動自己this，就可以使用相關方法來指定對話方塊的內容，如下所示：

```
builder.setTitle("關於本書");
builder.setMessage("Android程式設計\n作者: 陳會安");
builder.setCancelable(true);
```

上述程式碼指定對話方塊的標題文字和訊息內容，最後呼叫show()方法顯示對話方塊，如下所示：

```
builder.show();
```

AlertDialog.Builder物件的常用方法說明，如下表所示：

方法	說明
setTitle()	指定對話方塊的標題文字為參數的字串
setMessage()	指定對話方塊的訊息內容為參數的字串，內容如需換行請使用「\n」符號
setCancelable()	指定對話方塊是否可以按Back鍵取消，參數true是可以；false為不可以
show()	顯示AlertDialog對話方塊

⤷ 在對話方塊新增【確定】按鈕

AlertDialog.Builder物件提供三個方法來建立「確定」、「放棄」和「取消」按鈕，如下表所示：

方法	說明
setPositiveButton()	指定「確定」按鈕的標題文字和傾聽者物件
setNeutralButton()	指定「放棄」按鈕的標題文字和傾聽者物件
setNagtiveButton()	指定「取消」按鈕的標題文字和傾聽者物件

例如：在對話方塊建立【確定】鈕，如下所示：

```
builder.setPositiveButton("確定", null);
```

上述setPositiveButton()方法的第1個參數是按鈕的標題文字，第2個參數是事件處理的傾聽者物件（其進一步說明，請參閱第8-3-2節），因為本節【確定】鈕只是關閉對話方塊，並沒有作什麼事，直接使用null即可。

↳ Android Studio專案：Ch8_3_1

在Android應用程式建立AlertDialog對話方塊，按【關於本書】鈕，可以顯示「關於本書」對話方塊，其執行結果如下圖所示：

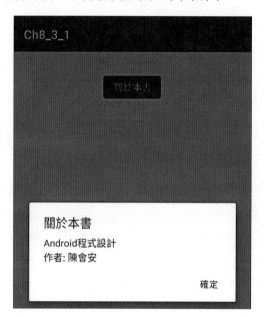

↳ 佈局檔：\res\layout\activity_main.xml

在佈局檔刪除預設TextView元件後，新增置中排列的Button元件，id屬性值是【button】，text屬性值是【關於本書】，onClick屬性值為【button_Click】，如下圖所示：

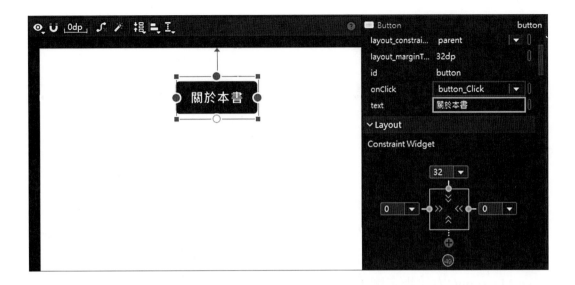

📝 Java程式：MainActivity.java

請注意！在MainActivity類別宣告輸入的AlertDialog需要匯入android.app.AlertDialog類別，不是第1個，如下圖所示：

```
public void button_Click(View view) {
    AlertDialog.Builder builder = new AlertDialog.Builder(this);
    build                          Class to Import
    // 指  C  AlertDialog (androidx.appcompat.app)  Gradle: androidx.appcompat:appcompat:1.3.1@aar (classes.jar)  ▶
    build  C  AlertDialog (android.app)                     < Android API 31 Platform > (android.jar)  ▶
    builder.setCancelable(true);
    // 設定按鈕和事件處理程序
    builder.setPositiveButton("確定", null);
```

```
01: public class MainActivity extends AppCompatActivity {
02:     @Override
03:     protected void onCreate(Bundle savedInstanceState) {
04:         super.onCreate(savedInstanceState);
05:         setContentView(R.layout.activity_main);
06:     }
07:     public void button_Click(View view) {
08:         AlertDialog.Builder builder = new AlertDialog.Builder(this);
09:         builder.setTitle("關於本書"); // 標題文字
10:         // 指定對話方塊訊息文字
11:         builder.setMessage("Android程式設計\n作者: 陳會安");
```

```
12:     builder.setCancelable(true);
13:     // 設定按鈕和事件處理程序
14:     builder.setPositiveButton("確定", null);
15:     builder.show(); // 顯示對話方塊
16:   }
17: }
```

▷ 程式說明

⊃ **第7~16行**：Button元件的事件處理是在第8行建立AlertDialog.Builder物件，第9行使用setTitle()方法指定對話方塊的標題文字，在第11行呼叫setMessage()方法指定顯示的訊息內容，第12行指定可以取消，第14行使用setPositiveButton()方法建立對話方塊的按鈕，最後在第15行呼叫show()方法顯示對話方塊。

■ 8-3-2　確認對話方塊

　　確認對話方塊一般來說至少有兩個按鈕，一個是確認；另一個是取消，例如：建立離開Android應用程式時的確認對話方塊。

▷ 對話方塊按鈕的事件處理

　　在上一節的對話方塊按鈕並沒有作用，如果按鈕有功能，其事件處理的傾聽者物件需要實作DialogInterface.OnClickListener介面，介面擁有一個onClick()方法，如下所示：

```
@Override
public void onClick(DialogInterface dialogInterface, int which) {
  switch (which) {
    case DialogInterface.BUTTON_POSITIVE:
      finish();
      break;
    case DialogInterface.BUTTON_NEGATIVE:
      Toast.makeText(this, "按下取消鈕!",
          Toast.LENGTH_SHORT).show();
```

```
        break;
    }
}
```

上述onClick()方法的第1個參數是按下按鈕的對話方塊，第2個參數是哪一個按鈕被按下，這是DialogInterface介面的常數，其說明如下表所示：

常數	說明
BUTTON_POSITIVE	按下【確定】鈕
BUTTON_NEGATIVE	按下【取消】鈕
BUTTON_NEUTRAL	按下【放棄】鈕

結束活動是呼叫finish()方法（詳見第9-4節的說明），換句話說，按【確定】鈕可以結束目前活動，因為程式只有1個活動，所以就是結束程式執行，按【取消】鈕會顯示Toast訊息和返回應用程式。

⤴ 使用串連呼叫方法建立對話方塊

因為AlertDialog.Builder物件方法的傳回值都是AlertDialog.Builder物件，我們可以使用一種更簡單的方法，使用串連呼叫方法（method chaining）來建立對話方塊，如下所示：

```
builder.setTitle("確認")
    .setMessage("確認結束本程式?")
    .setPositiveButton("確定", this)
    .setNegativeButton("取消", this)
    .show();
```

上述setNegativeButton()方法是在對話方塊新增取消鈕，第2個參數的傾聽者物件是this，即活動自己。整個程式碼是使用串連呼叫方法來依序呼叫各方法，如下所示：

```
builder.setTitle(…).setMessage(…),,,,.show();
```

上述程式碼首先呼叫setTitle()方法指定標題文字,因為傳回值是AlertDialog.Builder物件builder,所以再呼叫此物件的setMessage()方法指定訊息內容,因為傳回值還是builder物件,所以再呼叫其他AlertDialog.Builder物件的方法,直到show()方法顯示對話方塊為止。

↳ Android Studio專案:Ch8_3_2

在Android應用程式建立對話方塊來確認結束程式,請按【結束程式】鈕,可以顯示確認對話方塊,其執行結果如下圖所示:

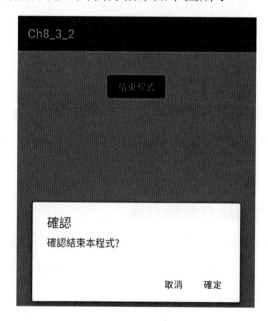

按【確定】鈕結束程式,或按【取消】鈕返回Android應用程式。

↳ 佈局檔:\res\layout\activity_main.xml

在佈局檔刪除預設TextView元件後,新增置中排列的Button元件,其id屬性值是【button】,text屬性值是【結束程式】,onClick屬性值為【button_Click】,如下圖所示:

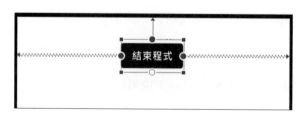

📤 Java程式：**MainActivity.java**

```
01: public class MainActivity extends AppCompatActivity
02:    implements DialogInterface.OnClickListener {
03:    @Override
04:    protected void onCreate(Bundle savedInstanceState) {
05:      super.onCreate(savedInstanceState);
06:      setContentView(R.layout.activity_main);
07:    }
08:    @Override
09:    public void onClick(DialogInterface dialogInterface, int which) {
10:      switch (which) {
11:        case DialogInterface.BUTTON_POSITIVE:
12:          finish();
13:          break;
14:        case DialogInterface.BUTTON_NEGATIVE:
15:          Toast.makeText(this, "按下取消鈕!",
                Toast.LENGTH_SHORT).show();
16:          break;
17:      }
18:    }
19:    public void button_Click(View view) {
20:      AlertDialog.Builder builder = new AlertDialog.Builder(this);
21:      builder.setTitle("確認")
22:        .setMessage("確認結束本程式?")
23:        .setPositiveButton("確定", this)
24:        .setNegativeButton("取消", this)
25:        .show();
26:    }
27: }
```

程式說明

⊃ **第1~27行**：MainActivity類別繼承AppCompatActivity且實作DialogInterface.OnClickListener介面，在第9~18行是onClick()方法，使用第10~17行的switch條件敘述判斷按下哪一個按鈕，第12行是結束程式，第15行顯示Toast訊息。

⊃ **第19~26行**：Button元件事件處理在建立AlertDialog.Builder物件後，使用串連呼叫方法建立對話方塊，依序呼叫setTitle()、setMessage()、setPositiveButton()、setNegativeButton()和show()五個方法。

8-3-3　單選對話方塊

　　AlertDialog類別也可以建立選擇功能的對話方塊，在這一節是單選；下一節是複選對話方塊。

setItems()方法：建立單選對話方塊

　　單選AlertDialog對話方塊是使用setItems()方法指定選項，每一個選項可以視爲是一個按鈕，如下所示：

```
String[] options = {"紅色", "黃色", "綠色" };
builder.setItems(options, this);
builder.setNegativeButton("取消", null);
```

　　上述程式碼宣告一維字串陣列options[]，每一個陣列元素就是選項名稱，然後呼叫setItems()方法指定對話方塊顯示的選項陣列，第2個參數是註冊的傾聽者物件。

DialogInterface.OnClickListener介面：判斷使用者的選擇

　　因爲單選對話方塊的每一個選項都可視爲是按鈕，選擇選項如同按下按鈕，所以活動類別需要實作DialogInterface.OnClickListener介面，作爲各選項的傾聽者物件，即setItems()方法的第2個參數，介面擁有一個onClick()方法，如下所示：

```
@Override
public void onClick(DialogInterface dialog, int which) {
  Button btn = (Button) findViewById(R.id.button);
  switch(which) {
    case 0: btn.setBackgroundColor(Color.RED);
         break;
    case 1: btn.setBackgroundColor(Color.YELLOW);
         break;
    case 2: btn.setBackgroundColor(Color.GREEN);
         break;
  }
};
```

上述onClick()方法的參數which是選擇選項的索引編號,如同陣列也是從0開始,然後指定Button元件的背景色彩,使用的是Color類別常數。

⤴ Android Studio專案:Ch8_3_3

在Android應用程式建立色彩選擇對話方塊,可以選擇Button按鈕元件的背景色彩,其執行結果如下圖所示:

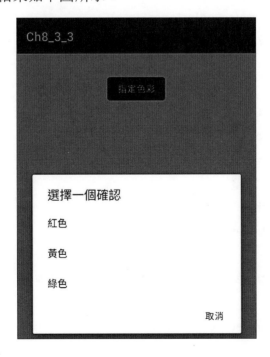

按【指定色彩】鈕顯示選擇色彩的對話方塊，選好色彩，可以看到按鈕的背景色彩已經改變。

↪ 佈局檔：\res\layout\activity_main.xml

在佈局檔刪除預設TextView元件後，新增置中排列的Button元件，其id屬性值是【button】，text屬性值是【指定色彩】，onClick屬性值為【button_Click】，如下圖所示：

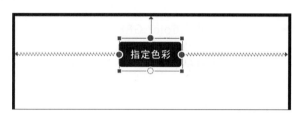

↪ Java程式：MainActivity.java

```
01: public class MainActivity extends AppCompatActivity
02:     implements DialogInterface.OnClickListener {
03:     @Override
04:     protected void onCreate(Bundle savedInstanceState) {
05:         super.onCreate(savedInstanceState);
06:         setContentView(R.layout.activity_main);
07:     }
08:     @Override
09:     public void onClick(DialogInterface dialogInterface, int which) {
10:         // 找到Button元件
11:         Button btn = (Button) findViewById(R.id.button);
12:         // 指定背景色彩
13:         switch(which){
14:             case 0: btn.setBackgroundColor(Color.RED);
15:                 break;
16:             case 1: btn.setBackgroundColor(Color.YELLOW);
17:                 break;
18:             case 2: btn.setBackgroundColor(Color.GREEN);
```

```
19:          break;
20:       }
21:    }
22:    public void button_Click(View view) {
23:       // 建立對話方塊
24:       AlertDialog.Builder builder = new AlertDialog.Builder(this);
25:       builder.setTitle("選擇一個確認");
26:       // 建立選項陣列
27:       String[] options = {"紅色", "黃色", "綠色" };
28:       builder.setItems(options, this); // 指定選項
29:       builder.setNegativeButton("取消", null);
30:       builder.show(); // 顯示對話方塊
31:    }
32: }
```

🖒 程式說明

- ⊃ **第1~32行**：MainActivity類別繼承AppCompatActivity且實作 DialogInterface.OnClickListener介面，在第9~21行是onClick()方法。

- ⊃ **第9~21行**：onClick()方法的which參數傳回按下哪一個選項，第13~20行使 用switch條件判斷選擇了哪一個選項，以便更改Button元件的背景色彩。

- ⊃ **第22~31行**：Button元件的事件處理是在第27行建立選項陣列，在第28行 呼叫setItems()方法指定對話方塊顯示的選項和註冊傾聽者物件，第29行新 增取消按鈕，在第30行使用show()方法顯示對話方塊。

8-3-4 複選對話方塊

AlertDialog類別除了建立單選對話方塊，也一樣可以建立複選對話方塊。

建立複選對話方塊

AlertDialog.Builder建立複選對話方塊是使用setMultiChoiceItems()方法，如下所示：

```
String[] items = {"Samsung", "OPPO", "Apple", "ASUS"};
boolean[] itemsChecked = new boolean[4];
…
AlertDialog build = new AlertDialog.Builder(this)
    .setTitle("請勾選選項?")
    .setPositiveButton("確定", this)
    .setNegativeButton("取消", null)
    .setMultiChoiceItems(items,itemsChecked, this)
    .show();
```

上述setMultiChoiceItems()方法可以建立複選的選項，3個參數的說明如下所示：

- **第1個參數**：指定複選選項的字串陣列，以此例是items[]陣列。

- **第2個參數**：這是對應第1個參數選項陣列的布林陣列，每一個元素對應一個選項，如果使用者勾選此選項，此索引的陣列值是true；沒有勾選，值是false，我們可以使用此陣列找出使用者勾選的所有選項，以此例是itemsChecked[]陣列。

- **第3個參數**：實作DialogInterface.OnMultiChoiceClickListener介面的傾聽者物件，請注意！不論是否有使用，一定需要建立此傾聽者物件，不可指定成null。

⤷ DialogInterface.OnMultiChoiceClickListener介面

　　活動類別實作DialogInterface.OnMultiChoiceClickListener介面作為複選setMultiChoiceItems()方法第3個參數的傾聽者物件，此介面擁有一個onClick()方法，如下所示：

```
@Override
public void onClick(DialogInterface dialog,
        int which, boolean isChecked) {
    Toast.makeText(MainActivity.this,
        items[which] + (isChecked ? " 勾選": "沒有勾選"),
        Toast.LENGTH_SHORT).show();
}
```

　　上述方法的第2個參數是選項索引（從0開始），第3個參數是選項狀態的布林值，即是否勾選，以此例是使用Toast訊息顯示勾選的選項。

⤷ DialogInterface.OnClickListener介面

　　活動類別還需要實作DialogInterface.OnClickListener介面，作為對話方塊【確定】鈕的傾聽者物件，當使用者在對話方塊勾選選項後，按【確定】鈕，可以在按鈕的onClick()方法取得使用者的選擇，如下所示：

```
@Override
public void onClick(DialogInterface dialoginterface, int which) {
    String msg = "";
    for (int index = 0; index < items.length; index++) {
        if (itemsChecked[index])
            msg += items[index] + "\n";
    }
    TextView output = (TextView) findViewById(R.id.lblOutput);
    output.setText(msg);
}
```

上述程式碼使用for迴圈檢查itemsChecked[]陣列,if條件判斷是否勾選,itemsChecked[index]陣列元件值true,表示勾選選項,最後在TextView元件顯示選擇的項目清單。

↪ Android Studio專案:Ch8_3_4

在Android應用程式建立複選對話方塊,可以選擇曾使用過的智慧型手機作業系統,請按【複選手機】鈕顯示複選對話方塊,其執行結果如下圖所示:

請勾選3個項目後,按【確定】鈕,可以顯示我們選擇的項目清單,如下圖所示:

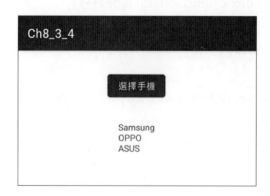

佈局檔：\res\layout\activity_main.xml

在佈局檔刪除預設TextView元件後，依序新增置中排列的Button元件，其正下方是TextView元件，如下圖所示：

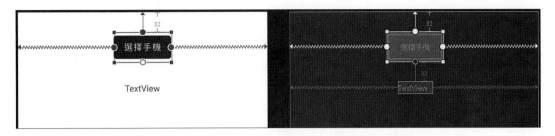

介面元件屬性

在「Component Tree」元件樹視窗可以看到使用介面元件的結構，如下圖所示：

在元件樹的介面元件由上而下更改的屬性值，如下表所示：

介面元件	id屬性值	text屬性值
Button	button	選擇手機
Button	onClick	button_Click
TextView	lblOutput	TextView

☞ **Java程式：MainActivity.java**

```
01: public class MainActivity extends AppCompatActivity
02:     implements DialogInterface.OnClickListener,
            DialogInterface.OnMultiChoiceClickListener {
03:     String[] items = {"Samsung", "OPPO", "Apple", "ASUS"};
04:     boolean[] itemsChecked = new boolean[4];
05:     @Override
06:     protected void onCreate(Bundle savedInstanceState) {
07:         super.onCreate(savedInstanceState);
08:         setContentView(R.layout.activity_main);
09:     }
10:     @Override
11:     public void onClick(DialogInterface dialogInterface, int which) {
12:         String msg = "";
13:         for (int index = 0; index < items.length; index++) {
14:             if (itemsChecked[index])
15:                 msg += items[index] + "\n";
16:         }
17:         TextView output = (TextView) findViewById(R.id.lblOutput);
18:         output.setText(msg);
19:     }
20:     @Override
21:     public void onClick(DialogInterface dialogInterface,
                    int which, boolean isChecked) {
22:         Toast.makeText(MainActivity.this,
23:             items[which] + (isChecked ? " 勾選": "沒有勾選"),
24:             Toast.LENGTH_SHORT).show();
25:     }
26:     public void button_Click(View view) {
27:         // 建立對話方塊
28:         AlertDialog build = new AlertDialog.Builder(this)
29:             .setTitle("請勾選選項?")
30:             .setPositiveButton("確定", this)
```

```
31:            .setNegativeButton("取消", null)
32:            .setMultiChoiceItems(items,itemsChecked, this)
33:            .show(); // 顯示對話方塊
34:    }
35: }
```

🔄 程式說明

⊃ **第1~35行**：MainActivity類別繼承AppCompatActivity且實作
DialogInterface的OnClickListener和OnMultiChoiceClickListener共2個介
面，在第11~19行是OnClickListener介面的onClick()方法，第21~25行是
OnMultiChoiceClickListener介面的onClick()方法。

說明

　　雖然OnClickListener和OnMultiChoiceClickListener介面的2個
onClick()方法名稱相同，但是因為參數個數不同，分別是2個和3個參數，物
件導向技術送出訊息呼叫方法時，可以分辨出是不同訊息而呼叫正確的方
法，這些同名的方法稱為過載（overload），或稱重載。

⊃ **第3~4行**：宣告字串陣列items[]，這是複選的選項，布林陣列是對應各選
項，值true表示勾選；false為沒有勾選。

⊃ **第11~19行**：第30行setPositiveButton()方法指定的傾聽者物件執行的
onClick()方法，在第13~16行使用for迴圈找出勾選選項，最後第17~18行在
TextView元件顯示選擇的清單。

⊃ **第21~25行**：第32行setMultiChoiceItems()方法指定的傾聽者物件執行的
onClick()方法，在第22~24行使用Toast類別顯示使用者勾選或取消勾選此
選項。

⮑ **第26~34行**：Button元件的事件處理是在第28~33行使用AlertDialog. Builder類別的方法建立對話方塊，共有2個按鈕，在第30行是確定按鈕，第31行是取消按鈕，在第32行使用setMultiChoiceItems()方法建立複選對話方塊的選項和註冊傾聽者物件，在第33行使用show()方法顯示複選對話方塊。

8-4 日期與時間對話方塊實習

Android應用程式可以使用DatePickerDialog和TimePickerDialog類別來建立設定日期或時間的對話方塊，幫助我們指定日期和時間。

請注意！因為是使用系統內建的日期與時間選擇對話方塊，各版本Android作業系統的對話方塊並不相同。

➤ DatePickerDialog類別

日期設定對話方塊是建立DatePickerDialog物件，建構子共有5個參數，如下所示：

```
DatePickerDialog dlg;
dlg = new DatePickerDialog(this, this, year, month, day);
dlg.show();
```

上述建構子的第1個參數是活動自己this，第2個是傾聽者物件，也是活動自己this，第3~5個參數是初始的年、月和日，然後呼叫show()方法顯示日期對話方塊。

我們可以使用Calendar物件dt來指定日期初值，如下所示：

```
Calendar dt = Calendar.getInstance();
dt.get(Calendar.YEAR)
dt.get(Calendar.MONTH)
dt.get(Calendar.DAY_OF_MONTH)
```

上述程式碼取得Calendar物件dt後，使用get()方法依序取出年、月和日。

⮧ **DatePickerDialog.OnDateSetListener介面**

因為活動類別就是OnDateSetListener傾聽者物件，所以需要實作DatePickerDialog.OnDateSetListener介面的onDateSet()方法，如下所示：

```
@Override
public void onDateSet(DatePicker datePicker, int y, int m, int d) {
    output.setText("日期: " + y + "/" + (m+1) + "/" + d);
}
```

上述方法參數y、m和d是選擇的年、月和日，其中月份值需加1。

⮧ **TimePickerDialog類別**

時間設定對話方塊是建立TimePickerDialog物件，如下所示：

```
TimePickerDialog dlg;
dlg = new TimePickerDialog(this , this, hour, minute, is24HourView);
```

上述建構子的第1個參數是活動自己this，第2個是傾聽者物件，也是活動自己this，第3~4個是初始的時和分，第5個參數是24小時制，true為24小時。我們一樣可以使用Calendar物件dt來指定初值的時和分，如下所示：

```
dt.get(Calendar.HOUR)
dt.get(Calendar.MINUTE)
```

⮧ **TimePickerDialog.OnTimeSetListener介面**

傾聽者物件是TimePickerDialog.OnTimeSetListener介面的物件，需要實作onTimeSet()方法，如下所示：

```
@Override
public void onTimeSet(TimePicker timePicker, int h, int m) {
    output.setText("時間: " + h + ":" + m);
}
```

上述方法參數h和m是選擇的時和分。

Android Studio專案：Ch8_4

在Android應用程式建立日期或時間設定對話方塊，按下按鈕，可以分別開啟對話方塊來設定日期或時間，其執行結果如下圖所示：

上述對話方塊是日期設定。時間設定對話方塊，如下圖所示：

⤷ 佈局檔：\res\layout\activity_main.xml

在佈局檔刪除預設TextView元件後，新增水平排列的2個Button元件，在下方是TextView元件，如下圖所示：

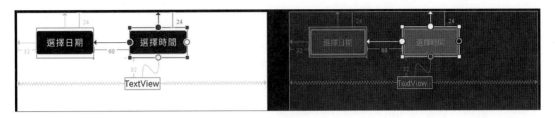

⤷ 介面元件屬性

在「Component Tree」元件樹視窗可以看到使用介面元件的結構，如下圖所示：

在元件樹的介面元件由上而下更改的屬性值，如下表所示：

介面元件	id屬性值	text屬性值	onClick屬性值
Button	button	選擇時間	button_Click
Button	button2	選擇日期	button2_Click
TextView	lblOutput	TextView	N/A

↪ Java程式：MainActivity.java

```
01: public class MainActivity extends AppCompatActivity
02:     implements DatePickerDialog.OnDateSetListener,
            TimePickerDialog.OnTimeSetListener {
03:     private TextView output;
04:     private Calendar dt = Calendar.getInstance();
05:     @Override
06:     protected void onCreate(Bundle savedInstanceState) {
07:         super.onCreate(savedInstanceState);
08:         setContentView(R.layout.activity_main);
09:         output = (TextView) findViewById(R.id.lblOutput);
10:     }
11:     @Override
12:     public void onDateSet(DatePicker datePicker, int y, int m, int d) {
13:         output.setText("日期: " + y + "/" + (m+1) + "/" + d);
14:     }
15:     @Override
16:     public void onTimeSet(TimePicker timePicker, int h, int m) {
17:         output.setText("時間: " + h + ":" + m);
18:     }
19:     public void button_Click(View view) {
20:         DatePickerDialog dlg =  new DatePickerDialog(this, this,
21:                 dt.get(Calendar.YEAR),
22:                 dt.get(Calendar.MONTH),
23:                 dt.get(Calendar.DAY_OF_MONTH));
24:         dlg.show();
25:     }
26:     public void button2_Click(View view) {
27:         TimePickerDialog dlg = new TimePickerDialog(this, this,
28:                 dt.get(Calendar.HOUR),
29:                 dt.get(Calendar.MINUTE),true);
30:         dlg.show();
```

```
31:    }
32: }
```

↪ 程式說明

- **第1~32行**：MainActivity類別繼承AppCompatActivity且實作OnDateSetListener和OnTimeSetListener共2個介面，在第12~14行是第1個介面的onDateSet()方法，第16~18行是第2個介面的onTimeSet()方法。

- **第12~18行**：對話方塊按鈕的onDateSet()和onTimeSet()事件處理方法，可以在TextView元件顯示選擇的日期和時間。

- **第19~25行**：button_Click()事件處理方法是在第20~23行建立DatePickerDialog物件，建構子的第1~2個參數都是活動自己this，第21~23行是後3個參數的年、月、日，程式是使用第4行的Calendar物件取得今天的日期，在第24行呼叫show()方法顯示對話方塊。

- **第26~31行**：button2_Click()事件處理方法是在第27~29行建立TimePickerDialog物件，建構子的第1~2個參數都是活動自己this，第28~29行是第3和第4個參數的時和分，程式是使用第4行的Calendar物件取得現在的時間，在第30行呼叫show()方法顯示對話方塊。

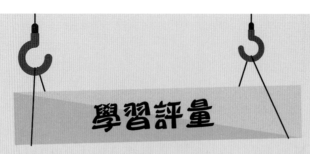

學習評量

1. 請說明什麼是Toast訊息？如何建立Toast訊息？

2. 請舉例說明Java例外處理程式敘述？Log類別是作什麼用？

3. 請簡單說明AlertDialog.Builder物件提供哪些方法來幫助我們建立AlertDialog對話方塊？

4. 請問確認對話方塊的按鈕是如何建立事件處理？

5. 日期設定對話方塊是建立_____物件，時間設定對話方塊是建立_____物件。

6. 請修改第7-1-2節的專案，改用Toast訊息顯示運算結果。

7. 請修改第7-1-1節的專案，改用訊息對話方塊顯示選擇的項目。

8. 請修改第7-1-1節的專案，改用單選對話方塊來選擇幾分熟。

09 啓動程式中的其他活動

9-1 在程式中新增活動實習

在Android應用程式使用意圖來啟動其他活動之前,我們需要先在專案新增活動,其主要工作有二項,如下所示:

○ 在Android Studio專案新增活動類別,也就是建立一個新活動。

○ 在AndroidManifest.xml設定檔註冊新增的活動。

9-1-1 在專案新增活動

雖然我們可以自行在Android Studio專案新增Java活動類別來新增活動,和在AndroidManifest.xml設定檔註冊新增的活動,另一種更簡單的方法是使用現成的活動範本來新增活動。

步驟一:在Android Studio專案新增第二個活動

在Android Studio新增名為【Ch9_3】的專案後,新增名為【SecondActivity】的第二個活動類別和佈局檔,請繼續上面步驟,如下所示:

STEP01 請啟動Android Studio新增名為【Ch9_3】的專案,使用的活動範本是【Empty Activity】。

STEP02 在「Project」視窗的「app\java」目錄上,執行【右】鍵快顯功能表的「New>Activity>Empty Activity」命令,使用空活動範本來新增活動。

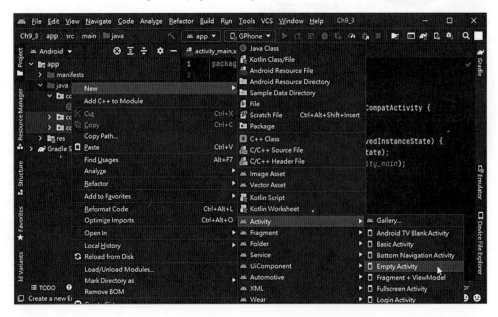

STEP03 在【Activity Name】欄位輸入活動名稱【SecondActivity】，可以
看到佈局檔名為activity_second，按【Finish】鈕新增第二個活動。

STEP04 在「Project」專案視窗的「app\java」目錄下，可以看到Java
程式檔【SecondActivity.java】，和在「res\layout」目錄下的
【activity_second.xml】，這就是第2個活動，如下圖所示：

步驟二：在AndroidManifest.xml設定檔註冊第二個活動

因為使用活動範本建立活動，預設會自動註冊新增的活動，請開啓位在「app\manifests」目錄下的AndroidManifest.xml檔，可以看到已經註冊第二個活動，在<activity>標籤下新增另一個<activity>標籤，如下圖所示：

```xml
<application
    android:allowBackup="true"
    android:icon="@mipmap/ic_launcher"
    android:label="Ch9_3"
    android:roundIcon="@mipmap/ic_launcher_round"
    android:supportsRtl="true"
    android:theme="@style/Theme.Ch9_3">
    <activity
        android:name=".SecondActivity"
        android:exported="false" />
    <activity
        android:name=".MainActivity"
        android:exported="true">
```

上述第一個<activity>標籤的android:name屬性值是【.MainActivity】，加上套件就是主活動類別的完整名稱，所以名稱使用「.」符號開頭，第二個<activity>標籤是【.SecondActivity】的第二個活動。

9-1-2 AndroidManifest.xml設定檔

AndroidManifest.xml設定檔一個十分重要的檔案，提供Android作業系統關於應用程式的資訊，一個功能清單。不同於Windows作業系統，Android作業系統需要透過AndroidManifest.xml檔案先認識這個應用程式，才能知道如何執行此應用程式。其主要提供的資訊有：

➾ 應用程式的完整名稱（包含Java套件名稱），一個唯一的識別名稱，可以讓Android作業系統和Google Play找到此應用程式。

➾ 應用程式包含的活動、內容提供者、廣播接收器和服務元件。

➾ 宣告應用程式執行時需要的權限，例如：存取網路和GPS等。

↱ <application>標籤

在AndroidManifest.xml設定檔是使用<application>標籤宣告Android應用程式擁有的元件,其子標籤<activity>宣告應用程式擁有活動,如下所示:

```
<application
    android:allowBackup="true"
    android:icon="@mipmap/ic_launcher"
    android:label="@string/app_name"
    android:roundIcon="@mipmap/ic_launcher_round"
    android:supportsRtl="true"
    android:theme="@style/Theme.Ch9_3">
    <activity
        android:name=".SecondActivity"
        android:exported="false" />
    <activity
        android:name=".MainActivity"
        …
    </activity>
</application>
```

上述<application>標籤的常用屬性說明,如下表所示:

屬性	說明
android:allowBackup	是否允許備份和還原應用程式
android:icon	應用程式顯示的圖示,其值是圖形資源索引@mipmap/ic_launcher
android:label	應用程式名稱,其值是字串資源索引@string/app_name
android:theme	應用程式套用的佈景,其值是樣式資源索引@style/Theme.Ch9_3

上表android:theme 屬性值@style/Theme.Ch9_3是參考「res\values\themes」目錄下的themes.xml樣式資源檔,有2個資源檔,一是白天;一是晚上的佈景樣式,如下所示:

```xml
<style name="Theme.Ch9_3"
    parent="Theme.MaterialComponents.DayNight.DarkActionBar">
  <!-- Primary brand color. -->
  <item name="colorPrimary">@color/purple_500</item>
  <item name="colorPrimaryVariant">@color/purple_700</item>
  <item name="colorOnPrimary">@color/white</item>
  <!-- Secondary brand color. -->
  <item name="colorSecondary">@color/teal_200</item>
  <item name="colorSecondaryVariant">@color/teal_700</item>
  <item name="colorOnSecondary">@color/black</item>
  <!-- Status bar color. -->
  <item name="android:statusBarColor"
      tools:targetApi="l">?attr/colorPrimaryVariant</item>
  <!-- Customize your theme here. -->
</style>
```

上述Theme.Ch9_3指定繼承父佈景parent屬性值的Theme.
MaterialComponents.DayNight.DarkActionBar，這是Material設計的元件佈
景，<item>標籤的屬性是一些使用介面的色彩樣式，這些色彩值是定義在
「res\values」目錄下的colors.xml色彩資源，如下所示：

```xml
<?xml version="1.0" encoding="utf-8"?>
<resources>
  <color name="purple_200">#FFBB86FC</color>
  <color name="purple_500">#FF6200EE</color>
  <color name="purple_700">#FF3700B3</color>
  <color name="teal_200">#FF03DAC5</color>
  <color name="teal_700">#FF018786</color>
  <color name="black">#FF000000</color>
  <color name="white">#FFFFFFFF</color>
</resources>
```

<activity>標籤

在<application>標籤可以使用<activity>標籤宣告應用程式擁有的元件，如下所示：

```
<activity android:name=".MainActivity">
  <intent-filter>
    <action android:name="android.intent.action.MAIN" />
    <category android:name="android.intent.category.LAUNCHER" />
  </intent-filter>
</activity>
```

上述<activity>標籤宣告應用程式擁有的活動，每一個活動都需要宣告一個<activity>標籤，在<application>標籤可以擁有1~多個<activity>子標籤，標籤的常用屬性說明，如下表所示：

屬性	說明
android:name	活動類別的完整名稱
android:label	顯示在動作列的標題文字

在<intent-filter>標籤定義此活動需要回應哪些操作或動作，2個子標籤的簡單說明，如下所示：

◑ **<action>標籤**：android:name屬性值android.intent.action.MAIN表示此活動是Android應用程式的進入點，也就是說，當使用者執行此應用程式，回應的操作就是執行此活動。

◑ **<category>標籤**：android:name屬性值android.intent.category.LAUNCHER表示將應用程式置於啟動器的安裝程式清單，所以，我們在應用程式清單可以看到安裝的程式圖示。

9-2 意圖介紹

意圖（intents）是一個啓動其他Android活動、服務和廣播接收器的系統訊息，一種抽象方式來描述希望執行的操作，可以告訴Android作業系統我想作什麼？執行什麼動作？例如：啓動其他活動、告訴指定服務可以啓動或停止與送出廣播。

⤷ 意圖與意圖篩選

Android應用程式送出意圖的訊息需要經過Android作業系統來判斷接收者是誰，它是使用意圖篩選（intent filters）找出有能力處理的活動或內建應用程式，然後才將訊息送給接收者，如下圖所示：

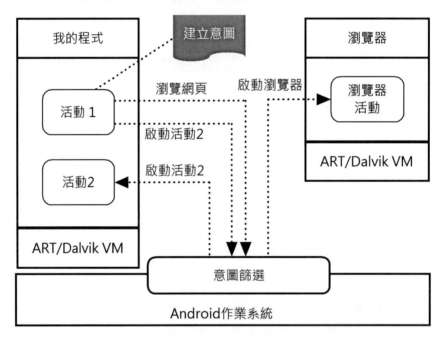

上述圖例在【活動1】建立和送出2個意圖（虛線），一個意圖指明是【活動2】，作業系統可以依據指明類別找到此活動來轉送訊息，並且啓動此活動。另一個意圖是描述特定動作，即瀏覽網頁，作業系統依據此動作的意圖篩選找出可用的應用程式瀏覽器，然後啓動它。

　　Android作業系統的意圖與意圖篩選機制，可以讓我們撰寫Android應用程式取代系統內建程式。例如：當撰寫一個新的瀏覽器後，作業系統透過意圖篩選可以找出2個處理網頁瀏覽的程式（一個是內建；一個是我們自建的工具），此時作業系統會顯示選單讓使用者選擇使用哪一個工具，並且讓我們將新建工具指定為預設工具，也就是取代內建瀏覽器。

意圖的種類

　　在Android作業系統的意圖可以分為兩種，如下所示：

- **明確意圖（explicit intent）**：指明目標活動接收者名稱，即明確指明是送給誰，通常是使用在連接同一應用程式內部的多個活動，前述啟動活動2和第9-3~9-5節是明確意圖。

- **隱含意圖（implicit intent）**：意圖只有指出執行的動作型態和資料，並沒有目標接收者的確實活動名稱，Android作業系統任何可以完成此工作的應用程式都可以是接收者，即前述瀏覽網頁，在第10章是說明隱含意圖。

使用意圖啟動的活動類型

　　Android應用程式的活動是一個佔滿行動裝置螢幕的視窗，在同一應用程式可以擁有多個活動，在活動中是一至多個介面元件建立的使用介面。Android應用程式的活動可以分成兩大類型，如下所示：

- **獨立活動**：一種沒有資料交換的活動，單純只是從一個螢幕轉換至下一個螢幕，在第9-3節使用意圖啟動的就是這種活動。

- **相依活動**：一種類似Web網頁之間資料傳遞的活動，在活動之間有資料交換，我們需要將資料傳遞至下一個活動，和取得回傳資料，在第9-4和9-5節啟動的就是這種活動。

Android 程式設計與應用

9-3 使用意圖啟動其他活動實習

當Android應用程式擁有多個活動時，我們需要使用意圖來啟動其他活動。

↳ startActivity()方法：啟動新活動

我們是呼叫startActivity()方法來啟動程式中的其他活動，參數的Intent意圖物件指明開啟的是哪一個活動，如下所示：

```
startActivity(intent);
```

上述方法的參數是Intent意圖物件，在呼叫前，我們需要使用建構子來建立Intent物件，如下所示：

```
Intent intent = new Intent(this, SecondActivity.class);
```

上述建構子的第1個參數是活動自己this，第2個參數是欲開啟的活動類別SecondActivity.class，在「.」前是活動名稱，之後class表示是活動類別。

↳ finish()方法：關閉活動

在活動只需呼叫finish()方法，就可以關閉目前開啟的活動，如下所示：

```
finish();
```

請注意！如果目前活動是由來源活動所開啟，關閉活動就會回到來源活動。

⤷ 步驟一：建立主活動的使用介面

　　請啓動Android Studio開啓第9-1-1節新增名爲【Ch9_3】的專案後，修改使用介面的activity_main.xml佈局檔，其步驟如下所示：

STEP01 請啓動Android Studio開啓【Ch9_3】專案，開啓或切換至activity_main.xml後，調整TextView元件的位置後，修改TextView元件的【text】屬性，改爲【主活動】，【id】屬性改爲【textView】。

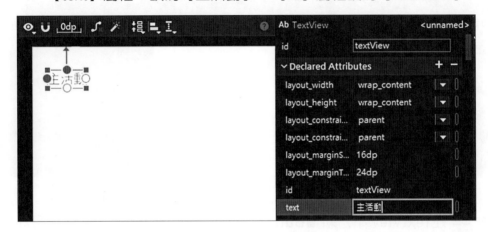

STEP02 在TextView下方新增Button元件button，【text】屬性值是【啓動第二個活動】，和指定【onClick】屬性值爲【button_Click】。

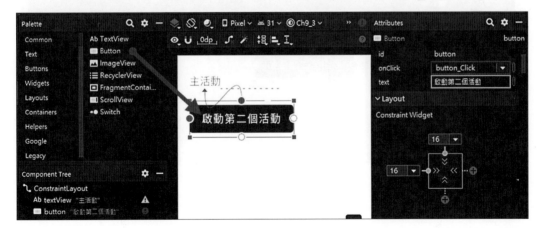

步驟二：建立第二個活動的使用介面

接著建立第二個活動的使用介面，即activity_second.xml佈局檔，請繼續上面步驟，如下所示：

STEP01 請開啓或切換至activity_second.xml，拖拉新增TextView元件後，將【text】屬性值改為【第二個活動】。

STEP02 在TextView下方新增Button元件button2，【text】屬性值是【關閉第二個活動】，和指定【onClick】屬性值為【button2_Click】。

步驟三：在第二個活動的事件處理關閉活動

在第二個活動按鈕的事件處理可以關閉第二個活動，請繼續上面步驟，如下所示：

STEP01 開啓SecondActivity.java，建立button2_Click()事件處理來關閉活動，即呼叫finish()方法，如下所示：

```
public void button2_Click(View view) {
  finish();
}
```

步驟四：在主活動的事件處理建立意圖啓動第二個活動

在MainActivity.java建立button_Click()事件處理程序，可以建立意圖來啓動第二個活動，請繼續上面步驟，如下所示：

STEP01 請開啓【MainActivity.java】類別檔，建立button_Click()事件處理程序，其內容如下所示：

```
public void button_Click(View view) {
  Intent intent =
    new Intent(this, SecondActivity.class);
  startActivity(intent);
}
```

上述程式碼建立Intent物件，建構子參數第1個是活動自己this，第2個參數是目標類別名稱SecondActivity.class，然後呼叫startActivity()方法啓動第二個活動，參數是Intent物件。

步驟五：編譯與執行Android應用程式

Android應用程式擁有兩個活動，按下第1個活動的按鈕，可以開啓第2個活動，關閉第2個活動可以回到第1個活動，其執行結果如下圖所示：

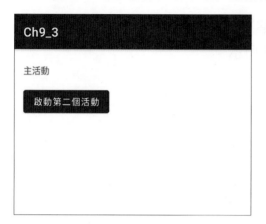 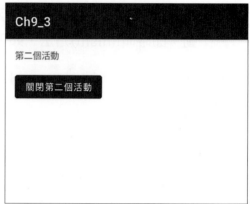

按【啓動第二個活動】鈕，可以啓動SecondActivity開啓第二個活動，按【關閉第二個活動】鈕關閉目前活動，返回主活動。

9-4 傳遞資料給其他活動實習

Intent物件除了可以啓動活動，還可以攜帶資料，將這些資料一併傳遞給目標活動，例如：在主活動輸入攝氏溫度，然後將輸入值作爲傳遞資料傳至目標活動來計算轉換結果的華氏溫度，如下圖所示：

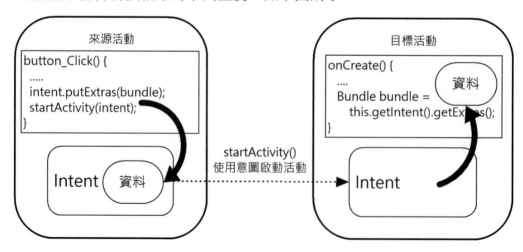

　　上述圖例的資料是攝氏溫度，在建立成Bundle物件後，就可以加入Intent物件，在啟動目標活動時，一併傳入目標活動，在目標活動可以取出Bundle物件，和儲存在之中的攝氏溫度。

⤷ 建立Intent物件攜帶Bundle物件的傳遞資料

　　Intent物件攜帶資料的是Bundle物件，一種目錄物件（dictionary object，儲存鍵與值的對應資料）來儲存字串型態鍵值對應的各種資料型態資料。首先建立Intent物件，如下所示：

```
Intent intent = new Intent(this, FActivity.class);
```

　　上述程式碼建立Intent物件後，我們需要先建立Bundle物件的大包包，然後將需要傳遞的資料都丟進去，如下所示：

```
Bundle bundle = new Bundle();
bundle.putString("TEMPC", txtC.getText().toString());
```

　　上述程式碼使用putString()方法新增字串資料，第1個參數是字串的鍵值"TEMPC"（之後需要使用此鍵值取出內容），第2個參數是值。常用的方法有putInt()放入整數、putDouble()放入浮點數和putByte()放入位元組資料等，如果資料不只一項，請重複呼叫put???()方法將資料一一放入Bundle物件。

　　接著使用Intent物件的putExtras()方法附加Bundle物件，此時的Intent物件不只有啟動活動的資訊，還攜帶有資料，然後就可以呼叫startActivity()方法啟動活動，如下所示：

```
intent.putExtras(bundle);
startActivity(intent);
```

➤ 取出Intent物件攜帶傳遞的Bundle物件資料

在目標活動是呼叫活動物件的getIntent()方法取得Intent物件，然後呼叫Intent物件的getExtras()方法取得攜帶的Bundle物件，如下所示：

```
Bundle bundle = this.getIntent().getExtras();
if (bundle != null) {
  c = Integer.parseInt(bundle.getString("TEMPC"));
  ...
}
```

上述if條件判斷是否有攜帶資料，如果有，就使用getString()方法取出資料，參數是之前指定的字串鍵值"TEMPC"，分別對應之前的put????()方法，我們可以使用getInt()取出整數、getDouble()取出浮點數和getByte()取出位元組資料等。

➤ Android Studio專案：Ch9_4

在Android應用程式建立擁有2個活動的溫度轉換程式，在第一個活動輸入攝氏溫度後，將資料傳遞給第二個活動來計算轉換結果的華氏溫度，其執行結果如下圖所示：

輸入攝氏溫度，按【轉換】鈕可以顯示轉換成的華氏溫度，這是第二個活動，如下圖所示：

Ch9_4

華氏溫度: 212.0

佈局檔：\res\layout\activity_main.xml

在activity_main.xml佈局檔刪除預設TextView元件後，先新增1個TextView元件，在正下方是1個EditText（Number）元件，其右邊是Button元件，如下圖所示：

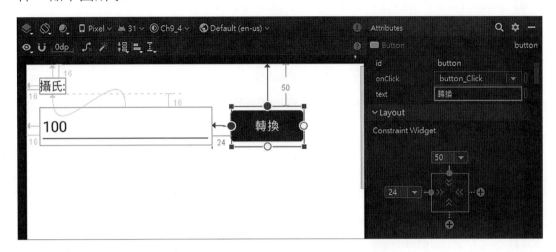

介面元件屬性

在「Component Tree」元件樹視窗可以看到activity_main.xml佈局檔使用介面元件的結構，如下圖所示：

在元件樹的介面元件由上而下更改的屬性值，如下表所示：

介面元件	id屬性值	text屬性值	onClick屬性值
TextView	textView	攝氏:	N/A
EditText	txtC	100	N/A
Button	button	轉換	button_Click

🖙 Java程式：MainActivity.java

請注意！因為尚未建立FActivity活動，當輸入FActivity.class時，前方
FActivity會顯示錯誤的紅色字，等到新增活動後，就不會有錯誤。

```
01: public class MainActivity extends AppCompatActivity {
02:    @Override
03:    public void onCreate(Bundle savedInstanceState) {
04:        super.onCreate(savedInstanceState);
05:        setContentView(R.layout.activity_main);
06:    }
07:    // Button元件的事件處理
08:    public void button_Click(View view) {
09:        // 取得EditText元件
10:        EditText txtC = (EditText) findViewById(R.id.txtC);
11:        // 建立Intent物件
12:        Intent intent = new Intent(this, FActivity.class);
13:        // 建立傳遞資料的Bundle物件
14:        Bundle bundle = new Bundle();
15:        bundle.putString("TEMPC",txtC.getText().toString());
16:        intent.putExtras(bundle);  // 加上資料
17:        startActivity(intent);     // 啟動活動
18:    }
19: }
```

🖙 程式說明

● **第8~18行**：Button元件的事件處理方法是在第12行建立Intent物件，在第
14~16行的Intent物件加上傳遞的資料，使用的是Bundle物件，第17行啟動
參數Intent物件的活動。

🖙 佈局檔：\res\layout\activity_f.xml

在Android Studio專案建立第二活動的使用介面前，我們需要先建立名為
【FActivity】的第二個活動類別和activity_f.xml佈局檔，其步驟如下所示：

STEP01 在「Project」視窗的「app\java」目錄上,執行【右】鍵快顯功能表的「New>Activity>Empty Activity」命令,使用空活動範本來新增活動。

STEP02 在【Activity Name】欄位輸入活動名稱【FActivity】,可以看到佈局檔名為activity_f,按【Finish】鈕新增第二個活動。

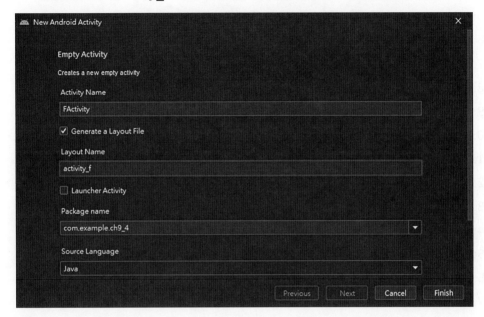

STEP03 請切換至佈局檔activity_f.xml新增一個TextView元件,用來顯示轉換結果的華氏溫度,其id屬性值是【lblOutput】,如下圖所示:

➩ Java程式：FActivity.java

```
01: public class FActivity extends AppCompatActivity {
02:    @Override
03:    protected void onCreate(Bundle savedInstanceState) {
04:       super.onCreate(savedInstanceState);
05:       setContentView(R.layout.activity_f);
06:       convertTempture();
07:    }
08:    // 轉換溫度
09:    private void convertTempture() {
10:       int c;
11:       double f = 0.0;
12:       // 取得傳遞的資料
13:       Bundle bundle = this.getIntent().getExtras();
14:       if (bundle != null) {
15:         c = Integer.parseInt(bundle.getString("TEMPC"));
16:         // 攝氏轉華氏的公式
17:         f = (9.0 * c) / 5.0 + 32.0;
18:         // 顯示華氏溫度
19:         TextView o = (TextView)
                 findViewById(R.id.lblOutput);
20:         o.setText("華氏溫度: " + Double.toString(f));
21:      }
22:   }
23: }
```

➩ 程式說明

- **第6行：** 呼叫convertTempture()方法計算與顯示華氏溫度。

- **第9~22行：** convertTempture()方法在第13行取得傳遞資料的Bundle物件，第14~21行的if條件判斷是否有資料，如果有，在第15行取得傳遞的攝氏溫度，因為資料是字串，所以轉換成整數，在第17行計算轉換的華氏溫度，第19~20行顯示華氏溫度。

 設定檔：\manifests\AndroidManifest.xml

在<application>標籤下的<activity>子標籤後新增有另一個<activity>子標籤，android:name屬性值為【.FActivity】，如下所示：

```
<activity android:name=".FActivity"></activity>
```

9-5 取得活動的回傳資料實習

在第9-3和9-4節的範例都是使用startActivity()方法啟動其他活動，我們只能將資料傳遞至目標活動，並不能取得活動的回傳資料，我們需要改用startActivityForResult()方法啟動活動，才能取得回傳資料。

本節範例是一個四則計算機，整個使用介面有2個活動，在第一個活動輸入2個運算元後，將輸入資料傳遞給第二個活動，讓使用者選擇運算子，在計算後，回傳給第一個活動來顯示，如下圖所示：

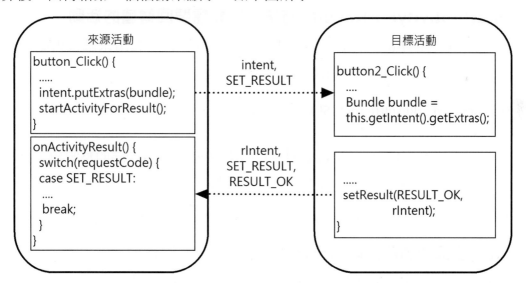

Android Studio專案是在MainActivity活動的button_Click()方法建立Intent物件，和附加2個運算元資料後，呼叫startActivityForResult()方法啟動OpActivity活動，傳遞的請求碼（request code）如果大於0，表示目標活動會回傳資料（值0相當於是呼叫startActivity()方法），我們需要在來源活動覆寫onActivityResult()方法取得回傳資料。

回傳值的活動是在button2_Click()方法取出2個運算元的計算結果後，呼叫setResult()方法指定回傳和攜帶回傳資料。

↪ 建立Bundle物件的資料傳遞給需要回傳的活動

如同第9-4節，我們需要建立Intent物件傳遞資料給需要回傳值的活動，如下所示：

```
Intent intent = new Intent(this, OpActivity.class);
Bundle bundle = new Bundle();
bundle.putString("OPERAND01", txtOpd1.getText().toString());
bundle.putString("OPERAND02", txtOpd2.getText().toString());
intent.putExtras(bundle);
```

上述程式碼建立Intent物件，建構子的第1個參數是活動自己，第2個參數是OpActivity.class，然後建立Bundle物件傳遞2個字串資料。

↪ startActivityForResult()方法：啟動需要回傳值的活動

startActivityForResult()方法可以使用參數的意圖和請求碼來啟動新活動，可以取得啟動新活動的回傳值，如下所示：

```
startActivityForResult(intent, SET_RESULT);
```

上述方法的第1個參數是Intent物件，第2個參數是請求碼的整數值，此值是用來在活動中識別是哪一個活動的回傳資料（因為同一活動可能啟動多個有回傳值的活動）。

↪ 在需要回傳值的活動取出傳遞的Bundle物件資料

在回傳值的活動是呼叫getIntent()方法取得Intent物件後，即可取出傳遞的資料，如下所示：

```
Bundle bundle = this.getIntent().getExtras();
opd1 = Integer.parseInt(
     bundle.getString("OPERAND01"));
opd2 = Integer.parseInt(
     bundle.getString("OPERAND02"));
```

上述程式碼取得傳遞的2個字串，並且轉換成整數。

⤴ setResult()方法：建立回傳資料回傳至來源活動

在需要回傳值的活動結束前，需要建立回傳資料，使用的也是Intent物件，如下所示：

```
Intent rIntent = new Intent();
Bundle rbundle = new Bundle();
rbundle.putDouble("RESULT", result);
rIntent.putExtras(rbundle);
```

上述程式碼建立Bundle物件附加至Intent物件後，就可以設定結果碼（result code）來回傳資料，如下所示：

```
setResult(RESULT_OK, rIntent);
```

上述setResult()方法的第1個參數是執行結果狀態的結果碼，RESULT_OK是成功；RESULT_CANCELED是取消，第2個參數是Intent物件。

⤴ onActivityResult()方法：在來源活動取出回傳的資料

在呼叫的來源活動需要覆寫onActivityResult()方法取得回傳資料，方法的3個參數依序是請求碼、結果碼和Intent物件，如下所示：

```
@Override
protected void onActivityResult(int requestCode,
          int resultCode, Intent data) {
  super.onActivityResult(requestCode,resultCode,data);
  switch(requestCode) {
   case SET_RESULT:
    if (resultCode == RESULT_OK) {
     // 取得回傳值
    }
    break;
  }
}
```

上述方法在呼叫父類別的同名方法後，使用switch條件判斷是哪一個回傳活動的請求碼，然後判斷結果碼，如為RESULT_OK表示成功回傳，可以取得回傳值。

↪ Android Studio專案：Ch9_5

在Android應用程式建立擁有2個活動的四則計算機，在主活動只是輸入2個運算元，並沒有進行運算，其執行結果如下圖所示：

在輸入2個運算元後，按【選擇運算子】鈕，就會啟動第二個活動來選擇執行運算的運算子，並且傳遞2個運算元資料至此活動，如下圖所示：

選擇除法和勾選【整數除法】後，按【計算】鈕，就會以取得的傳遞資料來執行四則運算，並且結束活動和回傳計算結果至呼叫的主活動，如下圖所示：

> Ch9_5
>
> 運算元(一):　100
>
> 運算元(二):　11|
>
> 選擇運算子
>
> 計算結果: 9.0

上述主活動顯示的計算結果就是活動回傳的資料。

佈局檔：\res\layout\activity_main.xml

在佈局檔刪除預設TextView元件後，水平排列2個TextView和EditText（Number）元件，然後是1個Button元件和1個TextView元件，如下圖所示：

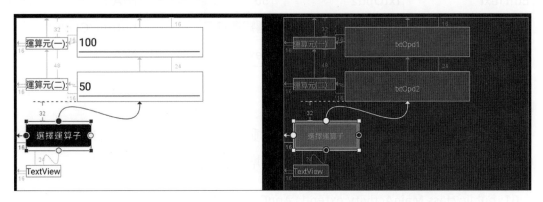

介面元件屬性

在「Component Tree」元件樹視窗可以看到activity_main.xml佈局檔使用介面元件的結構，如下圖所示：

在元件樹的介面元件由上而下更改的屬性值，如下表所示：

介面元件	id屬性值	text屬性值	onClick屬性值
TextView	textView	運算元(一):	N/A
EditText	txtOpd1	100	N/A
TextView	textView2	運算元(二):	N/A
EditText	txtOpd2	50	N/A
Button	button	選擇運算子	button_Click
TextView	lblOutput	TextView	N/A

⤴ Java程式：MainActivity.java

請注意！因為尚未建立OpActivity活動，當輸入OpActivity.class時，前方OpActivity會顯示錯誤的紅色字，等到新增活動後，就不會有錯誤。

```
01: public class MainActivity extends AppCompatActivity {
02:    private static final int SET_RESULT = 1;
03:    private TextView output;
04:    @Override
05:    protected void onCreate(Bundle savedInstanceState) {
06:       super.onCreate(savedInstanceState);
07:       setContentView(R.layout.activity_main);
08:       // 取得TextView元件
09:       output = (TextView) findViewById(R.id.lblOutput);
10:    }
11:    // Button元件的事件處理
```

```
12:   public void button_Click(View view) {
13:     EditText txtOpd1, txtOpd2;
14:     // 取得EditText元件
15:     txtOpd1 = (EditText) findViewById(R.id.txtOpd1);
16:     txtOpd2 = (EditText) findViewById(R.id.txtOpd2);
17:     // 建立Intent物件
18:     Intent intent = new Intent(this, OpActivity.class);
19:     // 建立傳遞資料的Bundle物件
20:     Bundle bundle = new Bundle();
21:     bundle.putString("OPERAND01",txtOpd1.getText().toString());
22:     bundle.putString("OPERAND02",txtOpd2.getText().toString());
23:     intent.putExtras(bundle);  // 加上資料
24:     // 啟動活動且有回傳資料
25:     startActivityForResult(intent, SET_RESULT);
26:   }
27:   @Override
28:   protected void onActivityResult(int requestCode,
                     int resultCode, Intent data) {
29:     super.onActivityResult(requestCode, resultCode, data);
30:     switch(requestCode) {
31:       case SET_RESULT:
32:         if (resultCode == RESULT_OK) {
33:           Bundle bundle = data.getExtras();
34:           output.setText("計算結果: " +
              bundle.getDouble("RESULT"));
35:         }
36:         break;
37:     }
38:   }
39: }
```

🖃 程式說明

- ⊃ **第12~26行**：Button元件的事件處理是在第15~16行取得輸入的2個EditText 元件，第21~22行取得2個運算元，第18行建立Intent物件，在第20~23行加 入傳遞資料，第25行啟動OpActivity且指定請求碼為SET_RESULT常數。

- ⊃ **第28~38行**：覆寫onActivityResult()方法取得活動的回傳資料，在第29 行呼叫父類別的同名方法，第30~37行使用switch條件依請求碼判斷是哪 一個活動的回傳資料，在第32~35行的if條件是處理使用SET_RESULT常 數請求碼啟動活動的回傳，條件是判斷結果碼是否成功，如果成功，就 取得回傳資料，因為是使用Bundle物件攜帶回傳資料，所以第34行呼叫 getDouble()方法取得回傳的計算結果。

🖃 佈局檔：\res\layout\activity_op.xml

在Android Studio專案建立第二活動的使用介面前，我們需要先建立名 為【OpActivity】的第二個活動類別和activity_op.xml佈局檔，其步驟如下所 示：

STEP01 在「Project」視窗的「app\java」目錄上，執行【右】鍵快顯功能表 的「New>Activity>Empty Activity」命令，使用空活動範本來新增 活動。

STEP02 在【Activity Name】欄位輸入活動名稱【OpActivity】，可以看到 佈局檔名為activity_op，按【Finish】鈕新增第二個活動。

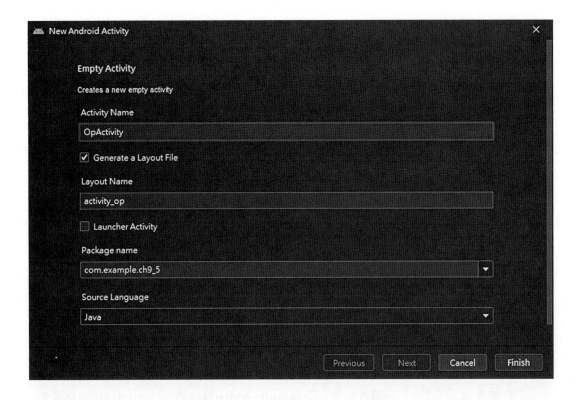

STEP03 請切換至佈局檔activity_op.xml新增1個水平排列的RadioGroup和位
在之中的4個RadioButton元件，在下方是1個CheckBox元件，最後
是Button元件，如下圖所示：

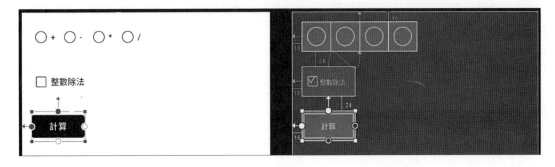

介面元件屬性

在「Component Tree」元件樹視窗可以看到activity_op.xml佈局檔使用介面元件的結構，如下圖所示：

在元件樹的介面元件由上而下更改的屬性值，首先是RadioGroup元件如下表所示：

介面元件	id屬性值	layout_width屬性值	orientation屬性值
RadioGroup	rg	0dp	horizontal

然後在之下是RadioButton、CheckBox和Button元件，如下表所示：

介面元件	id屬性值	text屬性值	onClick屬性值
RadioButton	rdbAdd	+	N/A
RadioButton	rdbSubtract	-	N/A
RadioButton	rdbMultiply	*	N/A
RadioButton	rdbDivide	/	N/A
CheckBox	chkDivide	整數除法	N/A
Button	button2	計算	button2_Click

🖎 **Java程式：OpActivity.java**

```java
01: public class OpActivity extends AppCompatActivity {
02:    @Override
03:    protected void onCreate(Bundle savedInstanceState) {
04:        super.onCreate(savedInstanceState);
05:        setContentView(R.layout.activity_op);
06:    }
07:    // Button元件的事件處理方法
08:    public void button2_Click(View view) {
09:        int opd1, opd2;
10:        double result = 0.0;
11:        RadioButton rdbAdd, rdbSubtract, rdbMultiply, rdbDivide;
12:        CheckBox chkDivide;
13:        // 取得傳遞的資料
14:        Bundle bundle = this.getIntent().getExtras();
15:        if (bundle == null) return;
16:        // 取得運算元
17:        opd1 = Integer.parseInt(bundle.getString("OPERAND01"));
18:        opd2 = Integer.parseInt(bundle.getString("OPERAND02"));
19:        // 取得選取的運算子
20:        rdbAdd = (RadioButton) findViewById(R.id.rdbAdd);
21:        if (rdbAdd.isChecked()) {
22:            result = opd1 + opd2; // 加
23:        }
24:        rdbSubtract = (RadioButton) findViewById(R.id.rdbSubtract);
25:        if (rdbSubtract.isChecked()) {
26:            result = opd1 - opd2; // 減
27:        }
28:        rdbMultiply = (RadioButton) findViewById(R.id.rdbMultiply);
29:        if (rdbMultiply.isChecked()) {
30:            result = opd1 * opd2; // 乘
31:        }
32:        rdbDivide = (RadioButton) findViewById(R.id.rdbDivide);
```

```
33:        chkDivide = (CheckBox) findViewById(R.id.chkDivide);
34:        if (rdbDivide.isChecked()) {
35:          if (chkDivide.isChecked())
36:            result = opd1 / opd2;  // 整數除法
37:          else
38:            result = opd1 / (double) opd2;
39:        }
40:        Intent rIntent = new Intent();
41:        // 建立傳回值
42:        Bundle rbundle = new Bundle();
43:        rbundle.putDouble("RESULT", result);
44:        rIntent.putExtras(rbundle);    // 加上資料
45:        setResult(RESULT_OK, rIntent); // 設定傳回
46:        finish(); // 結束活動
47:    }
48: }
```

➷ 程式說明

- ⊃ **第8~47行**：button2_Click()方法的事件處理是在第14行取得Intent物件，第17~18行取得傳遞的運算元，在第21~39行使用4個if條件判斷是哪一種運算子，並且執行四則運算，第35~38行的if/else條件是處理整數除法。

- ⊃ **第40~46行**：建立回傳資料，在第40~44行建立Intent物件和附加回傳資料，第45行呼叫setResult()方法設定傳回，在第46行呼叫finish()方法結束活動。

➷ 設定檔：\manifests\AndroidManifest.xml

在<application>標籤下的<activity>子標籤後新增有另一個<activity>子標籤，android:name屬性值為【.OpActivity】，如下所示：

```
<activity android:name=".OpActivity"></activity>
```

↪ 使用Activity Result API取得回傳值：

在Android Studio專案Ch9_5開啟MainActivity.java，我們可以在
startActivityForResult()方法上看到有一條刪除線，如下圖所示：

```
33            intent.putExtras(bundle);   // 加上資料
34            // 啟動活動且有回傳資料
35            startActivityForResult(intent, SET_RESULT);
36        }
```

上述刪除線表示Google已經不再推薦使用此方法來取得活動的回傳
值，一般來說，如果程式碼加上刪除線，就表示Google有新的推薦方法，以
此例，取代startActivityForResult()方法是使用Activity Result API。

Android Studio專案Ch9_5a已經改用Activity Result API來取得OpActivity
活動的回傳值，整個專案只有MainActivity.java需修改。首先我們需要建立繼
承ActivityResultContracts的ResultContract類別宣告，如下所示：

```java
class ResultContract extends ActivityResultContract<Boolean, String> {
    @NonNull
    @Override
    public Intent createIntent(@NonNull Context context, Boolean input) {
        EditText txtOpd1, txtOpd2;
        // 取得EditText元件
        txtOpd1 = (EditText) findViewById(R.id.txtOpd1);
        txtOpd2 = (EditText) findViewById(R.id.txtOpd2);
        // 建立Intent物件
        Intent intent = new Intent(MainActivity.this, OpActivity.class);
        // 建立傳遞資料的Bundle物件
        Bundle bundle = new Bundle();
        bundle.putString("OPERAND01",txtOpd1.getText().toString());
        bundle.putString("OPERAND02",txtOpd2.getText().toString());
        intent.putExtras(bundle);  // 加上資料
        return intent;
    }
    @Override
```

```
public String parseResult(int resultCode, @Nullable Intent intent) {
    Bundle bundle = intent.getExtras();
    Double result = bundle.getDouble("RESULT");
    return result.toString();
  }
}
```

上述類別宣告需要覆寫2個方法，在createIntent()方法建立Intent物件來開啓OpActivity活動，同時傳遞2個運算元；在parseResult()方法剖析活動的回傳值，以此例可以取得四則運算結果，方法的回傳值是字串。

然後，我們需要建立ActivityResultLauncher物件launcher來註冊ResultContract物件的回撥方法，如下所示：

```
ActivityResultLauncher launcher = registerForActivityResult(new
    ResultContract(), new ActivityResultCallback<String>() {
  @Override
  public void onActivityResult(String result) {
    output.setText("計算結果: " + result);
  }
});
```

上述onActivityResult()方法就是回撥方法，參數result是活動回傳值，當活動有回傳值，我們就是在此方法取得回傳值和在TextView元件顯示運算結果。

最後，在button_Click()方法是呼叫ActivityResultLauncher物件的launch()方法來開啓OpActivity活動，如下所示：

```
public void button_Click(View view) {
    launcher.launch(true);
}
```

學習評量

1. 請問如何在AndroidManifest.xml檔案宣告活動？

2. 請問什麼是AndroidManifest.xml設定檔？其功能為何？

3. 請使用圖例說明什麼是意圖與意圖篩選？

4. 請問意圖的種類有哪兩種？使用意圖啓動的活動類型有哪兩種？

5. 請問在Android Studio專案使用意圖啓動其他活動的建立步驟為何？

6. 請問什麼是Bundle物件？如何在Intent物件使用Bundle物件？

7. 請建立BMI計算機的Android應用程式，程式擁有2個活動，在第1個活動輸入身高和體重，然後在第2個活動計算和顯示BMI值。

8. 請建立擁有2個活動的Android應用程式，在第1個活動有一個TextView元件和【取得英文月份】的Button元件，按下按鈕可以啓動第2個活動，讓我們在EditText元件輸入1~12數字的月份，按下按鈕取得輸入月份的英文名稱後，回傳至第1個活動的TextView元件來顯示。

10 啓動內建程式和活動的生命周期

10-1 使用意圖啟動內建程式的方式

在第9章我們是使用明確意圖在同一Android應用程式啟動其他活動,其操作比較像是在Windows應用程式切換不同視窗,或是在網站切換網頁。實務上,使用意圖的另一個目的是啟動內建程式,使用的是隱含意圖。

■ 10-1-1 使用隱含意圖啟動內建程式

隱含意圖(implicit intent)只有指出執行的動作型態和資料,並沒有目標接收者的確實名稱(在第9章需指定目標的活動類別),Android作業系統安裝的程式之中,有任何1個可以完成此工作的程式都可以是接收者,如下圖所示:

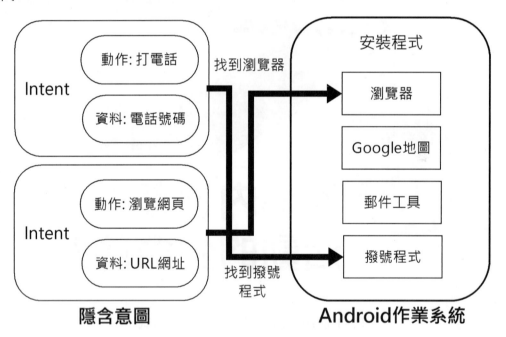

上述圖例建立2個隱含意圖,其動作類型分別是【打電話】和【瀏覽網頁】,當我們送出Intent物件啟動程式後,Android作業系統的操作過程描述,如下所示:

⊃ **打電話動作類型**：Android作業系統從AndroidManifest.xml設定檔的描述中，找到【撥號】程式可以打電話，所以啟動此程式，並且將資料的電話號碼傳入程式，然後可以看到【撥號】程式的撥號畫面，撥出的就是傳入的電話號碼。

⊃ **瀏覽網頁動作類型**：Android作業系統從AndroidManifest.xml設定檔的描述中，找到【瀏覽器】程式可以瀏覽網頁，所以啟動此程式，並且將資料的URL網址傳入程式，然後可以看到【瀏覽器】程式顯示URL網址的首頁。

看出來了嗎？隱含意圖並沒有指明我們要啟動的程式是哪一個，而是依據動作類型，讓作業系統從每一個程式的AndroidManifest.xml設定檔，此檔案的內容會描述程式功能（即第9章的意圖篩選），所以作業系統知道此程式是否可以處理此動作類型，當找出可以處理此動作類型的程式，就執行符合條件的程式。

問題是如果作業系統安裝的程式有2個以上程式可以處理此動作類型時，Android作業系統就會顯示一個選單，讓使用者自行決定使用哪一個程式來處理，如下圖所示：

◢ 10-1-2 建立隱含意圖的Intent物件

基本上，使用隱含意圖啟動內建程式和第9章並沒有什麼不同，我們一樣是呼叫startActivity()方法來啟動程式，正確的說是開啟目標程式的預設活動，如下所示：

```
Intent i;
...
startActivity(i);
```

上述方法的參數是Intent物件，不過這是隱含意圖，我們需要指定動作類型和資料來建立隱含意圖的Intent物件。

setAction()方法：指定意圖的動作類型

意圖包含一些預先定義的動作類型，例如：ACTION_VIEW（即Intent-filter元素action子元素的android.intent.action.VIEW屬性值），這是使用在隱含意圖。Intent意圖物件可以在建構子的第1個參數指定動作類型，如下所示：

```
Intent i = new Intent(Intent.ACTION_VIEW);
```

上述建構子參數是動作類型常數。另一種方式是在建立Intent物件後，再呼叫setAction()方法指定動作類型，如下所示：

```
Intent i = new Intent();
i.setAction(Intent.ACTION_VIEW);
```

使用隱含意圖啟動內建程式的常用動作類型，如下表所示：

動作類型	說明
ACTION_VIEW	顯示資料給使用者檢視
ACTION_EDIT	顯示資料給使用者編輯
ACTION_DIAL	顯示撥號
ACTION_CALL	打電話
ACTION_PICK	選取URI目錄下的資料
ACTION_SENDTO	寄送電子郵件
ACTION_WEB_SEARCH	Web搜尋
ACTION_MAIN	啟動如同是程式進入點的主程式

⤴ setData()方法：指定動作類別所需的資料

在隱含意圖除了指定意圖使用的動作類型外，我們還需要指定目標的資料（Data）是誰，在建立Intent物件時，我們可以在第2個參數指定資料，如下所示：

```
Intent i = new Intent(Intent.ACTION_VIEW,
    Uri.parse("http://www.google.com.tw"));
```

上述建構子的第2個參數是URI（Universal Resource Identifier）字串，我們是將URL網址字串呼叫Uri.parse()方法建立成URI，這就是資料所在的位置索引。

如果在建構子沒有指明資料，我們可以使用Intent物件的setData()方法來指定，如下所示：

```
Intent i = new Intent(Intent.ACTION_VIEW);
i.setData(Uri.parse("http://www.google.com.tw"));
URI（Universal Resource Identifier）
```

萬用資源識別URI是用來定位Android系統的資源，幫助Intent意圖物件的動作取得或找到操作的資料。Android常用的URI，如下所示：

- **URL網址：** URI可以直接使用URL網址，如下所示：

  http://www.google.com.tw/

- **地圖位置：** GPS定位的座標值（GeoPoint格式），如下所示：

  geo:25.04692437135412,121.5161783959678

- **電話號碼：** 指定撥打的電話號碼，如下所示：

  tel:+1234567

- **寄送郵件：** 寄送郵件至指定的電子郵件地址，如下所示：

  mailto:hueyan@ms2.hinet.net

10-2 使用意圖啟動內建程式

對於行動裝置內建的眾多應用程式,我們可以使用意圖來啟動,例如:
Android應用程式需要瀏覽網頁,就可以使用意圖啟動內建瀏覽器來瀏覽網
頁。

10-2-1 啟動瀏覽器

在活動啟動內建瀏覽器是建立ACTION_VIEW動作,和URI為URL網址的
Intent物件,如下所示:

```
Intent i = new Intent(Intent.ACTION_VIEW,
    Uri.parse("http://www.google.com.tw"));
startActivity(i);
```

上述Intent類別建構子的第1個參數是動作,第2個參數是Uri物件,我們是
呼叫Uri類別的parse()方法將字串剖析成Uri物件。

⤷ Android Studio專案:Ch10_2_1

在Android應用程式輸入URL網址,按下Button元件,就可以啟動內建瀏
覽器顯示指定網址的首頁,其執行結果如下圖所示:

在輸入URL網址後，按【啟動瀏覽器】鈕，可以啟動程式瀏覽Google網站的首頁，如下圖所示：

佈局檔：\res\layout\activity_main.xml

在佈局檔刪除預設TextView元件後，請依序新增1個TextView、1個EditText（Plain Text）和1個Button元件，如下圖所示：

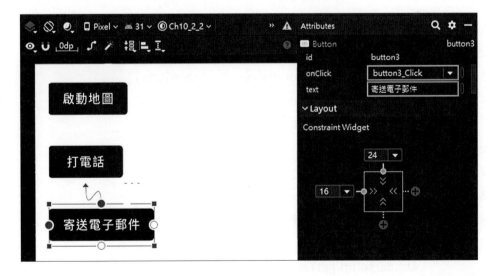

⇗ 介面元件屬性

在「Component Tree」元件樹視窗可以看到使用介面元件的結構,如下圖所示:

在元件樹的介面元件由上而下更改的屬性值,如下表所示:

介面元件	id屬性值	text屬性值	onClick屬性值
TextView	textView	URL:	N/A
EditText	txtURL	http://www.google.com	N/A
Button	button	啟動瀏覽器	button_Click

⇗ Java程式:MainActivity.java

```
01: public class MainActivity extends AppCompatActivity {
02:    @Override
03:    protected void onCreate(Bundle savedInstanceState) {
04:        super.onCreate(savedInstanceState);
05:        setContentView(R.layout.activity_main);
06:    }
07:    // Button元件的事件處理
08:    public void button_Click(View view) {
09:        EditText url = (EditText) findViewById(R.id.txtURL);
10:        Intent i = new Intent(Intent.ACTION_VIEW,
11:            Uri.parse(url.getText().toString()));
12:        startActivity(i);
13:    }
14: }
```

📩 程式說明

➡ **第8~13行**：button_Click()方法的事件處理是在第9行取得EditText元件，第 10~11行使用Intent.ACTION_VIEW動作，URI是EditText元件輸入網址的 參數來建立Intent物件，最後在第12行呼叫startActivity()方法啓動瀏覽器。

◾ 10-2-2　啓動地圖、打電話和寄送電子郵件

除了使用意圖啓動瀏覽器瀏覽網頁外，我們也可以啓動內建程式來瀏覽 地圖、打電話和寄送電子郵件。

📩 啓動地圖

在活動啓動內建Google地圖也是使用ACTION_VIEW動作，URI爲GPS座 標值，如下所示：

```
Intent i = new Intent(Intent.ACTION_VIEW,Uri.parse(
 "geo:25.04692437135412,121.5161783959678"));
startActivity(i);
```

📩 打電話

在活動啓動內建撥號程式是使用ACTION_DIAL動作，URI爲電話號 碼，如下所示：

```
Intent i = new Intent(Intent.ACTION_DIAL);
i.setData(Uri.parse("tel:+1234567"));
startActivity(i);
```

上述Intent()建構子參數只有1個，資料是呼叫setData()方法來指定。

寄送電子郵件

在活動可以啟動內建電子郵件工具來寄送郵件，這是使用ACTION_
SENDTO動作，URI為收件者的電子郵件地址，如下所示：

```
Intent i = new Intent();
i.setAction(Intent.ACTION_SENDTO);
i.setData(Uri.parse("mailto:hueyan@ms2.hinet.net"));
startActivity(i);
```

上述Intent()建構子並沒有參數，動作類型是呼叫setAction()方法來指
定，資料是呼叫setData()方法。

Android Studio專案：Ch10_2_2

在Android應用程式建立3個Button元件，按下按鈕可以啟動內建Google地
圖、打電話和寄送郵件，其執行結果如下圖所示：

按【啟動地圖】鈕，可以看到Google地圖顯示台北火車站附近的地圖資
訊，如下圖所示：

說明

　　本節Android應用程式如果啓動Google地圖，Android模擬器系統映像檔（system image）需要選擇Google APIs。關於電子郵件寄送，因為Android模擬器並沒有內建郵件工具，請使用實機測試寄送電子郵件。

佈局檔：\res\layout\activity_main.xml

在佈局檔刪除預設TextView元件後，垂直排列3個Button元件，其id屬性值分別是【button】、【button2】和【button3】，onClick屬性值為【button~3_Click】，如下圖所示：

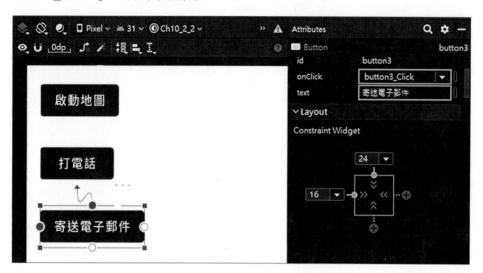

Java程式：MainActivity.java

```
01: public class MainActivity extends AppCompatActivity {
02:    @Override
03:    protected void onCreate(Bundle savedInstanceState) {
04:       super.onCreate(savedInstanceState);
05:       setContentView(R.layout.activity_main);
06:    }
07:    // Button元件的事件處理
08:    public void button_Click(View view) {
09:       Intent i = new Intent(Intent.ACTION_VIEW,
10:         Uri.parse("geo:25.04692437135412,121.5161783959678"));
11:       startActivity(i);
12:    }
13:    public void button2_Click(View view) {
14:       Intent i = new Intent(Intent.ACTION_DIAL);
15:       i.setData(Uri.parse("tel:+1234567"));
```

```
16:        startActivity(i);
17:    }
18:    public void button3_Click(View view) {
19:        Intent i = new Intent();
20:        i.setAction(Intent.ACTION_SENDTO);
21:        i.setData(Uri.parse("mailto:hueyan@ms2.hinet.net"));
22:        startActivity(i);
23:    }
24: }
```

↩ 程式說明

⊃ **第8~12行**：button_Click()方法的事件處理是在第9~10行使用Intent.ACTION_VIEW動作，URI是GPS座標值。

⊃ **第13~17行**：button2_Click()方法的事件處理是使用Intent.ACTION_DIAL動作，在第15行指定URI是電話號碼。

⊃ **第18~23行**：button3_Click()方法的事件處理是在第20~21行使用Intent.ACTION_SENDTO動作，URI是電子郵件地址。

■ 10-2-3 輸入關鍵字執行Web搜尋

隱含意圖啓動的程式一樣可以傳遞資料到開啓的活動，我們一樣是在Intent物件附加資料。例如：在活動啓動內建瀏覽器執行Web搜尋，使用的是ACTION_WEB_SEARCH動作，如下所示：

```
Intent i = new Intent(Intent.ACTION_WEB_SEARCH);
i.putExtra(SearchManager.QUERY, "Android");
startActivity(i);
```

上述程式碼並沒有URI，而是使用putExtra()方法在Intent物件附加搜尋關鍵字，第1個參數是SearchManager.QUERY字串常數，第2個參數是關鍵字的字串。

Android Studio專案：Ch10_2_3

在Android應用程式輸入關鍵字，按下按鈕可以啓動瀏覽器來執行Web搜尋，其執行結果如下圖所示：

在輸入關鍵字後，按【Web搜尋】鈕，可以看到Google搜尋的結果，如下圖所示：

⤷ 佈局檔：\res\layout\activity_main.xml

在佈局檔刪除預設TextView元件後，請依序新增1個TextView、1個EditText（Plain Text）和1個Button元件，如下圖所示：

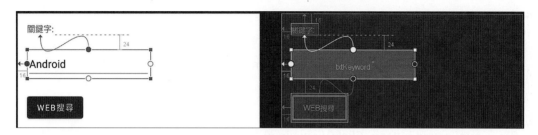

⤷ 介面元件屬性

在「Component Tree」元件樹視窗可以看到使用介面元件的結構，如下圖所示：

在元件樹的介面元件由上而下更改的屬性值，如下表所示：

介面元件	id屬性值	text屬性值	onClick屬性值
TextView	textView	關鍵字:	N/A
EditText	txtKeyword	Android	N/A
Button	button	Web搜尋	button_Click

Android 程式設計與應用

📤 Java程式：MainActivity.java

```
01: public class MainActivity extends AppCompatActivity {
02:    @Override
03:    protected void onCreate(Bundle savedInstanceState) {
04:       super.onCreate(savedInstanceState);
05:       setContentView(R.layout.activity_main);
06:    }
07:    // Button元件的事件處理
08:    public void button_Click(View view) {
09:       EditText key = (EditText) findViewById(R.id.txtKeyword);
10:       Intent i = new Intent(Intent.ACTION_WEB_SEARCH);
11:       i.putExtra(SearchManager.QUERY, key.getText().toString());
12:       startActivity(i);
13:    }
14: }
```

📤 程式說明

- **第8~13行**：button_Click()方法的事件處理是在第10行使用Intent. ACTION_WEB_SEARCH動作建立Intent物件，但是沒有URI，第11行使用 putExtra()方法附加關鍵字的字串，第1個參數是SearchManager.QUERY。

■ 10-2-4 選取與顯示聯絡人資料

如同第9-5節啟動有回傳值的活動，我們也可以從內建程式取得回傳資料，我們需要呼叫setType()方法指定回傳資料的MIME型態。

📤 setType()方法：指定回傳資料的MIME型態

在活動選取聯絡人後，我們會再次建立Intent物件顯示選取聯絡人的詳細資料，首先使用ACTION_PICK動作建立Intent物件，如下所示：

```
Intent i = new Intent(Intent.ACTION_PICK);
i.setType(ContactsContract.Contacts.CONTENT_TYPE);
```

```
startActivityForResult(i, GET_CONTACT);
```

上述程式碼使用Intent物件的setType()方法指定回傳資料的MIME型態，CONTENT_TYPE常數字串就是CONTENT_URI，可以提供聯絡人清單來執行選取動作，然後啟動有回傳資料的活動，傳回資料是選取聯絡人的URI。

↪ onActivityResult()方法：取得程式的回傳資料

因為啟動有回傳資料的活動，我們需要覆寫onActivityResult()方法來取得回傳資料，如下所示：

```
@Override
protected void onActivityResult(int requestCode,
            int resultCode, Intent data) {
  super.onActivityResult(requestCode,resultCode, data);
  if (requestCode == GET_CONTACT) {
   if (resultCode == RESULT_OK) {
    String uri = data.getData().toString();
    Toast.makeText(this, uri, Toast.LENGTH_SHORT).show();
    Intent i = new Intent(Intent.ACTION_VIEW,
        Uri.parse(uri));
    startActivity(i);
   }
  }
}
```

上述參數data是Intent物件，可以使用getData()方法取得回傳資料，然後使用Toast訊息顯示資料，最後建立ACTION_VIEW動作的Intent物件，URI是回傳資料，啟動內建程式顯示選取聯絡人的詳細資料。

↪ Android Studio專案：Ch10_2_4

在Android應用程式建立Button元件，按下按鈕可以選取與顯示聯絡人資料，首先請在【通訊錄】程式新增一些聯絡人資料，如下圖所示：

然後執行專案，可以看到執行結果，如下圖所示：

按【選取聯絡人】鈕，可以看到聯絡人清單，如下圖所示：

　　按【Joe Chen】鈕，可以顯示聯絡人資訊，和在下方Toast訊息顯示選取聯絡人的URI字串，如下圖所示：

📤 **佈局檔**：\res\layout\activity_main.xml

　　在佈局檔刪除預設TextView元件後，新增1個Button元件，其id屬性值是【button】、onClick屬性值為【button_Click】和text屬性值【選取聯絡人】，如下圖所示：

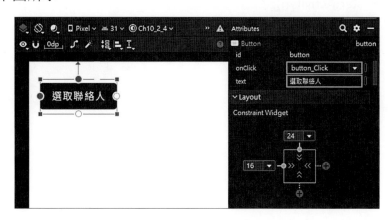

Java程式：MainActivity.java

```
01: public class MainActivity extends AppCompatActivity {
02:    private static final int GET_CONTACT = 1;
03:    @Override
04:    protected void onCreate(Bundle savedInstanceState) {
05:       super.onCreate(savedInstanceState);
06:       setContentView(R.layout.activity_main);
07:    }
08:    // Button元件的事件處理
09:    public void button_Click(View view) {
10:       Intent i = new Intent(Intent.ACTION_PICK);
11:       i.setType(ContactsContract.Contacts.CONTENT_TYPE);
12:       startActivityForResult(i, GET_CONTACT);
13:    }
14:    @Override
15:    protected void onActivityResult(int requestCode,
                    int resultCode, Intent data) {
16:       super.onActivityResult(requestCode, resultCode, data);
17:       if (requestCode == GET_CONTACT) {
18:         if (resultCode == RESULT_OK) {
19:           String uri = data.getData().toString();
20:           Toast.makeText(this, uri,
                 Toast.LENGTH_SHORT).show();
21:           Intent i = new Intent(Intent.ACTION_VIEW,
22:                 Uri.parse(uri));
23:           startActivity(i);
24:         }
25:       }
26:    }
27: }
```

🔀 程式說明

⊃ **第9~13行**：button_Click()方法的事件處理是在第10行建立Intent.ACTION_ PICK動作的Intent物件，第11行使用setType()方法指定資料的MIME類型，可以取回聯絡人清單以供選取，在第12行啓動有回傳值的活動。

⊃ **第15~26行**：在覆寫onActivityResult()方法處理button_Click()方法啓動活動的回傳資料，在第19行取得資料，第20行使用Toast訊息顯示資料，在第21~23行建立Intent.ACTION_VIEW動作的Intent物件，URI是選取的聯絡人，可以顯示選取的聯絡人資料。

10-3 活動的生命周期

活動是Android應用程式整個生命周期的最主要部分，我們可以說，Android應用程式的生命周期幾乎就等於是活動的生命周期。

■ 10-3-1 活動堆疊

對於在Android作業系統啓動中的眾多活動來說，系統是使用活動堆疊（activity stack）來管理這些活動。如同餐廳廚房的工人清洗餐盤，將洗好的餐盤疊在一起，每洗好一個餐盤就放在這疊餐盤的頂端，如下圖所示：

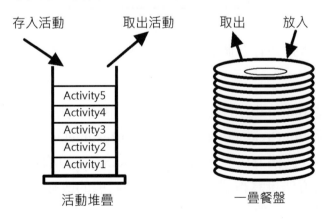

上述圖例的一疊餐盤是一個堆疊，每一個餐盤是一個活動，爲了避免餐盤倒下來，廚師取用餐盤一定是從一疊餐盤的最頂端取出。同理，洗餐盤工人一定是將餐盤放置在一疊餐盤的最頂端。

當Android作業系統啓動一個新活動,就是置於堆疊的最上方且成爲執行中的活動(與使用者互動的活動,即我們可以看到的活動),前一個活動置於新活動之下,直到新活動結束後,前一個活動才再次成爲執行中的活動。

■ 10-3-2　活動的生命周期

活動的生命周期就是活動的狀態管理,而Android程式設計的主要工作就是撰寫程式碼來回應Android應用程式產生的狀態改變,所以,對於活動的生命周期來說,我們重視的是不同狀態之間的轉換,而不是目前位在哪一個狀態,如下圖所示:

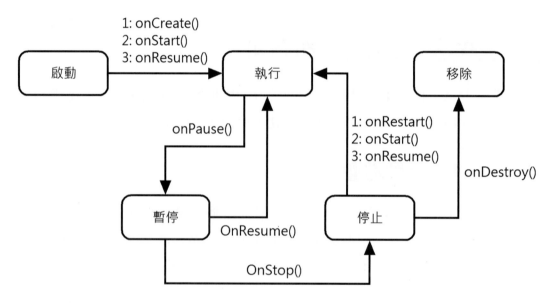

上述圖例的活動共有五個狀態:啓動、執行、暫停、停止和移除,如下所示:

● **啓動狀態:** 當Android應用程式不在記憶體中時,執行程式就是進入啓動狀態,在依序呼叫onCreate()、onStart()和onResume()方法進入執行狀態,這三個方法稱爲「回撥方法」(callback methods,也稱爲回呼方法),開發者可以在回撥方法撰寫程式碼來回應活動狀態的改變,所以,我們是使用這些方法管理活動狀態。

> **說明**
>
> 請注意！Android作業系統並不會自動刪除活動，除非記憶體已經低到一定的程度，因為從啓動狀態轉換至執行狀態的這段時間是最花費CPU的運算時間，也是最耗電的時候，再加上，使用者可能隨時會再回到此活動，為了讓行動裝置用的更久，所以並不會自動刪除活動。

- **執行狀態**：活動位在執行狀態表示它目前在螢幕上顯示且與使用者進行互動，對比Windows作業系統，就是視窗取得焦點（focus），Android作業系統在任何時間都只會有一個位在執行狀態的活動，而且執行狀態的活動擁有最高權限來使用記憶體與資源來提昇執行效率，以便能夠更快速的回應使用者操作。

- **暫停狀態**：暫停狀態是指活動沒有取得焦點，也沒有與使用者互動，但是仍然顯示在螢幕上，通常是因為顯示對話方塊，對話方塊並不會佔用整個螢幕，所以背後的活動仍然看的見，此時就會呼叫onPause()方法，從執行狀態轉換至暫停狀態。

- **停止狀態**：停止狀態的活動仍然保留在記憶體中，只是使用者看不到它。Android作業系統之所以將活動保留在記憶體，因為使用者有可能不久就會再返回此活動，而且從停止狀態回到執行狀態，比起從啓動狀態轉換至執行狀態耗費較少的資源。停止狀態活動的下一步有兩種情況，如下表所示：

情況	說明
轉換至執行狀態	使用者再次返回此活動，所以呼叫onRestart()、onStart()和onResume()三個方法轉換至執行狀態
轉換至移除狀態	當記憶體太低或執行記憶體清理程式，就會呼叫onDestroy()方法轉換至移除狀態

- **移除狀態**：移除狀態的活動表示已經釋放活動佔用的資源，活動已經刪除且不存在記憶體之中。活動管理員會依據記憶體的使用情況，決定活動是否需要刪除，以便空出更多記憶體空間讓執行狀態的活動能夠正常的運作。

 說明

請注意！不是只有活動位於停止狀態會被刪除，如果記憶體嚴重不足時，就連暫停狀態的活動都會刪除，所以，程式的重要資料應該在onPause()方法中儲存，而不是等到onStop()或onDestroy()方法。

10-3-3 管理活動狀態

對於Android行動裝置的使用者來說，活動狀態只有三種：可見（執行與暫停）、取得焦點（執行）和不可見（停止與移除）。當活動發生狀態轉換時，我們可以在回撥方法（callback methods）撰寫程式碼來回應狀態的改變，也就是管理活動的狀態。

↪ 呼叫方法管理活動的狀態

在活動整個生命周期共有7個方法會在活動的狀態轉換時呼叫，這些方法是開發者回應狀態改變，撰寫Java程式碼的地方，如下圖所示：

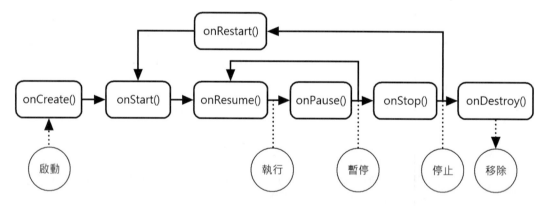

上述各方法的簡單說明，如下表所示：

方法	說明
onCreate()	在活動建立時呼叫，可以在此方法執行活動的初始化，即建立活動的使用介面元件，我們可以將此方法視為活動的進入點
onStart()	在使用者被看見時呼叫

方法	說明
onResume()	在與使用者互動時呼叫
onPause()	在暫停目前活動時呼叫，例如：顯示對話方塊，通常我們會在此方法儲存尚未儲存的資料，和任何使用者變更的資料
onStop()	在使用者看不見時呼叫，可能情況有三種：啟動新活動、之前活動返回螢幕或活動將被刪除
onRestart()	在活動重新返回螢幕時呼叫，例如：收到簡訊，停止目前的活動，等到閱讀完簡訊後，呼叫此方法返回之前的活動
onDestroy()	在刪除活動前呼叫

一般來說，如果程式需要保留一些資料，大部分活動都會覆寫上表的onCreate()和onPause()方法，在onCreate()方法顯示使用介面和指定初始值；onPause()方法儲存使用者變更的資料。

本節之前的Android Studio範例，我們都是在onCreate()方法顯示使用介面，初始介面元件和註冊元件的傾聽者物件。

⤷ Android Studio專案：Ch10_3_3

在Android應用程式擁有2個Button按鈕元件，可以啟動地圖和結束程式，然後建立活動的7個方法來測試活動的生命周期，使用Log.d()方法顯示呼叫過程的訊息文字。

當在Android模擬器看到執行結果後，請點選【Logcat】標籤開啟下方的「Logcat」視窗來檢視輸出訊息，如下圖所示：

上述MainActivity訊息是我們寫入的訊息，依序呼叫onCreate()、onStart()和onResume()方法後，就可以在模擬器顯示執行結果使用介面。

● **測試一**：請按【啓動地圖】鈕顯示Google地圖，在「Logcat」視窗可以看到呼叫onPause()和onStop()方法停止目前的活動來顯示Google地圖，然後按倒數第4個的【返回】鈕，離開Google地圖，可以看到依序呼叫onRestart()、onStart()和onResume()方法來重新顯示Ch10_3_3的MainActivity活動，如下圖所示：

● **測試二**：按【結束程式】鈕結束Ch10_3_3程式，可以在「Logcat」視窗看到依序呼叫OnPause()、OnStop()和OnDestroy()方法結束活動（因爲是呼叫finish()方法結束活動，所以可以看到OnDestroy()方法），如下圖所示：

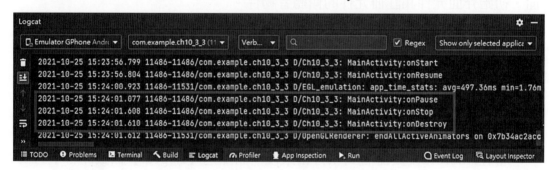

↱ **佈局檔：\res\layout\activity_main.xml**

在佈局檔刪除預設TextView元件後，新增2個Button元件，其id屬性值分別是【button】和【button2】、onClick屬性值是【button_Click】和【button2_Click】，text屬性值是【啓動地圖】和【結束程式】，如下圖所示：

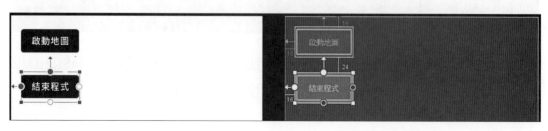

⤻ Java程式：**MainActivity.java**

在Android Studio新增專案的活動範本，預設建立onCreate()覆寫方法，在程式碼編輯器新增其他覆寫方法的步驟，如下所示：

STEP01 開啓MainActivity.java，在欲插入覆寫方法的程式碼位置點一下，可以看到文字輸入「|」游標的插入點。

STEP02 請執行「Code > Override Methods」命令，可以看到「Select Methods to Override/Implement」對話方塊。

STEP03 找到onStart()方法後，選擇方法（可以複選多個方法來同時新增這些方法），下方預設勾選【Insert @Override】插入覆寫註記，按【OK】鈕。

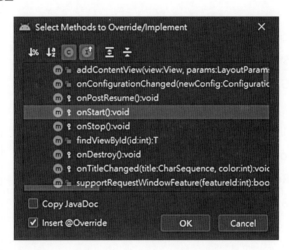

STEP04 在程式碼編輯器的插入點，可以看到新增的onStart()覆寫方法，如下圖所示：

```java
9       @Override
10      protected void onCreate(Bundle savedInstanceState) {
11          super.onCreate(savedInstanceState);
12          setContentView(R.layout.activity_main);
13      }
14
15      @Override
16      protected void onStart() {
17          super.onStart();
18      }
19  }
```

STEP05 同樣方法,我們可以依序新增其他方法,然後分別撰寫Java程式碼使用Log.d()方法輸出訊息,最後是button_Click()和button2_Click()事件處理方法,如下所示:

```
01: public class MainActivity extends AppCompatActivity {
02:     private static final String TAG = "Ch10_3_3";
03:     @Override
04:     public void onCreate(Bundle savedInstanceState) {
05:         super.onCreate(savedInstanceState);
06:         setContentView(R.layout.activity_main);
07:         Log.d(TAG, "MainActivity:onCreate");
08:     }
09:     @Override
10:     protected void onStart() {
11:         super.onStart();
12:         Log.d(TAG, "MainActivity:onStart");
13:     }
14:     @Override
15:     protected void onResume() {
16:         super.onResume();
17:         Log.d(TAG, "MainActivity:onResume");
18:     }
19:     @Override
20:     protected void onStop() {
21:         super.onStop();
22:         Log.d(TAG, "MainActivity:onStop");
23:     }
24:     @Override
25:     protected void onPause() {
26:         super.onPause();
27:         Log.d(TAG, "MainActivity:onPause");
28:     }
29:     @Override
30:     protected void onRestart() {
```

```
31:     super.onRestart();
32:     Log.d(TAG, "MainActivity:onRestart");
33:   }
34:   @Override
35:   protected void onDestroy() {
36:     super.onDestroy();
37:     Log.d(TAG, "MainActivity:onDestroy");
38:   }
39:   // Button元件的事件處理
40:   public void button_Click(View view) {
41:     Intent i = new Intent(Intent.ACTION_VIEW,
42:     Uri.parse("geo:25.04692437135412,121.5161783959678"));
43:     startActivity(i);
44:   }
45:   public void button2_Click(View view) {
46:     finish();
47:   }
48: }
```

📄 程式說明

- **第1~39列**：MainActivity類別的宣告，這是繼承AppCompatActivity類別的子類別。

- **第2列**：宣告常數TAG。

- **第4~38列**：覆寫的7個方法使用super呼叫父類別的方法後，分別使用Log.d()方法來輸出呼叫此方法的訊息文字。

- **第40~44行**：button_Click()方法的事件處理是在第41~42行使用Intent.ACTION_VIEW動作，URI是GPS座標值來顯示Google地圖。

- **第45~47行**：button2_Click()方法的事件處理是在第46行呼叫finish()方法結束活動，如此才會呼叫OnDestroy()方法。

學習評量

1. 請使用圖例說明什麼是隱含意圖？

2. 請簡單說明意圖的動作類型和URI？

3. 我們是使用＿＿＿＿＿＿方法來指定隱含意圖的動作類型，＿＿＿＿＿＿方法指定動作類別所需的資料。

4. 請使用圖例說明活動堆疊和活動的生命周期？

5. 當Android應用程式不在記憶體中時，執行程式就是進入啓動狀態，然後依序呼叫＿＿＿＿＿＿、＿＿＿＿＿＿和＿＿＿＿＿＿方法進入執行狀態。

6. 當在執行狀態結束程式執行，活動狀態管理會依序呼叫＿＿＿＿＿＿＿＿＿、＿＿＿＿＿＿＿＿＿和＿＿＿＿＿＿＿＿＿方法來結束活動。

7. 請建立Android應用程式來打電話，按下按鈕，可以撥出讀者手機的電話號碼。

8. 請建立Android應用程式來開啓內建瀏覽器，可以顯示Android開發者的首頁：https://developer.android.com。

11 綜合應用(一)：相機與多媒體

11-1 行動圖庫

在Android應用程式可以使用ImageView元件顯示圖檔來建立簡單的行動圖庫，程式是使用Spinner元件選擇欲顯示的圖檔後，在下方使用ImageView元件顯示圖檔內容。

↳ 建立照片的圖檔資源

在Android應用程式顯示圖檔，首先需要建立照片的圖檔資源，這些PNG圖檔是位在「ch11」目錄，其建立步驟如下所示：

STEP01 請開啟「ch11」目錄選取7個PNG圖檔案後，執行【右】鍵快顯功能表的【複製】命令複製這些圖檔，如下圖所示：

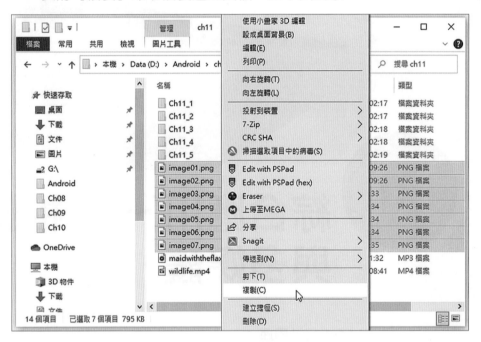

STEP02 在專案視窗的「res/mipmap」目錄上，執行【右】鍵快顯功能表的【Paste】命令，可以看到「Choose Destination Directory」對話方塊。

STEP03 選【…\app\src\main\res\mipmap-mdpi】實際目錄，按【OK】鈕，可以看到「Copy」對話方塊。

STEP04 按【OK】鈕，複製這些圖檔到專案的資源目錄，如下圖所示：

⤷ setImageResource()方法：指定ImageView元件顯示的圖檔

當取得ImageView元件後，就可以呼叫setImageResource()方法更改顯示的圖檔資源，如下所示：

```
image.setImageResource(R.mipmap.image01);
```

上述setImageResource()方法的參數是R.mipmap.image01資源索引，這是位在「app/src/main/res/mipmap-mdpi」路徑名為image01.png的圖檔。ImageView物件顯示圖形的常用方法說明，如下表所示：

方法	說明
setImageResource()	指定ImageView元件顯示參數的圖檔資源索引
setImageURI()	指定ImageView元件顯示的是參數URI物件
setImageBitmap()	指定ImageView元件顯示參數的Bitmap物件

⤷ Android Studio專案：Ch11_1

Android應用程式是一個簡單的行動圖庫，我們可以在上方使用Spinner元件選擇顯示的圖檔，然後在下方顯示圖檔內容，其執行結果如下圖所示：

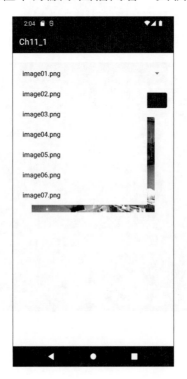

在選擇後，按【顯示選擇的圖檔】鈕，可以在下方顯示圖檔內容，如下圖所示：

📤 字串資源檔：\res\values\strings.xml

```
01: <resources>
02:     <string name="app_name">Ch11_1</string>
03:     <string-array name="imgfiles">
04:         <item>image01.png</item>
05:         <item>image02.png</item>
06:         <item>image03.png</item>
07:         <item>image04.png</item>
08:         <item>image05.png</item>
09:         <item>image06.png</item>
10:         <item>image07.png</item>
11:     </string-array>
12: </resources>
```

☞ 資源檔說明

○ **第3~11行：**使用<string-array>標籤定義字串陣列imgfiles的圖檔清單，這就是Spinner元件的項目。

☞ 佈局檔：\res\layout\activity_main.xml

在佈局檔刪除預設TextView元件後，依序新增1個Spinner、1個Button和1個ImageView元件，如下圖所示：

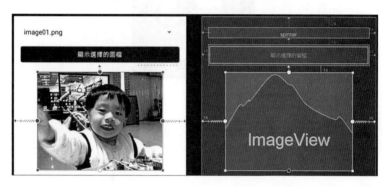

☞ 介面元件屬性

在「Component Tree」元件樹視窗可以看到使用介面元件的結構，如下圖所示：

在元件樹的介面元件由上而下更改的屬性值，如下表所示：

介面元件	屬性	屬性值
Spinner	id	spinner
Spinner	spinnerMode	dropdown
Spinner	entries	@array/imgfiles
Button	text	顯示選擇的圖檔
Button	layout_width	0dp

介面元件	屬性	屬性值
Button	onClick	button_Click
ImageView	id	imageView
ImageView	layout_width	wrap-content
ImageView	layout_height	wrap-content
ImageView	scaleType	fitstart
ImageView	srcCompat	@mipmap/image01

　　上表ImageView元件的srcCompat屬性可以使用選擇方式來指定圖檔資源，請按srcCompat屬性值之前的圖示，可以看到「Pick a Resources」對話方塊（第1次建立ImageView元件時也會開啟此對話方塊）。

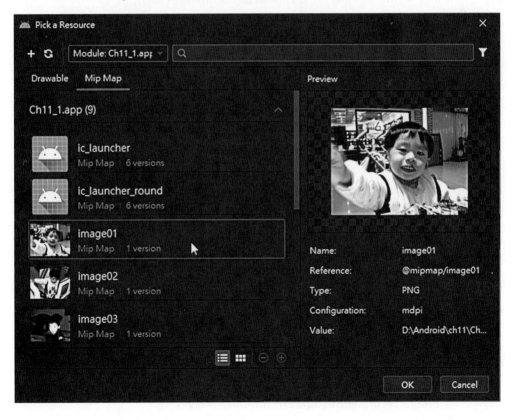

　　在上方選【Mip Map】標籤，然後選【image01】後，按【OK】鈕指定屬性值的資源索引。

📤 Java程式：MainActivity.java

```
01: public class MainActivity extends AppCompatActivity {
02:     private Spinner sp;
03:     private ImageView image;
04:     @Override
05:     protected void onCreate(Bundle savedInstanceState) {
06:         super.onCreate(savedInstanceState);
07:         setContentView(R.layout.activity_main);
08:         // 選擇圖檔的Spinner元件
09:         sp = (Spinner) findViewById(R.id.spinner);
10:         // 取得ImageView元件
11:         image = (ImageView) findViewById(R.id.imageView);
12:     }
13:     // Button元件的事件處理
14:     public void button_Click(View view) {
15:         // 取得選取圖檔的索引值
16:         int index = sp.getSelectedItemPosition();
17:         // 指定ImageView元件顯示的圖檔
18:         if (index == 0) {
19:             image.setImageResource(R.mipmap.image01);
20:         }
21:         else if (index == 1) {
22:             image.setImageResource(R.mipmap.image02);
23:         }
24:         else if (index == 2) {
25:             image.setImageResource(R.mipmap.image03);
26:         }
27:         else if (index == 3) {
28:             image.setImageResource(R.mipmap.image04);
29:         }
30:         else if (index == 4) {
31:             image.setImageResource(R.mipmap.image05);
32:         }
```

```
33:      else if (index == 5) {
34:          image.setImageResource(R.mipmap.image06);
35:      }
36:      else if (index == 6) {
37:          image.setImageResource(R.mipmap.image07);
38:      }
39:   }
40: }
```

↪ 程式說明

⊃ **第5~12行**：在onCreate()方法的第9行取得Spinner元件，第11行取得
ImageView元件。

⊃ **第14~39行**：button_Click()方法是在第16行取得選擇項目的索引，第18~38
行使用if/else/if條件判斷選擇的圖檔名稱的索引值來指定ImageView元件顯
示的圖檔資源。

11-2 播放音樂

　　Android可以使用MediaPlayer物件來播放音樂，我們準備直接播放儲存在
專案「raw」目錄的MP3音樂檔。

↪ 將音樂檔複製到專案的「raw」目錄

　　「原料資源」（raw resources）是位在Android Studio專案的「res\
raw」目錄，在此目錄的檔案是不壓縮的原始資料檔案，例如：音樂、視
訊檔和唯讀文字檔。現在，我們準備將「ch11」目錄的MP3檔案
maidwiththeflaxenhair.mp3複製到「res\raw」目錄，其步驟如下所示：

STEP01 請在【\res】目錄上，執行【右】鍵的快顯功能表的
「New>Android Resource Directory」命令，在【Resource
type】欄選【raw】，按【OK】鈕建立此目錄。

STEP02 請開啓「ch11」目錄，選【maidwiththeflaxenhair.mp3】檔案後，執行【右】鍵快顯功能表的【複製】命令複製此音樂檔。

STEP03 在專案視窗的「res\raw」目錄上，執行【右】鍵快顯功能表的【Paste】命令，可以看到「Copy」對話方塊。

STEP04 請注意！檔名需改為小寫，按【OK】鈕複製到專案的raw目錄，如下圖所示：

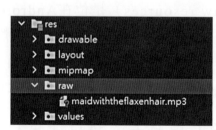

⤷ MediaPlayer物件

我們是呼叫MediaPlayer.create()類別方法來建立MediaPlayer物件，第1個參數是活動自己，第2個參數是音樂檔案的URI，如下所示：

```
player = MediaPlayer.create(this, R.raw.maidwiththeflaxenhair);
player.setOnCompletionListener(this);
```

上述create()方法是使用原料資源的音樂檔R.raw.maidwiththeflaxenhair，然後呼叫setOnCompletionListener()方法，註冊音樂播放完畢的傾聽者物件（類別需實作OnCompletionListener介面），最後呼叫prepareAsync()方法準備好MediaPlayer物件，即可開始播放音樂，如下所示：

```
try {
   player.prepareAsync();
} catch (Exception ex) {
   Log.d("Ch11_2", "onCreate: " + ex.getMessage());
}
```

上述prepareAsync()方法需要使用try/catch例外處理程式敘述。現在，我們可以呼叫相關方法來播放、暫停和停止音樂播放，常用方法的說明，如下表所示：

方法	說明
start()	開始或繼續播放音樂
pause()	暫停播放音樂
stop()	停止播放音樂，當呼叫後，需要呼叫prepareAsync()方法準備後，才能再次呼叫start()方法播放音樂
prepareAsync()	準備MediaPlayer物件的播放器來播放音樂
isPlaying()	音樂是否正在播放中，true是；false為不是
seekTo(int)	將音樂跳至參數時間（毫秒）的位置
release()	釋放MediaPlayer物件佔用的資源

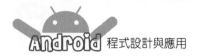

OnCompletionListener介面

MainActivity活動類別需要實作OnCompletionListener介面作爲傾聽者物件，此介面擁有1個onCompletion()方法，如下所示：

```
@Override
public void onCompletion(MediaPlayer mediaPlayer) {
    output.setText("音樂已經播放完畢...");
    player.seekTo(0);
}
```

上述方法是當音樂播放完畢後呼叫，可以顯示音樂已經播放完畢的訊息文字，和呼叫seekTo()方法將音樂播放時間歸零，讓我們可以再從頭開始播放音樂。

Android Studio專案：Ch11_2

Android應用程式是一個簡單的音樂播放程式，可以使用3個按鈕來控制音樂的播放，其執行結果如下圖所示：

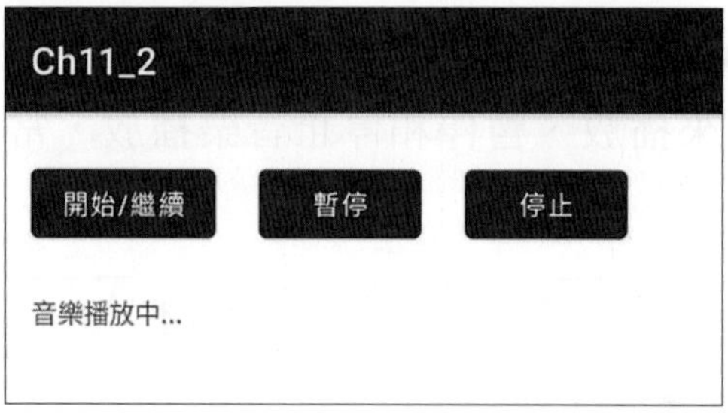

按【開始/繼續】鈕播放音樂；【暫停】鈕暫停播放；【停止】鈕停止音樂播放。

佈局檔：\res\layout\activity_main.xml

在佈局檔刪除預設TextView元件後，水平編排3個Button元件，然後在下方新增1個TextView元件，如下圖所示：

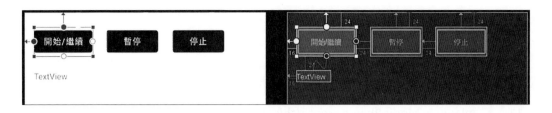

介面元件屬性

在「Component Tree」元件樹視窗可以看到使用介面元件的結構，如下圖所示：

在元件樹的介面元件由上而下更改的屬性值，如下表所示：

介面元件	id屬性值	text屬性值	onClick屬性值
Button	button	開始/繼續	button_Click
Button	button2	暫停	button2_Click
Button	button3	停止	button3_Click
TextView	lblOutput	TextView	N/A

Java程式：MainActivity.java

```
01: public class MainActivity extends AppCompatActivity
02:     implements MediaPlayer.OnCompletionListener {
03:     private TextView output;
04:     private MediaPlayer player;
05:     @Override
06:     protected void onCreate(Bundle savedInstanceState) {
```

```
07:        super.onCreate(savedInstanceState);
08:        setContentView(R.layout.activity_main);
09:        // 取得TextView元件
10:        output = (TextView) findViewById(R.id.lblOutput);
11:        player = MediaPlayer.create(this, R.raw.maidwiththeflaxenhair);
12:        player.setOnCompletionListener(this);
13:        try {
14:            player.prepareAsync();  // 準備
15:        } catch (Exception ex) {
16:            Log.d("Ch11_2", "onCreate: " + ex.getMessage());
17:        }
18:    }
19:    @Override
20:    public void onCompletion(MediaPlayer mediaPlayer) {
21:        output.setText("音樂已經播放完畢...");
22:        player.seekTo(0);  // 從頭開始
23:    }
24:    // Button元件的事件處理
25:    public void button_Click(View view) {
26:        if (player != null) {
27:            if (player.isPlaying() == false) {
28:                output.setText("音樂播放中...");
29:                player.start(); // 播放
30:            }
31:        }
32:    }
33:    public void button2_Click(View view) {
34:        output.setText("音樂暫停中...");
35:        if (player != null) {
36:            player.pause(); // 暫停
37:        }
38:    }
39:    public void button3_Click(View view) {
40:        output.setText("音樂已經停止播放...");
```

11-14

```
41:    if (player != null) {
42:        player.stop();
43:        player.prepareAsync(); // 準備
44:    }
45:  }
46:  @Override
47:  public void onDestroy() {
48:    if (player != null) {
49:        player.release(); // 釋放MediaPlayer物件
50:    }
51:    super.onDestroy();
52:  }
53: }
```

📤 程式說明

○ **第1~53行**：MainActivity類別繼承AppCompatActivity且實作 OnCompletionListener介面，在第20~23行是實作的onCompletion()方法。

○ **第6~18行**：在onCreate()方法的第11行建立MediaPlayer物件，第12行註冊 MediaPlayer物件的傾聽者物件為自己，在第13~17行的try/catch例外處理是 因為第14行呼叫prepareAsync()方法準備MediaPlayer物件。

○ **第20~23行**：onCompletion()方法是在第21行顯示訊息，第22行呼叫 seekTo()方法將音樂播放時間的位置歸零，以便可以再次從頭播放。

○ **第25~32行**：button_Click()方法是播放或繼續播放音樂，在第26~31行的if 條件判斷是否有建立MediaPlayer物件，如果有，在第27~30行的if條件呼叫 isPlaying()方法判斷是否是在播放中，如果不是，就呼叫start()方法播放音 樂。

○ **第33~38行**：button2_Click()方法是在第36行呼叫pause()方法暫停音樂播 放。

○ **第39~45行**：button3_Click()方法是在第42行呼叫stop()方法停止播放，第 43行再次呼叫prepareAsync()方法準備MediaPlayer物件。

⊃ **第47~52行：**活動onDestroy()覆寫方法是在第49行呼叫release()方法釋放
MediaPlayer物件佔用的資源。

11-3 播放影片

在Android應用程式可以使用VideoView元件和MediaController物件來控
制影片的播放，讓我們輕鬆建立一個簡單的視訊播放器。

🖂 將影片檔建立成原料資源

首先將「ch11」目錄的wildlife.mp4檔案複製到「res\raw」目錄，其步驟
如下所示：

STEP01 請在「\res」目錄上，執行【右】鍵的快顯功能表的
「New>Android Resource Directory」命令，在【Resource
type】欄選【raw】，按【OK】鈕建立「raw」目錄，如下圖所示：

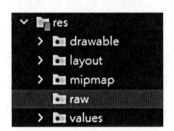

STEP02 請開啓「ch11」目錄，選【wildlife.mp4】檔案後，執行【右】鍵快
顯功能表的【複製】命令複製此影片檔。

STEP03 在專案視窗的「res/raw」目錄上，執行【右】鍵快顯功能表的
【Paste】命令，可以看到「Copy」對話方塊。

STEP04 請注意！檔名需改為小寫，按【OK】鈕複製到專案的raw目錄，如下
　　　 圖所示：

☞ VideoView元件

在佈局檔activity_main.xml是使用VideoView元件建立影片播放的區
域，Android Studio的「Palette」視窗是位在「Widgets」區段，如下圖所示：

在新增VideoView元件後，我們可以指定元件尺寸，這就是影片播放尺寸
的寬與高。

☞ 控制影片的播放

在活動類別的onCreate()方法可以取得VideoView物件和呼叫start()方法來
播放影片，首先取得VideoView元件，如下所示：

```
video = (VideoView) findViewById(R.id.videoView);
int id = getResources().getIdentifier(videoFile, "raw",
    this.getPackageName());
final String path = "android.resource://" +
```

```
        this.getPackageName() + "/" + id;
video.setVideoURI(Uri.parse(path));
video.setMediaController(new MediaController(this));
video.start();
```

上述程式碼使用getResource().getIdentifier()方法取得「raw」目錄影片檔wildlife.mp4資源索引值後，即可建立專案資源路徑URI，其格式如下所示：

```
android.resource://com.example.myapp.ch18_2/raw/wildlife
```

上述URI字串是以「android.resource://」開頭表示指向專案資源，之後是套件名稱，最後是影片檔資源索引值，這就是之前取得變數id的資源索引值。

然後呼叫setVideoURI()方法指定影片檔所在的URI物件，這是使用Uri類別的parse()方法，將URI字串轉換成URI物件後，使用setMediaController()方法指定MediaController物件來控制影片播放，建構子參數是this，最後呼叫start()方法播放影片。

在onPause()覆寫方法是呼叫stopPlayback()方法停止影片播放，如下所示：

```
public void onPause() {
   super.onStop();
   video.stopPlayback();
}
```

VideoView物件關於控制影片播放的常用方法說明，如下表所示：

方法	說明
start()	開始播放
pause()	暫停播放
resume()	恢復暫停播放
stopPlayback()	停止播放
setMediaController()	指定使用的MediaController物件
isPlaying()	判斷目前是否正在播放中，傳回值true為是；false為否

↱ Android Studio專案：Ch11_3

　　Android應用程式是一個簡單的媒體播放器，執行專案就可以開始播放影片wildlife.mp4，其執行結果如下圖所示：

　　點選影片，可以在下方顯示控制面板來控制影片的播放。

⤷ 佈局檔：\res\layout\activity_main.xml

在佈局檔指定預設TextView元件的id屬性值和調整位置後，在下方新增VideoView元件，如下圖所示：

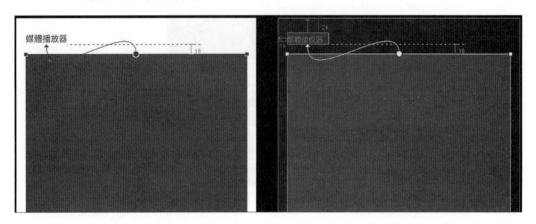

⤷ 介面元件屬性

在「Component Tree」元件樹視窗可以看到使用介面元件的結構，如下圖所示：

在元件樹的介面元件由上而下更改的屬性值，如下表所示：

介面元件	id屬性值	text屬性值
TextView	textView	媒體播放器
VideoView	videoView	N/A

上表VideoView元件的【layout_width】屬性值選【0dp】。

⤷ Java程式：MainActivity.java

```
01: public class MainActivity extends AppCompatActivity {
02:     private VideoView video;
```

```
03:    private String videoFile = "wildlife";
04:    @Override
05:    protected void onCreate(Bundle savedInstanceState) {
06:      super.onCreate(savedInstanceState);
07:      setContentView(R.layout.activity_main);
08:      // 取得VideoView元件
09:      video = (VideoView)findViewById(R.id.videoView);
10:      // 指定影片的URI
11:      int id = getResources().getIdentifier(videoFile, "raw",
12:          this.getPackageName());
13:      final String path = "android.resource://" +
14:          this.getPackageName() + "/" + id;
15:      video.setVideoURI(Uri.parse(path));
16:      // 指定MediaController
17:      video.setMediaController(new MediaController(this));
18:      video.start(); // 開始播放
19:    }
20:    @Override
21:    public void onPause() {
22:      super.onPause();
23:      super.onStop();
24:      video.stopPlayback();  // 停止播放
25:    }
26: }
```

⤷ 程式說明

◯ **第9~15列：** 在取得VideoView元件後，第11~15列指定影片的URI。

◯ **第17列：** 指定VideoView元件使用的MedioController元件。

◯ **第18列：** 開始播放影片。

◯ **第21~25列：** 在活動onPause()覆寫方法的第24列停止播放影片。

11-4 使用內建相機照相

一般來說，Android行動裝置內建硬體相機，也有相機程式，我們可以使用Intent啓動相機來照相，然後在ImageView元件顯示照相結果的相片。

↪ 使用Intent啓動相機程式

我們是使用Intent啓動Android內建相機程式，如下所示：

```
Intent intent = new Intent(
        MediaStore.ACTION_IMAGE_CAPTURE);
startActivityForResult(intent, REQUEST_IMAGE);
```

上述程式碼的動作類型是ACTION_IMAGE_CAPTURE，然後呼叫startActivityForResult()方法開啓有回傳值的活動，回傳碼是REQUEST_IMAGE，可以開啓內建相機程式。

↪ onActivityResult()方法：顯示照相結果

因爲startActivityForResult()方法啓動有回傳值的相機程式，所以我們可以在onActivityResult()方法取得回傳相片，在建立成Bitmap物件後，顯示在ImageView元件，如下所示：

```
@Override
protected void onActivityResult(int requestCode,
                  int resultCode, Intent data) {
  if (requestCode == REQUEST_IMAGE &&
      resultCode == Activity.RESULT_OK) {
    Bitmap userImage = (Bitmap) data.getExtras().get("data");
    image.setImageBitmap(userImage);
  }
}
```

上述if條件判斷REQUEST_IMAGE回傳碼，和結果碼是否是成功回傳資料的RESULT_OK，就可以取出Intent物件附加資料的Bitmap物件，然後呼叫setImageBitmap()方法顯示在ImageView元件。

↪ Android Studio專案：Ch11_4

Android應用程式是一個簡單的照相程式，使用Intent啟動行動裝置內建相機程式來照相，然後在下方ImageView元件顯示取得的相片，其執行結果如下圖所示：

按上方【啟動相機照相】鈕，可以啟動內建相機，當按下快門鈕照相後，可以預覽照相內容，如下圖所示：

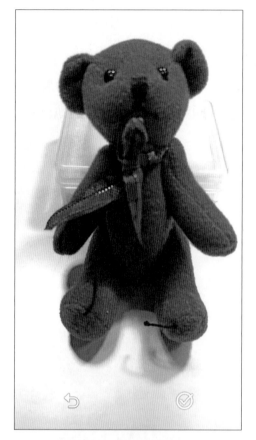

當預覽相片沒有問題，請按圓形勾號回到Android程式，可以在下方ImageView元件顯示相片內容。

↪ **佈局檔：\res\layout\activity_main.xml**

在佈局檔刪除預設TextView元件後，垂直編排1個Button和1個ImageView元件，如下圖所示：

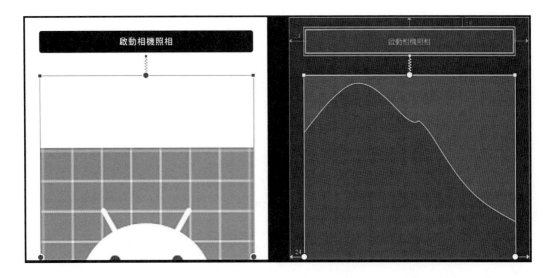

⤶ 介面元件屬性

在「Component Tree」元件樹視窗可以看到使用介面元件的結構，如下圖所示：

在元件樹的介面元件由上而下更改的屬性值，如下表所示：

介面元件	屬性	屬性值
Button	id	button
Button	layout_width	0dp
Button	text	啟動相機照相
Button	onClick	button_Click
ImageView	id	imageView
ImageView	layout_width	0dp
ImageView	layout_height	0dp
ImageView	scaleType	fitCenter
ImageView	srcCompat	@mipmap/ic_launcher

📤 Java程式：MainActivity.java

```
01: public class MainActivity extends AppCompatActivity {
02:     private static final int REQUEST_IMAGE = 100;
03:     private ImageView image;
04:     @Override
05:     protected void onCreate(Bundle savedInstanceState) {
06:         super.onCreate(savedInstanceState);
07:         setContentView(R.layout.activity_main);
08:         // 取得ImageView元件
09:         image = (ImageView)findViewById(R.id.imageView);
10:     }
11:     // Button元件的事件處理
12:     public void button_Click(View view) {
13:         Intent intent = new Intent(
14:             MediaStore.ACTION_IMAGE_CAPTURE);
15:         startActivityForResult(intent, REQUEST_IMAGE);
16:     }
17:     @Override
18:     protected void onActivityResult(int requestCode,
19:                         int resultCode, Intent data) {
20:         if (requestCode == REQUEST_IMAGE &&
21:             resultCode == Activity.RESULT_OK) {
22:           Bitmap userImage = (Bitmap) data.getExtras().get("data");
23:             image.setImageBitmap(userImage);
24:         }
25:     }
26: }
```

📤 程式說明

➲ **第5~10行**：在onCreate()方法的第9行取得ImageView元件。

➲ **第12~16行**：button_Click()方法是在第13~14行建立Intent物件，第15行呼叫startActivityForResult()方法啟動內建相機。

● **第18~25行**：onActivityResult()方法可以取得回傳資料，在第20~24行的if
條件判斷是否是回傳碼，而且是RESULT_OK，如果是，就在第22行取得
Bitmap物件的相片後，第23行顯示在ImageView元件。

11-5 繪圖

　　Android支援2D繪圖，可以在繼承View類別覆寫的onDraw()方法進行繪
圖，如下所示：

```
public class Draw2D extends View {
  public Draw2D(Context context) {
    super(context);
  }
  @Override
  protected void onDraw(Canvas canvas) {
    // 在此繪圖
  }
}
```

　　上述Draw2D類別是繼承自View類別，我們可以在覆寫的onDraw()方
法建立畫布和繪圖，使用的是參數Canvas物件的方法。在活動類別的覆寫
onCreate()方法可以建立Draw2D物件，如下所示：

```
@Override
public void onCreate(Bundle savedInstanceState) {
  super.onCreate(savedInstanceState);
  Draw2D d = new Draw2D(this);
  setContentView(d);
}
```

　　上述setContentView()方法的參數就是Draw2D物件d。

建立畫布

在畫布繪圖之前，我們需要先建立畫筆的Paint物件，如下所示：

```
Paint paint = new Paint();
paint.setStyle(Paint.Style.FILL);
```

上述setStyle()方法指定畫筆的樣式，然後將整個Canvas物件填滿白色的背景色彩，首先使用setColor()方法指定畫筆色彩為白色，如下所示：

```
paint.setColor(Color.WHITE);
canvas.drawPaint(paint);
```

上述程式碼呼叫參數Canvas物件的drawPaint()方法，在背景填滿畫筆繪出的色彩，因為畫筆是白色，所以填滿白色的背景色彩。

繪出圓形

在畫布繪出圓形是使用Canvas物件的drawCircle()方法，首先使用setAntiAlias()方法指定畫筆線條沒有鋸齒狀和色彩為紅色，如下所示：

```
paint.setAntiAlias(true);
paint.setColor(Color.RED);
canvas.drawCircle(80, 30, 25, paint);
```

上述drawCircle()方法的前2個參數是(x, y)座標，第3個參數是半徑，最後1個參數是畫筆Paint物件。

繪出長方形

繪出長方形是使用drawRect()方法，方法的參數為兩組(x, y)，分別是左上角和右下角座標，最後1個參數是畫筆，如下所示：

```
paint.setColor(Color.BLUE);
canvas.drawRect(20, 15, 50, 100, paint);
```

上述程式碼在指定畫筆為藍色後，使用此畫筆繪出長方形。

繪出資源圖形

　　在畫布上也可以繪出Android專案圖形資源的圖檔，首先取得資源的Resources物件，如下所示：

```
Resources res = this.getResources();
Bitmap bitmap = BitmapFactory.decodeResource(
            res, R.mipmap.mouse);
canvas.drawBitmap(bitmap, 50 ,200 , paint);
```

　　上述程式碼使用BitmapFactory類別的decodeResource()方法，將資源索引的圖檔轉換成Bitmap物件後，使用drawBitmap()方法繪出圖檔，第1個參數是Bitmap物件，第2和3個參數是位置(x, y)座標，最後1個參數是Paint物件。

繪出文字內容

　　同樣的，在畫布上也可以繪出一段文字內容，首先指定畫筆色彩、樣式、線條和字型尺寸，如下所示：

```
paint.setColor(Color.GREEN);
paint.setStyle(Paint.Style.FILL);
paint.setAntiAlias(true);
paint.setTextSize(30);
```

　　上述setTextSize()方法可以指定字型尺寸，然後呼叫drawText()方法繪出一段文字內容，如下所示：

```
canvas.drawText("我的Android應用程式!", 50, 180, paint);
```

　　上述方法是在第2和3個參數的(x, y)座標繪出第1個參數的字串，使用的畫筆是最後1個參數的Paint物件。

繪出旋轉文字

不只如此，我們還可以在畫布上繪出一段旋轉文字。首先指定畫筆色彩、字型尺寸和繪出字串，如下所示：

```
paint.setColor(Color.BLACK);
paint.setTextSize(25);
String str = "旋轉的Android應用程式!";
canvas.rotate(-45, 200, 200);
paint.setStyle(Paint.Style.FILL);
canvas.drawText(str, 200, 200, paint);
```

上述rotate()方法的第1個參數是旋轉角度，第2和3個參數是旋轉軸座標(200, 200)，以此座標為軸心來旋轉第1個參數的角度。

Android Studio專案：Ch11_5

在Android應用程式建立Draw2D類別檔來測試上述各種2D繪圖方法，其執行結果如下圖所示：

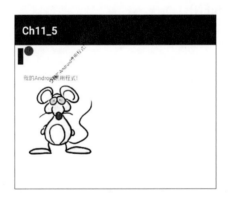

專案的圖形資源

Android Studio專案已經參考第6-3-1節步驟新增PNG圖檔mouse.png的圖形資源，如下圖所示：

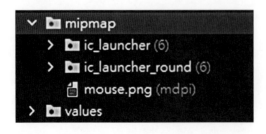

🖙 Java程式：**MainActivity.java**

```
01: public class MainActivity extends AppCompatActivity {
02:    @Override
03:    protected void onCreate(Bundle savedInstanceState) {
04:        super.onCreate(savedInstanceState);
05:        Draw2D d = new Draw2D(this);
06:        setContentView(d);
07:    }
08: }
```

🖙 程式說明

⊃ **第3~7行：** 在onCreate()方法的第5行建立Draw2D物件，第6行指定顯示內容為Draw2D物件。

🖙 Java程式：**Draw2D.java**

在Android Studio專案需要新增名為【Draw2D.java】的Java類別檔，其步驟如下所示：

STEP01 請在「Project」視窗展開「app\java」目錄，然後在【com.example. ch11_5】套件名稱上，執行【右】鍵快顯功能表的「New>Java Class」命令，輸入名稱【Draw2D】，按 ENTER 鍵新增Java類別檔。

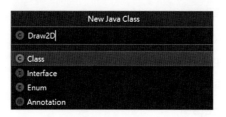

STEP02 在右邊可以看到建立的Java類別檔，然後請輸入Java程式碼，如下所示：

```
01: public class Draw2D extends View {
02:    public Draw2D(Context context) {
03:        super(context);
04:    }
```

```
05:     @Override
06:     protected void onDraw(Canvas canvas) {
07:         super.onDraw(canvas);
08:         // 建立Paint物件
09:         Paint paint = new Paint();
10:         paint.setStyle(Paint.Style.FILL);
11:         // 在整個Canvas物件的背景填滿色彩
12:         paint.setColor(Color.WHITE);
13:         canvas.drawPaint(paint);
14:         // 畫圓
15:         paint.setAntiAlias(true);
16:         paint.setColor(Color.RED);
17:         canvas.drawCircle(80, 30, 25, paint);
18:         // 畫長方形
19:         paint.setColor(Color.BLUE);
20:         canvas.drawRect(20, 15, 50, 100, paint);
21:         // 畫出資源圖形
22:         Resources res = this.getResources();
23:         Bitmap bitmap = BitmapFactory.decodeResource(
                    res, R.mipmap.mouse);
24:         canvas.drawBitmap(bitmap, 50 ,200 , paint);
25:         // 畫出文字內容
26:         paint.setColor(Color.GREEN);
27:         paint.setStyle(Paint.Style.FILL);
28:         paint.setAntiAlias(true);
29:         paint.setTextSize(30);
30:         canvas.drawText("我的Android應用程式!", 50, 180, paint);
31:         // 畫出旋轉的文字
32:         paint.setColor(Color.BLACK);
33:         paint.setTextSize(25);
34:         String str = "旋轉的Android應用程式!";
35:         // 旋轉繪出文字內容
36:         canvas.rotate(-45, 200, 200);
37:         paint.setStyle(Paint.Style.FILL);
```

```
38:        canvas.drawText(str, 200, 200, paint);
39:    }
40: }
```

🖋 程式說明

● **第1~40行**：Draw2D類別繼承View類別，在第2~4行是類別建構子，第6~39行的onDraw()覆寫方法就是繪圖的程式碼，方法參數是Canvas物件。

● **第9~13行**：建立Paint物件後，在第11行指定樣式為填滿，第12~13行呼叫drawPaint()方法填滿整個Canvas物件的背景色彩為白色。

● **第15~17行**：繪出紅色填滿圓形。

● **第19~20行**：繪出藍色填滿長方形。

● **第22~24行**：繪出專案資源圖檔的內容，使用的是Bitmap物件和drawBitmap()方法。

● **第26~30行**：在第26~29行指定畫筆的色彩、樣式和文字尺寸，然後第30行繪出文字內容。

● **第32~38行**：在第32~34行指定畫筆和欲繪出的文字內容，第36~38行繪出旋轉文字。

1. 請問Android應用程式可以使用什麼元件來顯示圖檔?

2. 請問什麼是Android的原料資源 (raw resources)?

3. 在Android應用程式可以使用_____物件來播放音樂,_____元件來播放影片,_____物件控制影片的播放。

4. 請問如何使用Intent物件啟動內建相機程式?

5. 請問當使用內建相機程式照相後,在Android應用程式是如何取得照相內容?

6. 請簡單說明Android程式碼如何執行繪圖功能?

7. 請問如何在Canvas畫布上繪出專案圖形資源的圖形?

8. 請修改第11-1節的Android Studio專案,改用RadioGroup和RadioButton元件選擇顯示的圖檔。

12 綜合應用(二):
感測器與瀏覽器

⊗ **12-1** 行動瀏覽器
⊗ **12-2** 體感控制:傾斜與搖晃偵測
⊗ **12-3** 數位羅盤:指南針

12-1 行動瀏覽器

雖然Android作業系統內建有瀏覽器程式，不過，我們還是可以整合網頁瀏覽功能至我們自己的Android應用程式，使用的是WebView元件。

■ 12-1-1 使用WebView元件瀏覽網頁

在Android應用程式可以使用WebView元件瀏覽網頁內容，換句話說，我們可以使用WebView元件建立自己的行動瀏覽器。

⤷ loadUrl()方法：在WebView元件載入網頁內容

WebView元件是一個瀏覽器元件，在Android Studio的「Palette」視窗是位在「Widgets」區段，我們只需拖拉WebView元件，就可以在佈局檔建立載入網頁內容的區域，如下圖所示：

上述WebView元件的常用屬性就是區域尺寸的寬（layout_width屬性）和高（layout_height屬性）。我們是呼叫loadUrl()方法來載入參數URL網址字串的網頁內容，如下所示：

```
WebView web = (WebView) findViewById(R.id.webView);
web.loadUrl(strUrl);
```

上述程式碼取得WebView元件後，呼叫loadUrl()方法載入參數的URL網址字串，這是使用EditText元件輸入URL網址。然後，我們可以呼叫setScrollBarStyle()方法指定捲動軸的顯示樣式，如下所示：

```
web.setScrollBarStyle(View.SCROLLBARS_INSIDE_OVERLAY);
```

上述方法參數的常數值有：SCROLLBARS_INSIDE_OVERLAY、SCROLLBARS_INSIDE_INSET、SCROLLBARS_OUTSIDE_OVERLAY或SCROLLBARS_OUTSIDE_INSET。

↪ WebSettings類別：啟用WebView元件的功能

如果沒有啟用WebView元件的相關功能，WebView元件是一個非常陽春的瀏覽器，可以顯示網頁內容，但是，不支援縮放；不支援JavaScript，而且點選超連結是使用內建程式來開啟。

所以，我們需要使用android.webkit套件的類別來啟用和控制WebView本身的行為，主要有WebSettings、WebViewClient和WebChromeClient（此類別在下一節說明）三個類別。

我們是使用WebView元件的getSettings()方法取得WebSettings設定物件，然後呼叫相關方法來啟用WebView元件的功能，如下所示：

```
WebView web = (WebView) findViewById(R.id.webView);
web.getSettings().setJavaScriptEnabled(true);
```

上述程式碼呼叫WebSettings物件的setJavaScriptEnabled()方法啟用JavaScript。常用方法說明如下表所示：

方法	說明
setBuiltInZoomControls()	是否啟用縮放功能，參數值true是啟用；false為不啟用
setJavaScriptEnabled()	是否啟用JavaScript功能，參數值true是啟用；false為不啟用

🔗 WebViewClient類別：讓WebView元件可以瀏覽網頁

基本上，我們建立繼承WebViewClient類別的目的是當使用者在網頁點選超連結時，不會顯示選單讓使用者選擇處理程式，而是直接在WebView元件中載入新網頁，如下所示：

```
class myWebViewClient extends WebViewClient {
  @SuppressWarnings("deprecation")
  @Override        // 舊版本
  public boolean shouldOverrideUrlLoading(WebView view, String url) {
    web.loadUrl(url);
    return true;
  }
  @TargetApi(Build.VERSION_CODES.N)
  @Override        // 目標API 24以上版本
  public boolean shouldOverrideUrlLoading(WebView view,
            WebResourceRequest request) {
    web.loadUrl(request.getUrl().toString());
    return true;
  }
}
```

上述myWebViewClient類別繼承WebViewClient類別，我們需要覆寫shouldOverrideUrlLoading()方法載入新網頁，2個同名方法是因為不同API版本的參數型態不同，其說明如下所示：

- **第1個shouldOverrideUrlLoading()方法**：第2個參數是String，這是舊版本，因為方法前使用@SuppressWarnings("deprecation")註記，所以Android Studio不會顯示刪除線，適用API 24以下版本。

- **第2個shouldOverrideUrlLoading()方法**：第2個參數是WebResourceRequest物件，我們需要呼叫getUrl()方法取得URL網址字串，在方法前使用@TargetApi(Build.VERSION_CODES.N)註記，表示此方法適用API 24以上版本。

在WebView物件是呼叫setWebViewClient()方法指定使用的WebVeiwClient物件，如下所示：

```
web.setWebViewClient(new myWebViewClient());
```

↪ Android Studio專案：Ch12_1_1

在Android應用程式建立簡單的行動瀏覽器，只需輸入網址，按下按鈕，可以瀏覽網頁，預設載入Google首頁，其執行結果如下圖所示：

在欄位輸入新的URL網址，按【移至】鈕，可以進入Yahoo網站的首頁，如下圖所示：

佈局檔：\res\layout\activity_main.xml

在佈局檔刪除預設TextView元件後，水平編排1個EditText（Plain Text）和1個Button元件後，在下方新增1個WebView元件，如下圖所示：

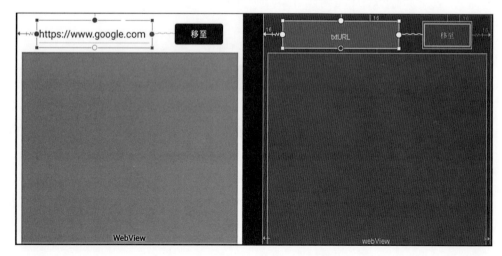

⤳ 介面元件屬性

在「Component Tree」元件樹視窗可以看到使用介面元件的結構，如下圖所示：

在元件樹的介面元件由上而下更改的屬性值，如下表所示：

介面元件	id屬性值	text屬性值	onClick屬性值
EditText	txtURL	https://www.google.com	N/A
Button	button	移至	button_Click
WebView	webView	N/A	N/A

⤳ Java程式：**MainActivity.java**

```
01: public class MainActivity extends AppCompatActivity {
02:    private WebView web;
03:    private EditText txtUrl;
04:    @Override
05:    protected void onCreate(Bundle savedInstanceState) {
06:      super.onCreate(savedInstanceState);
07:      setContentView(R.layout.activity_main);
08:      web = (WebView) findViewById(R.id.webView);
09:      // 初始WebView元件
10:      web.getSettings().setJavaScriptEnabled(true);
11:      web.setScrollBarStyle(
              View.SCROLLBARS_INSIDE_OVERLAY);
12:      web.setWebViewClient(new myWebViewClient());
13:      // 取得EditText元件
```

```
14:        txtUrl = (EditText) findViewById(R.id.txtURL);
15:        String strUrl = txtUrl.getText().toString();
16:        web.loadUrl(strUrl);   // 載入網頁
17:    }
18:    // 宣告繼承WebViewClient的類別
19:    class myWebViewClient extends WebViewClient {
20:        @SuppressWarnings("deprecation")
21:        @Override        // 舊版本
22:        public boolean shouldOverrideUrlLoading(WebView view,
                            String url) {
23:            web.loadUrl(url);
24:            return true;
25:        }
26:        @TargetApi(Build.VERSION_CODES.N)
27:        @Override        // 目標API 24以上版本
28:        public boolean shouldOverrideUrlLoading(WebView view,
                    WebResourceRequest request) {
29:            web.loadUrl(request.getUrl().toString());
30:            return true;
31:        }
32:    }
33:    // Button元件的事件處理
34:    public void button_Click(View view) {
35:        String strUrl = txtUrl.getText().toString();
36:        web.loadUrl(strUrl);
37:    }
38: }
```

⤷ 程式說明

- ➲ **第5~17行：** 在onCreate()方法的第8行取得WebView元件，第10~12行初始WebView元件，依序啓用JavaScript、指定捲動軸樣式，和指定WebViewClient物件是第19~32行myWebViewClient類別的物件，在第14~15行取得EditText元件輸入的URL網址，第16行呼叫loadUrl()方法載入參數URL網址的首頁。

- ➲ **第19～32行：** 內層myWebViewClient類別宣告，此類別是繼承WebViewClient類別覆寫shouldOverrideUrlLoading()方法，因爲不同API版本的參數不同，所以有2個，第20~25行是舊版，第20行取消顯示舊版警告訊息，如果沒有此行，在方法上會加上刪除線，在第26~31行是API 24新版的同名方法，在第26行指定API版本，2個方法都是呼叫loadUrl()方法載入參數的URL網址。

說明

在本節的程式是建立WebViewClient類別宣告，然後在第12行的setWebViewClient()方法參數建立此類別的物件，另一種比較簡潔的寫法是使用匿名內層類別（因爲繼承子類別沒有命名），將覆寫方法直接寫在setWebViewClient()方法的參數，如下所示：

```
web.setWebViewClient(new WebViewClient() {
    @SuppressWarnings("deprecation")
    @Override        // 舊版本
    public boolean shouldOverrideUrlLoading(WebView view,
                    String url) {
        web.loadUrl(url);
        return true;
    }
    @TargetApi(Build.VERSION_CODES.N)
    @Override        // 目標API 24以上版本
    public boolean shouldOverrideUrlLoading(WebView view,
                    WebResourceRequest request) {
```

```
        web.loadUrl(request.getUrl().toString());
        return true;
    }
});
```

上述程式碼使用new關鍵子建立WebViewClient物件，隱含是建立一個繼承的子物件來覆寫shouldOverrideUrlLoading()方法。

⊃ **第34~37行**：button_Click()方法是在第36行呼叫loadUrl()方法在WebView元件載入參數URL網址的首頁，這是EditText元件輸入的URL網址字串。

設定檔：\manifests\AndroidManifest.xml

行動瀏覽器因為需要連線Internet，所以在AndroidManifest.xml檔新增INTERNET權限，如下所示：

```
<uses-permission android:name="android.permission.INTERNET"/>
```

12-1-2 使用ProgressBar元件顯示載入網頁進度

在行動瀏覽器的WebView元件可以配合ProgressBar元件，顯示載入網頁的執行進度。

ProgressBar元件

在Android Studio的「Palette」視窗的「Widgets」區段可以看到ProgressBar元件，我們只需拖拉ProgressBar元件，就可以在佈局檔建立顯示進度的元件，如下圖所示：

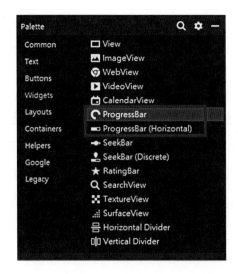

上述ProgressBar元件共有2種，第2個是水平進度列，常用屬性說明如下表所示：

屬性	說明
max	定義進度列的最大值
progress	定義預設的進度值，範圍是從0~max

⤷ WebChromeClient類別

WebChromeClient類別主要是用來處理JavaScript對話方塊、標題和進度，我們是使用WebView物件的setWebChromeClient()方法來指定WebChromeClient物件，在這一節筆者改用匿名內層類別來建立，如下所示：

```
web = (WebView) findViewById(R.id.webView);
web.setWebChromeClient(new WebChromeClient() {
  @Override
  public void onProgressChanged(WebView view,int progress) {
    progressBar.setProgress(progress);
    super.onProgressChanged(view, progress);
  }
});
```

上述WebChromeClient物件覆寫onProgressChanged()方法，可以更新ProgressBar元件的載入進度，程式碼是呼叫setProgress()方法更改顯示的進度，即參數progress的值。

⤷ onBackPressed()方法：使用goBack()方法回到上一頁

當使用者在WebView元件的網頁點選超連結進入其他網頁後，我們可以按下裝置的 Back 返回鍵回到上一頁。返回鍵如同第5-4節的按鍵事件，我們在MainActivity活動類別只需覆寫onBackPressed()方法，就可以處理返回鍵，如下所示：

```
@Override
public void onBackPressed() {
    if (web.canGoBack()) {
        web.goBack();
        return;
    }
    super.onBackPressed();
}
```

上述if條件呼叫canGoBack()方法判斷是否有上一頁，如果有，就呼叫goBack()方法回到上一頁。

⤷ Android Studio專案：Ch12_1_2

這個Android應用程式是修改上一節的行動瀏覽器，新增載入進度的顯示，和按下裝置的 Back 鍵回到上一頁，其執行結果如下圖所示：

在上述URL欄位下方的水平線條就是ProgressBar元件。

佈局檔：\res\layout\activity_main.xml

本節佈局檔和上一節只差位在WebView元件上方的ProgressBar元件（id屬性值【progressBar】），如下圖所示：

⤴ Java程式：MainActivity.java

```
01: public class MainActivity extends AppCompatActivity {
02:    private WebView web;
03:    private EditText txtUrl;
04:    private ProgressBar progressBar;
05:    @Override
06:    protected void onCreate(Bundle savedInstanceState) {
07:      super.onCreate(savedInstanceState);
08:      setContentView(R.layout.activity_main);
09:      web = (WebView) findViewById(R.id.webView);
10:      // 初始WebView元件
...
14:      progressBar = (ProgressBar) findViewById(R.id.progressBar);
15:      web.setWebChromeClient(new WebChromeClient() {
16:        @Override
17:        public void onProgressChanged(WebView view,
                   int progress) {
18:          progressBar.setProgress(progress);
19:          super.onProgressChanged(view, progress);
20:        }
21:      });
22:      // 取得EditText元件
23:      txtUrl = (EditText) findViewById(R.id.txtURL);
24:      String strUrl = txtUrl.getText().toString();
25:      web.loadUrl(strUrl);   // 載入網頁
26:    }
27:    // 宣告繼承WebViewClient的類別
...
47:    @Override
48:    public void onBackPressed() {
49:      if (web.canGoBack()) { // 是否有上一頁
50:        web.goBack();     // 移至上一頁
51:        return;
```

```
52:      }
53:      super.onBackPressed();
54:   }
55: }
```

📤 程式說明

⊃ **第14~21行**：在第14行取得ProgressBar元件，第15~21行呼叫
setWebChromeClient()方法指定WebChromeClient物件，使用的是匿名內層
類別，在第17~20行覆寫onProgressChanged()方法，第18行更新進度。

⊃ **第48~54行**：覆寫的onBackPressed()方法是在第49~52行的if條件是使用
canGoBack()方法判斷是否有上一頁，如果有，就在第50行呼叫goBack()方
法回到上一頁。

📤 設定檔：\manifests\AndroidManifest.xml

行動瀏覽器因為需要連線Internet，所以在AndroidManifest.xml檔新增
INTERNET權限，如下所示：

```
<uses-permission android:name="android.permission.INTERNET"/>
```

12-2 體感控制：傾斜與搖晃偵測

Android支援多種感測器來監測行動裝置目前的狀態，我們最常使用的是「加速感測器」（accelerometer），在本節是以加速感測器為例，說明如何應用在簡單的體感控制。

12-2-1 取得加速感測器的值

加速感測器是可以偵測行動裝置X、Y和Z軸3D移動的感測器，和相對於目前位置的改變，讓我們偵測行動裝置目前是否有移動、傾斜和移動的加速值。當我們將行動裝置平放至桌面上時，X、Y和Z軸的移動座標，如下圖所示：

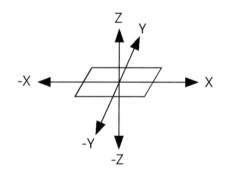

上述圖例如果將行動裝置向左右方向移動是X軸，向左是負值；向右是正值，前後移動是Y軸，移近是負值；遠離是正值，上下移動是Z軸，在表面之上是正值；位在表面之下是負值。

▷ 取得Sensor加速感測器物件

我們首頁需要取得感測器系統服務SensorManager物件後，就可以取得加速感測器物件，如下所示：

```
SensorManger sm = (SensorManager)
    getSystemService(SENSOR_SERVICE);
Sensor as = sm.getDefaultSensor(Sensor.TYPE_ACCELEROMETER);
```

上述程式碼呼叫getSystemService()方法取得參數SENSOR_SEVICE感測器服務，然後呼叫getDefaultSensor()方法取得參數的加速感測器物件。常用的感測器常數，如下表所示：

常數	說明
TYPE_ACCELEROMETER	加速感測器
TYPE_MAGNETIC_FIELD	磁場感測器
TYPE_LIGHT	光線感測器
TYPE_PROIMITY	距離感測器
TYPE_GRAVITY	重力感測器

➢ 註冊SensorEventListener傾聽者物件

在取得加速感測器物件後，我們需要註冊SensorEventListener傾聽者物件來取得感測器的偵測值，因為系統服務通常都需要大量電力的供應，為了節省電力，我們只有在真正需要時才會使用這些服務，以活動生命周期來說，建議是在onResume()方法註冊服務的傾聽者物件；onPause()方法取消註冊服務的傾聽者物件。

我們是在MainActivity活動類別實作SensorEventListener介面作為傾聽者物件，此介面有onSensorChanged()方法（當感測器值改變時呼叫）和onAccuracyChanged()方法（當準確度改變時呼叫），如下所示：

```
public class MainActivity extends AppCompatActivity
    implements SensorEventListener {
    …
}
```

然後在onResume()方法註冊傾聽者物件，如下所示：

```
@Override
protected void onResume() {
    super.onResume();
    sm.registerListener(this, as,
```

```
                 SensorManager.SENSOR_DELAY_NORMAL);
}
```

上述程式碼呼叫registerListerner()方法註冊傾聽者物件，第1個參數是活動自己，第2個是加速感測器物件，第3個是偵測頻率，其常數值的說明，如下表所示：

常數值	說明
SENSOR_DELAY_NORMAL	正常延遲，約0.2秒
SENSOR_DELAY_UI	適用使用介面的延遲，約0.06秒
SENSOR_DELAY_GAME	適用遊戲的延遲，約0.02秒
SENSOR_DELAY_FASTEST	最快速的頻率，即沒有延遲

在onPause()方法是呼叫unregisterListener()方法取消註冊傾聽者物件，如下所示：

```
@Override
protected void onPause() {
  super.onPause();
  sm.unregisterListener(this);
}
```

取得目前加速感測器的值

在註冊傾聽者物件後，當設定的延遲時間到時，就可以在onSensorChanged()方法取得目前加速感測器的偵測值，如下所示：

```
@Override
public void onSensorChanged(SensorEvent sensorEvent) {
  Sensor mySensor = sensorEvent.sensor;
  if (mySensor.getType() == Sensor.TYPE_ACCELEROMETER) {
    float x = sensorEvent.values[0];
    float y = sensorEvent.values[1];
```

```
    float z = sensorEvent.values[2];
    output.setText("X軸: " + x + "\nY軸: " + y + "\nZ軸: " + z);
    }
}
```

上述程式碼取得參數Sensor物件後，使用if條件判斷是否是加速感測器，如果是，就取得values[]陣列的X、Y和Z軸的值，其索引值依序是0~2，值的範圍是-10~10之間的浮點數。

📤 Android Studio專案：Ch12_2_1

在Android應用程式取得加速感測器X、Y和Z軸的值，其執行結果如下圖所示：

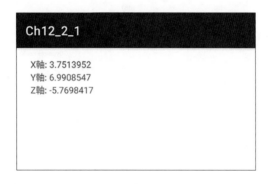

請在Android模擬器右邊垂直工具列，點選最下方【...】開啓「Extended controls」對話方塊，然後在左邊選【Virtual sensors】，就可以在右方使用滑鼠移動手機圖形來變更感測器的值，如下圖所示：

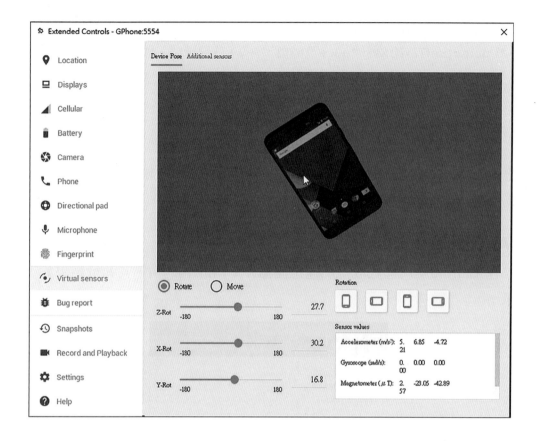

位在上述圖例右下角的表格可以顯示感測器的值,第1行是加速感測器 Accelerometer;第2行是Magmetometer磁場感測器。

📥 佈局檔:\res\layout\activity_main.xml

在佈局檔選預設TextView元件和調整位置後,在「Attributes」視窗的【id】屬性欄輸入【lblOutput】,就完成使用介面設計。

📥 Java程式:MainActivity.java

請在Android Studio執行「Code>Override Methods」命令,在 MainActivity類別新增onResume()和onPause()方法,如下所示:

```
01: public class MainActivity extends AppCompatActivity
02:    implements SensorEventListener {
03:    private TextView output;
04:    private SensorManager sm;
05:    private Sensor as;
```

```
06:    @Override
07:    protected void onCreate(Bundle savedInstanceState) {
08:      super.onCreate(savedInstanceState);
09:      setContentView(R.layout.activity_main);
10:      // 取得TextView元件
11:      output = (TextView) findViewById(R.id.lblOutput);
12:      // 取得感測器系統服務
13:      sm = (SensorManager)
            getSystemService(SENSOR_SERVICE);
14:      // 取得加速感測器
15:      as = sm.getDefaultSensor(Sensor.TYPE_ACCELEROMETER);
16:    }
17:    @Override
18:    protected void onResume() {
19:      super.onResume();
20:      // 註冊SensorEventListener傾聽者物件
21:      sm.registerListener(this, as,
            SensorManager.SENSOR_DELAY_NORMAL);
22:    }
23:    @Override
24:    protected void onPause() {
25:      super.onPause();
26:      // 取消註冊SensorEventListener傾聽者物件
27:      sm.unregisterListener(this);
28:    }
29:    @Override
30:    public void onSensorChanged(SensorEvent sensorEvent) {
31:      Sensor mySensor = sensorEvent.sensor;
32:      if (mySensor.getType() ==
              Sensor.TYPE_ACCELEROMETER) {
33:        // 取得三個方向的加速感測器值
34:        float x = sensorEvent.values[0];
35:        float y = sensorEvent.values[1];
36:        float z = sensorEvent.values[2];
```

```
37:        output.setText("X軸: "+x+"\nY軸: "+y+"\nZ軸: "+z);
38:     }
39:   }
40:   @Override
41:   public void onAccuracyChanged(Sensor sensor, int i) { }
42: }
```

程式說明

- **第1~42行**：MainActivity類別繼承AppCompatActivity類別實作SensorEventListener介面，介面有第30~41行的2個方法，我們只使用onSensorChanged()方法。

- **第7~16行**：onCreate()方法是在第13~15行取得加速感測器物件。

- **第18~28行**：分別在onResume()方法和onPause()方法註冊和取消註冊傾聽者物件。

- **第30~39行**：onSensorChanged()方法是在第34~36行取得X、Y和Z軸的值，values[]陣列的索引值依序是0~2。

12-2-2　行動裝置傾斜偵測

傾斜偵測是使用加速感測器取得的X和Y軸值來判斷行動裝置目前是否傾斜，讓Android行動裝置如同是一個簡單的水平儀。

鎖定活動的方向

在實務上，我們建立的Android應用程式有時需要鎖定活動方向為橫向（Landscape）或直向（Portrait），此時請開啓AndroidManifest.xml檔案，在<activity>標籤新增android:screenOrientation屬性，屬性值portrait是直向；landscape是橫向，例如：鎖定活動方向為直向，如下所示：

```
<activity android:name=".MainActivity"
   android:screenOrientation="portrait">
   <intent-filter>
     …
```

```
    </intent-filter>
</activity>
```

⤴ 偵測行動裝置是否傾斜來顯示不同深淺的顏色

我們是在onSensorChanged()方法偵測行動裝置是否傾斜，以便顯示不同深淺的顏色，如下所示：

```
@Override
public void onSensorChanged(SensorEvent sensorEvent) {
    Sensor mySensor = sensorEvent.sensor;
    if (mySensor.getType() == Sensor.TYPE_ACCELEROMETER) {
        int xf, yf;
        float x = sensorEvent.values[0]/10;
        float y = sensorEvent.values[1]/10;
        xf = (int) Math.min(Math.abs(x) * 255, 255);
        yf = (int) Math.min(Math.abs(y) * 255, 255);
```

上述程式碼取得values[]陣列值的X和Y軸後，計算色彩透明度來顯示不同層次的深淺，即xf和yf變數，然後在下方if/else條件顯示四個方向Button元件不同深淺的洋紅色背景色彩，當x > 0顯示左邊的Button元件；否則是顯示右邊的Button元件，Color.TRANSPARENT是將背景設為透明，如下所示：

```
    if (x > 0) {
        right.setBackgroundColor(Color.TRANSPARENT);
        left.setBackgroundColor(Color.argb(xf, 255, 0, 255));
    } else {
        right.setBackgroundColor(Color.argb(xf, 255, 0, 255));
        left.setBackgroundColor(Color.TRANSPARENT);
    }
    if (y > 0) {
        top.setBackgroundColor(Color.TRANSPARENT);
        bottom.setBackgroundColor(Color.argb(yf, 255, 0, 255));
    } else {
```

```
        top.setBackgroundColor(Color.argb(yf, 255, 0, 255));
        bottom.setBackgroundColor(Color.TRANSPARENT);
    }
    output.setText("X軸: " + x + "  Y軸: " + y);
    }
}
```

上述if/else條件的y > 0是顯示下方的Button元件；否則是上方的Button元件，最後在TextView元件顯示加速感測器X和Y軸的值。

☞ Android Studio專案：Ch12_2_2

在Android應用程式取得加速感測器X和Y軸的值來判斷行動裝置是否有傾斜，以便在此方向的Button元件顯示不同深淺的背景顏色，其執行結果如下圖所示：

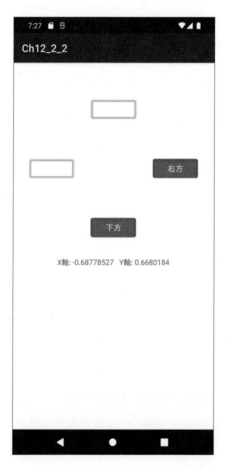

當行動裝置水平時，當我們將任何一個方向向上或向下傾斜時，該方向Button元件顯示的背景洋紅色會愈深，在下方顯示X和Y軸的值。

佈局檔：\res\layout\activity_main.xml

在佈局檔刪除預設TextView元件後，即可在四個方向各編排1個Button元件，然後在下方新增1個TextView元件，如下圖所示：

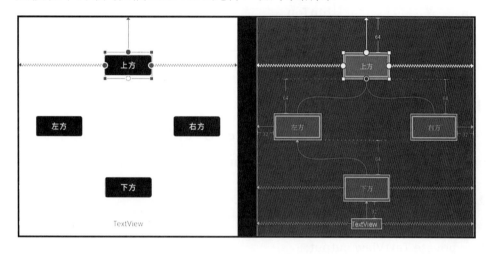

介面元件屬性

在「Component Tree」元件樹視窗可以看到使用介面元件的結構，如下圖所示：

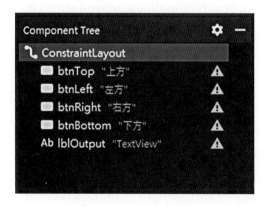

在元件樹的介面元件由上而下更改的屬性值，如下表所示：

介面元件	id屬性值	text屬性值
Button	btnLeft	左方
Button	btnRight	右方
Button	btnBottom	下方
Button	btnTop	上方
TextView	lblOutput	TextView

🖉 Java程式：MainActivity.java

請在Android Studio執行「Code>Override Methods」命令，在MainActivity類別新增onResume()和onPause()方法，如下所示：

```
01: public class MainActivity extends AppCompatActivity
02:     implements SensorEventListener {
03:    private TextView output;
04:    private Button top, bottom, right, left;
05:    private SensorManager sm;
06:    private Sensor as;
07:    @Override
08:    protected void onCreate(Bundle savedInstanceState) {
09:       super.onCreate(savedInstanceState);
10:       setContentView(R.layout.activity_main);
11:       // 取得TextView和Button元件
12:       output = (TextView) findViewById(R.id.lblOutput);
13:       top = (Button) findViewById(R.id.btnTop);
14:       bottom = (Button) findViewById(R.id.btnBottom);
15:       left = (Button) findViewById(R.id.btnLeft);
16:       right = (Button) findViewById(R.id.btnRight);
17:       // 取得感測器系統服務
18:       sm = (SensorManager)
            getSystemService(SENSOR_SERVICE);
19:       // 取得加速感測器
```

```
20:        as = sm.getDefaultSensor(Sensor.TYPE_ACCELEROMETER);
21:    }
22:    @Override
23:    protected void onResume() {
24:        super.onResume();
25:        // 註冊SensorEventListener傾聽者物件
26:        sm.registerListener(this, as,
             SensorManager.SENSOR_DELAY_NORMAL);
27:    }
28:    @Override
29:    protected void onPause() {
30:        super.onPause();
31:        // 取消註冊SensorEventListener傾聽者物件
32:        sm.unregisterListener(this);
33:    }
34:    @Override
35:    public void onSensorChanged(SensorEvent sensorEvent) {
36:        Sensor mySensor = sensorEvent.sensor;
37:        if (mySensor.getType() ==
                Sensor.TYPE_ACCELEROMETER) {
38:        int xf, yf;
39:        float x = sensorEvent.values[0]/10;
40:        float y = sensorEvent.values[1]/10;
41:        xf = (int) Math.min(Math.abs(x) * 255, 255);
42:        yf = (int) Math.min(Math.abs(y) * 255, 255);
43:        if (x > 0) {
44:          right.setBackgroundColor(Color.TRANSPARENT);
45:          left.setBackgroundColor(Color.argb(xf, 255, 0, 255));
46:        } else {
47:          right.setBackgroundColor(Color.argb(xf, 255, 0, 255));
48:          left.setBackgroundColor(Color.TRANSPARENT);
49:        }
50:        if (y > 0) {
51:          top.setBackgroundColor(Color.TRANSPARENT);
```

```
52:          bottom.setBackgroundColor(Color.argb(yf, 255, 0, 255));
53:       } else {
54:          top.setBackgroundColor(Color.argb(yf, 255, 0, 255));
55:          bottom.setBackgroundColor(Color.TRANSPARENT);
56:       }
57:       output.setText("X軸: " + x + "   Y軸: " + y);
58:     }
59:   }
60:   @Override
61:   public void onAccuracyChanged(Sensor sensor, int i) { }
62: }
```

程式說明

- **第1~62行**：MainActivity類別繼承AppCompatActivity類別實作 SensorEventListener介面，介面有第35~61行的2個方法，我們只使用 onSensorChanged()方法，在第18~20行取得加速感測器物件。

- **第23~33行**：分別在onResume()方法和onPause()方法註冊和取消註冊傾聽者物件。

- **第35~59行**：onSensorChanged()方法是在第39~40行取得X和Y軸的值，其索引值依序是0和1且除以10，第41~42行計算色彩透明度來顯示不同層次的深淺，在第43~56行的2個if/else條件分別判斷和顯示左右和上下Button元件的背景色彩，第57行顯示X和Y軸的感測器值。

設定檔：\manifests\AndroidManifest.xml

為了顯示時活動方向不因螢幕旋轉而改變，在AndroidManifest.xml檔新增鎖定活動的方向為直向portrait，如下所示：

```
<activity android:name=".MainActivity"
  android:screenOrientation="portrait">
  ...
</activity>
```

12-2-3　偵測是否搖動行動裝置

當實際在行動裝置測試加速感測器的三軸值後，我們可以知道裝置面向下平放時的感測器值，同理，我們也可以依感測器值來偵測使用者是否搖動行動裝置。

換句話說，我們可以將這些值應用在簡單的體感控制，例如：修改第11-2節的播放音樂程式，當裝置面向下平放時暫停播放音樂，當搖動行動裝置，播放變暫停；暫停變播放。

本節Android Studio專案是修改第11-2節的專案，在取得加速感測器的值後，偵測行動裝置是否面向下平放，和使用者是否搖動，以便播放或暫停音樂的播放，其執行結果和第11-2節相同，只是多了2種體感控制，所以筆者準備只說明修改部分，並沒有列出完整程式碼。

在onSensorChange()方法首先取得加速感測器三個方向的感測器值，如下所示：

```
float x = sensorEvent.values[0];
float y = sensorEvent.values[1];
float z = sensorEvent.values[2];
```

偵測行動裝置是否面向下平放

偵測行動裝置是否面向下平放是判斷X軸的值是在-1~1之間；Y軸的值也是在-1~1之間，Z軸值是小於-9，如下所示：

```
if (Math.abs(x) < 1 && Math.abs(y) < 1 && z < -9){
   output.setText("音樂暫停中...");
   player.pause();
}
```

上述if條件成立，表示行動裝置是否面向下平放，所以呼叫pause()方法暫停音樂播放。

⤷ 偵測是否搖動行動裝置

偵測使用者是否搖動行動裝置，我們需要宣告一些類別的成員變數，如下所示：

```
private long lastUpdate = 0;
private float last_x, last_y, last_z;
private static final int SHAKE_THRESHOLD = 600;
```

上述lastUpdate變數是上一次更新的時間，last_x~z是上一次感測器的值，SHAKE_THRESHOLD是移動速度的常數值，當超過時，就表示使用者在搖動行動裝置。

在onSensorChange()方法取得加速感測器三個方向的感測器值後，取得目前的時間curTime，if條件判斷時間是否過了100毫秒，如下所示：

```
long curTime = System.currentTimeMillis();
if ((curTime - lastUpdate) > 100) {
  long diffTime = (curTime - lastUpdate);
  lastUpdate = curTime;
  float speed = Math.abs(x + y + z - last_x - last_y - last_z)
            / diffTime * 10000;
```

上述diffTime變數是時間差，在保留目前時間後，計算移動速度，其公式是X、Y軸的距離差除以時間差，再乘以10000。下方if條件判斷值是否超過SHAKE_THRESHOLD常數值，超過，就表示使用者搖動行動裝置，如下所示：

```
if (speed > SHAKE_THRESHOLD) {
  if (player.isPlaying() == false) {
    output.setText("音樂播放中...");
    player.start();  // 播放
  }
  else {
    output.setText("音樂暫停中...");
    player.pause();  // 暫停
```

```
      }
   }
   last_x = x;
   last_y = y;
   last_z = z;
}
```

　　如果偵測到使用者搖動行動裝置，就使用if/else條件判斷音樂是否在播放中，如果不是，就呼叫start()方法播放音樂；如果是，就呼叫pause()方法暫停播放，最後的程式碼是保留上一次感測器的值。

12-3 數位羅盤：指南針

　　數位羅盤（digital compass）可以取得行動裝置指向的方向，即所謂的指南針，這是使用磁場感測器和加速感測器提供的資料來計算出裝置是指向哪一個方向。

↪ 取得感測器物件和註冊SensorEventListener傾聽者物件

　　因為我們需要同時使用磁場和加速感測器的值，才能計算出行動裝置的方位，在onCreate()方法取得SensorManager物件後，就取得兩種感測器物件，如下所示：

```
private Sensor ms, as;
…
ms = sm.getDefaultSensor(Sensor.TYPE_MAGNETIC_FIELD);
as = sm.getDefaultSensor(Sensor.TYPE_ACCELEROMETER);
```

　　上述程式碼呼叫SensorManager物件的getDefaultSensor()方法取得兩種感測器物件後，即可在onResume()方法同時註冊這兩種感測器的SensorEventListener傾聽者物件，如下所示：

```
sm.registerListener(this, ms, SensorManager.SENSOR_DELAY_NORMAL);
sm.registerListener(this, as, SensorManager.SENSOR_DELAY_NORMAL);
```

➷ 取得行動裝置目前的方位

同樣的，我們是在onSensorChanged()方法取得感測器的值和計算方位，首先使用2個if條件依序取得磁場和加速感測器的值，如下所示：

```
Sensor mySensor = sensorEvent.sensor;
if (mySensor.getType() == Sensor.TYPE_ACCELEROMETER)
    gravity = sensorEvent.values;
if (mySensor.getType() == Sensor.TYPE_MAGNETIC_FIELD)
    geomagnetic = sensorEvent.values;
```

上述2個if條件判斷是哪一種感測器來分別取得磁場和加速感測器的值gravity和geomagnetic。當同時取得2個感測器的值後，就將2個感測器的值轉換成旋轉矩陣，如下所示：

```
float r[] = new float[9];
boolean success =
    SensorManager.getRotationMatrix(r, null, gravity, geomagnetic);
```

上述r[]陣列是旋轉矩陣，共有9個元素，getRotationMatrix()方法的第1個參數傳回旋轉矩陣，第2個參數是傾角矩陣（沒有使用，所以是null），第3個是加速感測器的值，第4個是磁場感測器的值。

在下方if條件判斷是否轉換成功，如果是，就可以取得裝置的方位，如下所示：

```
if (success) {
    float values[] = new float[3];
    SensorManager.getOrientation(r, values);
```

上述getOrientation()方法是依據第1個參數的旋轉矩陣，計算出第2個參數的方位陣列，values[0]元素值是方位，我們需要將它轉換成角度，如下所示：

```
float degree = Math.round(Math.toDegrees(values[0]) + 360 ) % 360;
output.setText("目前的方位: " + Float.toString(degree) + " 度");
```

上述程式碼取得目前方位的角度後，我們就需要旋轉ImageView元件從目前角度currentDegree至新角度-degree，因為動畫旋轉圖形的方向和裝置旋轉相反，所以加上負號成為-degree，如下所示：

```
RotateAnimation ra = new RotateAnimation(currentDegree, -degree,
    Animation.RELATIVE_TO_SELF, 0.5f,
    Animation.RELATIVE_TO_SELF, 0.5f);
```

上述程式碼建立RotateAnimation旋轉動畫物件，建構子的第1個參數是開始角度，第2個參數是結束角度，第3和第4個參數指定X軸的旋轉方式，RELATIVE_TO_SELF是自己轉，0.5f是依中間（0是左邊），第5和第6個參數是Y軸，簡單的說，就是以圖形正中心為軸來自行旋轉，因為X與Y都是0.5f。

然後，依序呼叫setDuration()方法指定動畫時間（參數是毫秒），和setFillAfter()方法指定為參數true，表示動畫轉換會持續，如下所示：

```
ra.setDuration(120);
ra.setFillAfter(true);
compass.startAnimation(ra);
currentDegree = -degree;
}
```

上述程式碼呼叫ImageView元件的startAnimation()方法開始旋轉動畫來旋轉圖形，參數是RotateAnimation物件ra，最後更新目前的角度。

↪ Android Studio專案：Ch12_3

在Android應用程式建立數位羅盤指南針，可以顯示目前方位和使用箭頭圖形標示方向，請使用實機測試執行，其執行結果如下圖所示：

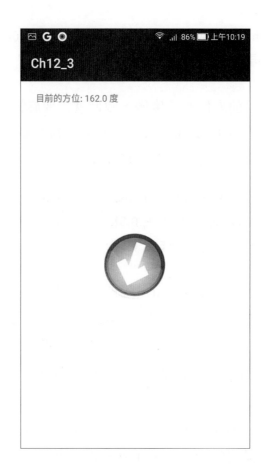

上述方位值0或360度是北方；270度是東方；90度是西方；180度是南方。

⤳ mipmap目錄：\res\mipmap\

請將位在「ch12」目錄下的arrow.png圖檔複製到「res\mipmap」目錄，如下圖所示：

⤷ 佈局檔：\res\layout\activity_main.xml

在佈局檔輸入預設TextView元件的id屬性值和調整位置後，就可以在下方新增1個ImageView元件，如下圖所示：

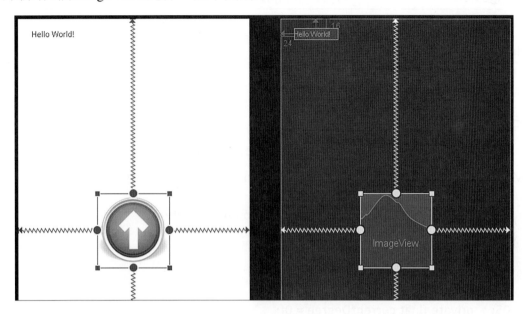

⤷ 介面元件屬性

在「Component Tree」元件樹視窗可以看到使用介面元件的結構，如下圖所示：

在元件樹的介面元件由上而下更改的屬性值，如下表所示：

介面元件	屬性值	屬性值
TextView	id	lblOutput
ImageView	id	imageView

介面元件	屬性值	屬性值
ImageView	layout_width	0dp
ImageView	layout_height	0dp
ImageView	srcCompat	@mipmap/arrow
ImageView	scaleType	fitCenter

⤷ Java程式：MainActivity.java

請在Android Studio執行「Code>Override Methods」命令，在MainActivity類別新增onResume()和onPause()方法，如下所示：

```
01: public class MainActivity extends AppCompatActivity
02:     implements SensorEventListener {
03:     private TextView output;
04:     private ImageView compass;
05:     private float currentDegree = 0f;
06:     private SensorManager sm;
07:     private Sensor ms, as;
08:     float[] gravity, geomagnetic;
09:     @Override
10:     protected void onCreate(Bundle savedInstanceState) {
11:         super.onCreate(savedInstanceState);
12:         setContentView(R.layout.activity_main);
13:         // 取得ImageView和TextView元件
14:         compass = (ImageView) findViewById(R.id.imageView);
15:         output = (TextView) findViewById(R.id.lblOutput);
16:         // 取得感測器系統服務
17:         sm = (SensorManager)
                getSystemService(SENSOR_SERVICE);
18:         // 取得磁場感測器
19:         ms = sm.getDefaultSensor(Sensor.TYPE_MAGNETIC_FIELD);
20:         // 取得加速感測器
21:         as = sm.getDefaultSensor(Sensor.TYPE_ACCELEROMETER);
```

```
22:    }
23:    @Override
24:    protected void onResume() {
25:       super.onResume();
26:       // 註冊SensorEventListener傾聽者物件
27:       sm.registerListener(this, ms,
              SensorManager.SENSOR_DELAY_NORMAL);
28:       sm.registerListener(this, as,
              SensorManager.SENSOR_DELAY_NORMAL);
29:    }
30:    @Override
31:    protected void onPause() {
32:       super.onPause();
33:       // 取消註冊SensorEventListener傾聽者物件
34:       sm.unregisterListener(this);
35:    }
36:    @Override
37:    public void onSensorChanged(SensorEvent sensorEvent) {
38:       Sensor mySensor = sensorEvent.sensor;
39:       if (mySensor.getType() == Sensor.TYPE_ACCELEROMETER)
40:          gravity = sensorEvent.values;
41:       if (mySensor.getType() == Sensor.TYPE_MAGNETIC_FIELD)
42:          geomagnetic = sensorEvent.values;
43:       // 加速和磁場感測器都有改變
44:       if (gravity != null && geomagnetic != null) {
45:          float r[] = new float[9];
46:          // 使用感測器值計算出旋轉矩陣
47:          boolean success = SensorManager.getRotationMatrix(r,
                     null, gravity, geomagnetic);
48:          if (success) {  // 有取得
49:             float values[] = new float[3];
50:             SensorManager.getOrientation(r, values); // 取得方位
51:             // 轉換成角度
52:             float degree = Math.round(Math.toDegrees(
```

```
                                    values[0]) + 360 ) % 360;
53:        output.setText("目前的方位: " +
                    Float.toString(degree) + " 度");
54:        // 旋轉ImageView元件從目前角度至新角度
55:        RotateAnimation ra = new RotateAnimation(
               currentDegree, -degree,
56:            Animation.RELATIVE_TO_SELF, 0.5f,
57:            Animation.RELATIVE_TO_SELF, 0.5f);
58:        ra.setDuration(120);
59:        ra.setFillAfter(true);
60:        compass.startAnimation(ra);
61:        currentDegree = -degree;    // 更新目前的角度
62:      }
63:    }
64:  }
65:  @Override
66:  public void onAccuracyChanged(Sensor sensor, int i) {  }
67: }
```

📝 程式說明

➲ **第1~67行**：MainActivity類別繼承AppCompatActivity類別實作 SensorEventListener介面，介面有第37~66行的2個方法，我們只使用 onSensorChanged()方法，在第19~21行取得磁場和加速感測器物件。

➲ **第24~35行**：分別在onResume()方法和onPause()方法註冊和取消註冊傾聽 者物件，第27~28行同時註冊磁場和加速感測器物件的傾聽者物件。

➲ **第37~64行**：onSensorChanged()方法是在第39~42行的2個if條件取得磁 場和加速感測器的值，第44~63行的if條件判斷是否同時取得2個感測器 的值，如果是，在第47行呼叫getRotationMatrix()方法取得旋轉矩陣，第 48~62行的if條件判斷是否成功取得，如果是，在第50行使用旋轉矩陣取得 方位，第52行轉換成角度，在第55~60行旋轉ImageView元件的箭頭圖形 後，第61行更新目前的角度。

學習評量

1. Android應用程式可以使用＿＿＿＿＿＿＿元件瀏覽網頁內容。我們是呼叫＿＿＿＿＿＿＿方法來載入參數URL網址字串的網頁內容。

2. 請說明什麼是ProgressBar元件？如何在WebView元件使用此元件？

3. 請說明目前智慧型手機和平板電腦等行動裝置最常支援的2種感測器？

4. 請使用圖例說明加速感測器X、Y和Z軸的移動座標？

5. 請問如何判斷行動裝置是傾斜的？如何判斷使用者搖動行動裝置？

6. 請問什麼是數位羅盤（digital compass）？我們需要使用哪兩種感測器來建立數位羅盤？

7. 請建立Android應用程式判斷行動裝置是否拿歪，請使用Toast訊息顯示裝置的狀態。

8. 請修改第12-3節的專案，除了顯示方位的角度，也會顯示東西南北四個方向。

13

綜合應用（三）：
Google地圖與
GPS定位

13-1 定位服務

Android行動裝置結合定位功能和Google地圖可以建立「位置感知服務」（Location-based Service，LBS），這是一項十分實用的功能，LBS應用程式可以追蹤你的位置和提供一些額外服務，例如：找出附近的咖啡廳、停車場、自動櫃員機或加油站等。

LBS另一項常見的應用是路徑規劃的導航，除了行車導航外，對於大型展覽館、購物商場、城市觀光、野生動物園或主題樂園等，都可以提供導覽服務，並且結合定位功能來提供使用者更精確的位置資訊。

13-1-1 Android的定位服務與座標

Android作業系統提供LocationManager類別的定位服務來存取行動裝置目前的定位資料，包含：緯度（latitude）、經度（longitude）和高度（altitude）等。

↪ Android提供的定位提供者

Android作業系統的定位提供者（provider）可以提供不同方式的定位服務，基本上，我們主要使用兩種定位提供者，其說明如下所示：

- **GPS定位提供者：**提供者名稱字串為"gps"，使用GPS（Global Positioning System）衛星訊號來定位，可以提供精確的位置資訊，但是看不到天空，無法收到衛星訊號的室內並無法使用。

- **網路定位提供者：**提供者名稱字串為"network"，直接使用電信公司基地台來進行三角定位，其提供的位置資訊較不精確，但是可以在室內使用。

請注意！行動裝置並不一定支援GPS定位提供者，如果沒有電話或3G/4G連網功能，就不會支援網路定位提供者，所以，行動裝置是否支援定位服務需視硬體配備而定。

↪ **經緯度座標**

定位服務最主要的目的是找出行動裝置目前位置的經緯度座標,經緯度是經度與緯度合稱的座標系統,也稱為地理座標系統,使用三度空間的球面來定義地球表面各點的座標系統,能夠標示地球表面上的任何一個位置。經度與緯度的說明,如下所示:

- ➲ **緯度(latitude)**:地球表面某一點距離地球赤道以南或以北的度數,其值為0至90度,赤道以北的緯度叫北緯(符號為N);赤道以南的緯度稱南緯(符號為S)。

- ➲ **經度(longitude)**:地球表面上某一點距離本初子午線(一條南北方向經過倫敦格林威治天文台舊址的子午線)以東或以西的度數,簡單的說,本初子午線的經度是0度,其他地點的經度是向東從0到180度,即東經(符號為W)或向西從0到180度,即西經(符號為E)。

一般來說,我們在地球儀或地圖上描述經緯度座標是使用度(degrees)、分(minutes)和秒(seconds),例如:舊金山金門大橋的經緯度,如下所示:

```
122°29'W
37°49'N
```

上述經緯度是西經122度29分;北緯37度49分,每一度可以再分成60單位的分,分可以再細分60單位的秒(如果需要可以在細分下去)。在電腦上表示經緯度通常是使用十進位方式表示,N和E為正值;S和W為負值,分為小數點下2位,秒是之後2位,以上述經緯度為例,十進位表示法的經緯度,如下所示:

```
-122.29
37.49
```

13-1-2　使用GPS定位服務

在Android應用程式使用定位服務來顯示目前行動裝置的經緯度座標。

⇗ 取得定位服務的LocationManager物件

定位服務是Android作業系統的系統服務（system services），以定位服務來說，就是LocationManager物件，如下所示：

```
private LocationManager lc;
lc = (LocationManager) getSystemService(LOCATION_SERVICE);
```

上述程式碼使用getSystemService()方法取得LocationManage物件lc。

⇗ 檢查是否啓用GPS定位

在取得系統服務的LocationManager物件後，可以使用if條件檢查行動裝置是否已經啓用GPS，如下所示：

```
if (!lc.isProviderEnabled(LocationManager.GPS_PROVIDER)) {
    AlertDialog.Builder builder = new AlertDialog.Builder(this);
    builder.setTitle("定位管理")
        .setMessage("GPS目前狀態是尚未啓用.\n"
            +"請先啓用GPS?")
        .setPositiveButton("確定", null).create().show();
}
```

上述if條件呼叫LocationManager物件的isProviderEnabled()方法檢查是否有啓用GPS，如果沒有，就顯示訊息視窗說明需要啓用GPS定位。

⇗ Android 6.0以上版本的權限管理

Android作業系統的權限管理是透過請求使用者授予權限，應用程式需要取得使用者的授權才能執行指定任務。舊版Android只有一種權限，Android 6.0以上版本的使用權限依危險層度分成正常和危險兩種權限，其說明如下所示：

- **正常權限（normal permissions）**：我們需要在AndroidManifest.xml使用 <use-permission>標籤宣告權限，當在裝置的Google Play下載安裝應用程式 時，就會要求使用者授予這些權限。

- **危險權限（dangerous permissions）**：對於執行Android 6.0以上版本的行 動裝置，部分比較危險的權限，除了安裝時需要授予權限，在第一次啟動 時，還需要再次要求使用者授權使用。

Android應用程式如果是在Android 6.0以上版本的裝置執行，而且需要 使用危險權限時，我們需要額外撰寫程式碼在執行期請求權限，首先呼叫 checkSelfPermission()方法檢查是否已經取得授權，例如：ACCESS_FINE_ LOCATION的GPS定位權限，如下所示：

```
if (Build.VERSION.SDK_INT >= Build.VERSION_CODES.M &&
    checkSelfPermission(
      Manifest.permission.ACCESS_FINE_LOCATION) !=
        PackageManager.PERMISSION_GRANTED) {
  requestPermissions(new
    String[]{Manifest.permission.ACCESS_FINE_LOCATION},
        PERMISSIONS_REQUEST_GPS);
}
```

上述if條件判斷裝置是否是6.0以上版本，和是否已經取得ACCESS_ FINE_LOCATION權限，如果沒有取得權限，就呼叫requestPermissions()方法 在執行時再次請求權限，如下所示：

```
requestPermissions(new
  String[]{Manifest.permission.ACCESS_FINE_LOCATION},
      PERMISSIONS_REQUEST_GPS);
```

上述方法的第1個參數是請求的權限字串陣列，第2個參數是請求權限的 請求碼常數，我們是在onRequestPermissionResult()方法判斷是否是請求此權 限，如下所示：

```
@Override
public void onRequestPermissionsResult(int requestCode,
        String[] permissions, int[] grantResults) {
  super.onRequestPermissionsResult(requestCode,
                              permissions, grantResults);
  if (requestCode == PERMISSIONS_REQUEST_GPS) {
    if (grantResults[0] ==
       PackageManager.PERMISSION_GRANTED) {
       output.setText("取得權限取得GPS資訊");
    } else {
       output.setText("直到取得權限, 否則無法取得GPS資訊");
    }
  }
}
```

上述外層if條件判斷請求碼常數是否是我們請求的權限，如果是，就在內層if/else條件判斷參數的grantResults[0]陣列值是否是PERMISSION_GRANTED，即可知道是否已經取得權限。

建立LocationListener傾聽者物件

一般來說，因為定位服務需要定時更新座標位置，所以需要建立LocationListener傾聽者物件，這是實作LocationListener介面的類別，我們是在MainActivity活動類別實作此介面，如下所示：

```
public class MainActivity extends AppCompatActivity
   implements LocationListener {
   ...
}
```

上述MainActivity類別實作LocationListener介面的4個方法，以本節範例來說，我們只使用onLocationChanged()方法，這是當位置改變時呼叫的介面方法，參數是目前位置的Location物件，如下所示：

```
@Override
public void onLocationChanged(Location location) {
  double lat, lng;
  if (location != null) {
    // 取得經緯度
    lat = location.getLatitude();
    lng = location.getLongitude();
    String p = "定位提供者: " + location.getProvider();
    output.setText(p + "\n緯度: " + lat + "\n經度: " + lng);
  }
}
```

上述程式碼在取得定位提供者和GPS座標後，在TextView元件顯示目前的GPS資訊。

註冊更新座標的傾聽者物件

為了節省電力，建議是在onResume()方法註冊服務的傾聽者物件；onPause()方法取消註冊服務的傾聽者物件。我們是在onResume()方法使用requestLocationUpdates()方法註冊更新位置的傾聽者物件（此方法需要try/catch例外處理敘述），如下所示：

```
@Override
protected void onResume() {
  super.onResume();
  int minTime = 1000; // 毫秒
  float minDistance = 1; // 公尺
  try {
    String best = lc.getBestProvider(new Criteria(), true);
    if (best != null) {
      lc.requestLocationUpdates(best,minTime,minDistance,this);
    }
    else
      output.setText("請確認開啟GPS");
  }
  catch(SecurityException sex) {
```

```
      Log.e("Ch13_1_2", "GPS權限失敗..." + sex.getMessage());
   }
}
```

上述程式碼呼叫LocationManager物件getBestProvider()方法來取得最佳的定位提供者,如下所示:

```
String best = lc.getBestProvider(new Criteria(), true);
```

上述方法的第1個參數是規格條件的Criteria物件,我們建立的是空物件,即沒有條件,第2個參數true,表示只傳回已啓用的提供者。然後使用LocationManager物件的requestLocationUpdates()方法註冊傾聽者物件,如下所示:

```
lc.requestLocationUpdates(best, minTime, minDistance, this);
```

上述方法共有4個參數,其說明如下所示:

⊃ **第1個參數:**定位提供者字串,可以是gps或network。

⊃ **第2個參數:**更新位置的間隔時間(以毫秒爲單位)。

⊃ **第3個參數:**更新位置的最短距離(以公尺爲單位)。

⊃ **第4個參數:**LocationListener傾聽者物件,在本節範例就是活動自己。

然後,我們需要在onPause()覆寫方法取消註冊更新的傾聽者物件,以節省電力的使用,如下所示:

```
@Override
protected void onPause() {
  super.onPause();
  try {
    lc.removeUpdates(this);
  }
  catch(SecurityException sex) {
    Log.e("Ch13_1_2", "GPS權限失敗..." + sex.getMessage());
  }
}
```

上述程式碼呼叫LocationManager物件的removeUpdates()方法來取消註冊傾聽者物件（此方法也需要try/catch例外處理敘述）。

↪ Android Studio專案：Ch13_1_2

Android應用程式可以顯示目前行動裝置的GPS位置座標，並且提供按鈕來啟動設定程式來設定GPS，請注意！模擬器的系統映像檔需選擇Google APIs，如果是Android 6.0以上版本，需要執行期授權，如下圖所示：

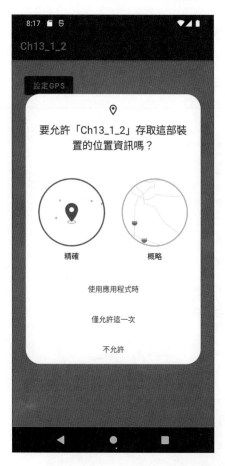

需點選【使用應用程式時】授權存取位置資訊，可以看到執行結果，顯示預設的GPS座標，如下圖所示：

請在Android模擬器右邊垂直工具列，點選最下方【...】開啟「Extended Controls」對話方塊，然後在左邊選【Location】，就可以在地圖上點選來取得經緯度座標，如下圖所示：

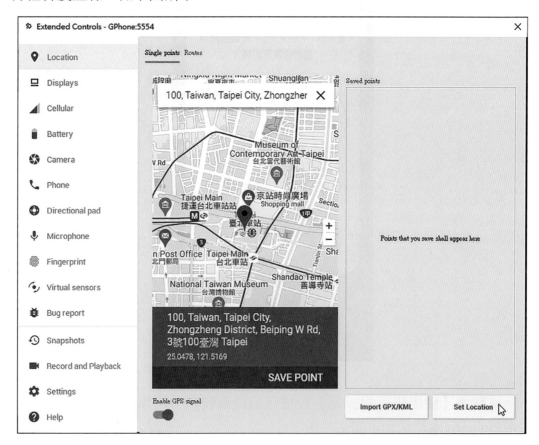

請點選台北火車站，按【Set Location】鈕指定模擬器目前的GPS位置，因為座標已經改變，所以馬上更新顯示GPS位置成為我們輸入的座標，如下圖所示：

按【設定GPS】鈕可以進入GPS設定頁面來設定GPS定位，如下圖所示：

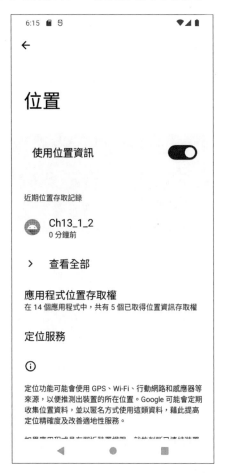

佈局檔：\res\layout\activity_main.xml

在佈局檔將預設TextView元件調整位置後，就可以在上方新增1個Button元件，如下圖所示：

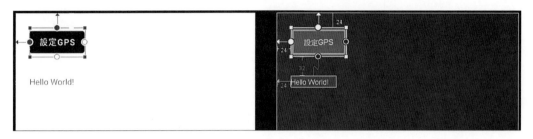

介面元件屬性

在「Component Tree」元件樹視窗可以看到使用介面元件的結構，如下圖所示：

在元件樹的介面元件由上而下更改的屬性值，如下表所示：

介面元件	id屬性值	text屬性值	onClick屬性值
Button	button	設定GPS	button_Click
TextView	lblOutput	Hello World!	N/A

Java程式：MainActivity.java

請在Android Studio執行「Code>Override Methods」命令，在MainActivity類別新增onResume()和onPause()方法，如下所示：

```
01: public class MainActivity extends AppCompatActivity
02:     implements LocationListener {
```

```
03:    private static final int PERMISSIONS_REQUEST_GPS = 101;
04:    private TextView output;
05:    private LocationManager lc;
06:    @Override
07:    protected void onCreate(Bundle savedInstanceState) {
08:       super.onCreate(savedInstanceState);
09:       setContentView(R.layout.activity_main);
10:       output = (TextView) findViewById(R.id.lblOutput);
11:       // 取得定位服務的LocationManager物件
12:       lc = (LocationManager)
              getSystemService(LOCATION_SERVICE);
13:       // 檢查是否有啓用GPS
14:       if (!lc.isProviderEnabled(
              LocationManager.GPS_PROVIDER)) {
15:          // 顯示GPS沒有啓用的對話方塊
16:          AlertDialog.Builder builder = new AlertDialog.Builder(this);
17:          builder.setTitle("定位管理")
18:              .setMessage("GPS目前狀態是尚未啓用.\n"
19:                  +"請先啓用GPS?")
20:              .setPositiveButton("確定", null).create().show();
21:       }
22:       // Android 6.0以上版本的權限管理
23:       if (Build.VERSION.SDK_INT >= Build.VERSION_CODES.M &&
24:           checkSelfPermission(
          Manifest.permission.ACCESS_FINE_LOCATION) !=
25:           PackageManager.PERMISSION_GRANTED) {
26:          requestPermissions(
          new String[]{Manifest.permission.ACCESS_FINE_LOCATION},
27:              PERMISSIONS_REQUEST_GPS);
28:       }
29:    }
30:    @Override
31:    public void onRequestPermissionsResult(int requestCode,
32:                        String[] permissions, int[] grantResults) {
```

```
33:     super.onRequestPermissionsResult(requestCode,
                                permissions, grantResults);
34:     if (requestCode == PERMISSIONS_REQUEST_GPS) {
35:       if (grantResults[0] ==
            PackageManager.PERMISSION_GRANTED) {
36:         // 已經取得權限
37:         output.setText("取得權限取得GPS資訊");
38:       } else {
39:         output.setText("直到取得權限, 否則無法取得GPS資訊");
40:       }
41:     }
42:   }
43:   @Override
44:   protected void onResume() {
45:     super.onResume();
46:     int minTime = 1000; // 毫秒
47:     float minDistance = 1; // 公尺
48:     try { // 取得最佳的定位者
49:       String best = lc.getBestProvider(new Criteria(), true);
50:       if (best != null) {   // 註冊更新的傾聽者物件
51:             lc.requestLocationUpdates(best, minTime,
                                minDistance, this);
52:       }
53:       else
54:         output.setText("請確認開啓GPS");
55:     }
56:     catch(SecurityException sex) {
57:       Log.e("Ch13_1_2", "GPS權限失敗..." + sex.getMessage());
58:     }
59:   }
60:   @Override
61:   protected void onPause() {
62:     super.onPause();
63:     try { // 取消註冊更新的傾聽者物件
```

```
64:        lc.removeUpdates(this);
65:      }
66:      catch(SecurityException sex) {
67:        Log.e("Ch13_1_2", "GPS權限失敗..." + sex.getMessage());
68:      }
69:    }
70:    @Override
71:    public void onLocationChanged(Location location) {
72:      double lat, lng;
73:      if (location != null) {
74:        // 取得經緯度
75:        lat = location.getLatitude();
76:        lng = location.getLongitude();
77:        String p = "定位提供者: " + location.getProvider();
78:        output.setText(p + "\n緯度: " + lat + "\n 經度: " + lng);
79:      }
80:    }
81:    @Override
82:    public void onStatusChanged(String s, int i, Bundle bundle) {  }
83:    @Override
84:    public void onProviderEnabled(String s) {  }
85:    @Override
86:    public void onProviderDisabled(String s) {  }
87:    // 啟動設定程式來更改GPS設定
88:    public void button_Click(View view) {
89:      // 使用Intent物件啟動設定程式來更改GPS設定
90:      Intent i = new Intent(
              Settings.ACTION_LOCATION_SOURCE_SETTINGS);
91:      startActivity(i);
92:    }
93: }
```

程式說明

- **第1~92行**：MainActivity類別繼承AppCompatActivity類別實作 LocationListener介面，此介面共有第70~85行4個方法，不過，我們只使用 第70~79行的onLocationChanged()方法，在第3行是請求權限的常數。

- **第7~29行**：onCreate()方法是在第12行取得定位服務的LocationManager物 件，第14~21行的if條件檢查是否有啟用GPS，如果沒有啟用，就顯示一個 訊息視窗，請啟動【設定】程式更改GPS設定，在第23~28行的if條件是檢 查Android 6.0以上版本是否取得ACCESS_FINE_LOCATION權限。

- **第31~42行**：onRequestPermissionsResult()覆寫方法判斷是否已經取得使 用者的授權。

- **第44~59行**：在onResume()覆寫方法的第49行取得最佳的定位提供者，如 果有提供者，就在第51行註冊更新座標的傾聽者物件是活動自己。

- **第64~69行**：在onPause()覆寫方法的第64行取消註冊更新的傾聽者物件。

- **第71~80行**：onLocationChanged()方法的參數是目前位置的Location物 件，第75~76行取得最新座標，第77行取得定位提供者，在第78行顯示GPS 資訊。

- **第88~92行**：按鈕的事件處理方法，在第90行建立Intent物件，第91行啟動 設定程式來設定GPS定位。

設定檔：\manifests\AndroidManifest.xml

因為專案使用定位服務，請新增ACCESS_COURSE_LOCATION網路定 位服務和ACCESS_FINE_LOCATION的GPS定位服務的權限，如下所示：

```
<uses-permission android:name=
  "android.permission.ACCESS_COARSE_LOCATION"/>
<uses-permission android:name=
   "android.permission.ACCESS_FINE_LOCATION"/>
```

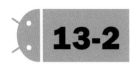

13-2 定位服務與Google地圖

定位服務最常見的應用是整合Google地圖，可以顯示目前行動裝置所在座標附近的地圖資訊，在實作上，我們可以使用內建Google地圖程式，或在瀏覽器網頁顯示地圖資訊。

■ 13-2-1 啓動內建地圖程式顯示地圖資訊

本節Android應用程式當按下按鈕，取得目前的GPS座標後，就可以啓動內建地圖程式來顯示附近地圖，此按鈕的事件處理方法是使用目前位置的座標來啓動Google地圖程式，

⤷ 取得最後的GPS位置座標

在建立LoactionManager物件後，我們可以建立Criteria物件取得最佳的定位提供者，如下所示：

```
String best = lc.getBestProvider(new Criteria(), true);
```

上述程式碼呼叫getBestProvider()方法來取得最佳定位提供者字串，然後使用try/catch例外處理敘述來處理例外，以便取得最後的GPS座標，如下所示：

```
try {
    current = lc.getLastKnownLocation(best);
    if (current != null) {
        double lat = current.getLatitude();
        double lng = current.getLongitude();
        output.setText("緯度: " + lat + "\n 經度: " + lng);
    }
    else
        output.setText("取得GPS位置失敗...");
}
```

```
catch (SecurityException sex) {
    Log.e("Ch13_2_1", "GPS權限失敗..." + sex.getMessage());
}
```

上述程式碼使用getLastKnownLocation()方法取得快取最後的經緯度座標current，請注意！此座標可能並不是最新位置，然後在TextView元件顯示GPS座標。

📩 使用Intent物件啟動地圖程式

我們是使用Intent物件啟動地圖程式，首先使用Location物件current取得經緯度座標longitude和latitude，如下所示：

```
float latitude = (float) current.getLatitude();
float longitude = (float) current.getLongitude();
String label = "車站";
```

上述字串label是顯示的標籤文字，然後建立URI字串，字串uri是座標，如下所示：

```
String uri = "geo:" + latitude + "," + longitude;
String query = latitude + "," + longitude + "(" + label + ")";
query = Uri.encode(query);
```

上述query字串是在地圖上標示位置圖示和標籤文字，最後就可以組合成URI字串，如下所示：

```
uri = uri + "?q=" + query + "?z=16";
Intent geoMap = new Intent(
    Intent.ACTION_VIEW, Uri.parse(uri));
startActivity(geoMap);
```

上述程式碼建立Intent物件後，呼叫startActivity()方法啟動地圖程式。

➥ **Android Studio專案：Ch13_2_1**

Android應用程式可以顯示目前行動裝置的GPS位置座標，並且提供按鈕啓動內建Google地圖程式，可以顯示目前座標附近的地圖資訊和標示位置。請注意！模擬器的系統映像檔需選擇Google APIs。

首先，請執行第13-1-2節的Android應用程式確認取得正確的經緯度座標，如此裝置才能取得最後一次的GPS座標，然後執行本節專案，Android 6.0以上版本需授權存取位置資訊，如下圖所示：

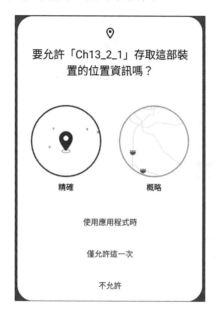

按【取得GPS座標】鈕取得最後的GPS座標，可以在下方顯示座標資訊，如下圖所示：

按【顯示GOOGLE地圖】鈕，可以顯示座標附近的地圖資訊，並且在下方標示此位置是"車站"，如下圖所示：

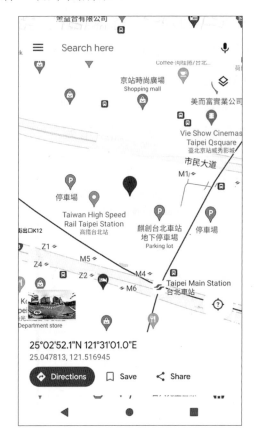

📌 佈局檔：\res\layout\activity_main.xml

在佈局檔拖拉預設TextView元件調整位置後，在上方新增水平的2個Button元件，如下圖所示：

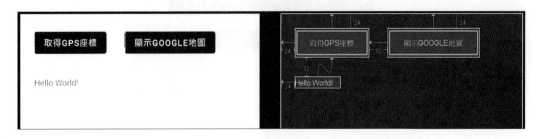

介面元件屬性

在「Component Tree」元件樹視窗可以看到使用介面元件的結構，如下圖所示：

在元件樹的介面元件由上而下更改的屬性值，如下表所示：

介面元件	id屬性值	text屬性值	onClick屬性值
Button	button	取得GPS座標	button_Click
Button	button2	顯示GOOGLE地圖	button2_Click
TextView	lblOutput	Hello World!	N/A

Java程式：**MainActivity.java**

請在Android Studio執行「Code>Override Methods」命令，在MainActivity類別新增onResume()和onPause()方法，如下所示：

```
01: public class MainActivity extends AppCompatActivity {
02:    private static final int PERMISSIONS_REQUEST_GPS = 101;
03:    private TextView output;
04:    private LocationManager lc;
05:    private Location current;
06:    @Override
07:    protected void onCreate(Bundle savedInstanceState) {
08:       super.onCreate(savedInstanceState);
09:       setContentView(R.layout.activity_main);
10:       output = (TextView) findViewById(R.id.lblOutput);
11:       // 取得定位服務的LocationManager物件
12:       lc = (LocationManager)
```

```
                  getSystemService(LOCATION_SERVICE);
13:     // 檢查是否有啟用GPS
14:     if (!lc.isProviderEnabled(LocationManager.GPS_PROVIDER)) {
15:        // 顯示GPS沒有啟用的對話方塊
...
21:     }
22:     // Android 6.0以上版本的權限管理
23:     if (Build.VERSION.SDK_INT >= Build.VERSION_CODES.M &&
24:         checkSelfPermission(
          Manifest.permission.ACCESS_FINE_LOCATION) !=
25:            PackageManager.PERMISSION_GRANTED) {
26:       requestPermissions(
         new String[]{Manifest.permission.ACCESS_FINE_LOCATION},
27:            PERMISSIONS_REQUEST_GPS);
28:       }
29:   }
30:   @Override
31:   public void onRequestPermissionsResult(int requestCode,
32:            String[] permissions,  int[] grantResults) {
...
42:   }
43:   // Button元件的事件處理
44:   public void button_Click(View view) {
45:     String best = lc.getBestProvider(new Criteria(), true);
46:     try {  // 取得最後的GPS座標
47:       current = lc.getLastKnownLocation(best);
48:       if (current != null) {
49:         double lat = current.getLatitude();
50:         double lng = current.getLongitude();
51:         output.setText("緯度: " + lat + "\n經度: " + lng);
52:       }
53:       else
54:         output.setText("取得GPS位置失敗...");
55:     }
```

```
56:      catch (SecurityException sex) {
57:        Log.e("Ch13_2_1", "GPS權限失敗..." + sex.getMessage());
58:      }
59:   }
60:   public void button2_Click(View view) {
61:      float latitude = (float) current.getLatitude();
62:      float longitude = (float) current.getLongitude();
63:      String label = "車站";
64:      String uri = "geo:" + latitude + "," + longitude;
65:      String query = latitude + "," + longitude + "(" + label + ")";
66:      query = Uri.encode(query);
67:      uri = uri + "?q=" + query + "?z=16";
68:      Intent geoMap = new Intent(
69:            Intent.ACTION_VIEW, Uri.parse(uri));
70:      startActivity(geoMap);
71:   }
72: }
```

📑 程式說明

◐ **第7~29行**：onCreate()方法是在第12行取得定位服務的LocationManager物件，第14~21行的if條件檢查是否有啟用GPS，在第23~28行的if條件是檢查Android 6.0以上版本是否取得ACCESS_FINE_LOCATION權限。

◐ **第31~42行**：onRequestPermissionsResult()覆寫方法判斷是否已經取得使用者的授權。

◐ **第44~59行**：button_Click()事件處理方法是在第在45行取得最佳的定位提供者，第47行取得最後的GPS座標，在第49~51行顯示GPS座標資訊。

◐ **第60~71行**：button2_Click()事件處理方法是在第61~62行取得目前座標，第63行是顯示的標籤文字，在第64~67行建立URI，第68行建立Intent物件，第69行啟動Google地圖顯示地圖資訊。

設定檔：\manifests\AndroidManifest.xml

因為專案使用定位服務，請新增ACCESS_COURSE_LOCATION網路定位服務和ACCESS_FINE_LOCATION的GPS定位服務的權限，如下所示：

```
<uses-permission android:name=
   "android.permission.ACCESS_COARSE_LOCATION"/>
<uses-permission android:name=
   "android.permission.ACCESS_FINE_LOCATION"/>
```

13-2-2　使用瀏覽器顯示地圖資訊

第13-2-1節是使用裝置的內建地圖程式來顯示地圖資訊，另一種方式，除了地圖程式，我們也可以使用瀏覽器顯示網頁Google地圖來顯示GPS座標附近的地圖資訊。

使用瀏覽器顯示地圖資訊的URI

這一節Android Studio專案Ch13_2_2和第13-2-1節幾乎相同，只有button2_Click()方法的建立URI的程式碼不同，如下所示：

```
public void button2_Click(View view) {
    float latitude = (float) current.getLatitude();
    float longitude = (float) current.getLongitude();
    String uri = "http://maps.google.com/maps?q=loc:";
    uri += latitude + "," + longitude;
    Intent geoMap = new Intent(
        Intent.ACTION_VIEW, Uri.parse(uri));
    startActivity(geoMap);
}
```

上述URI是使用Google地圖的URL網址來顯示Google地圖。當執行本節專案，Android 6.0以上版本需授權存取位置資訊，在取得GPS座標後，按【顯示GOOGLE地圖】鈕，可以看到瀏覽器顯示的Google地圖資訊，如下圖所示：

13-24

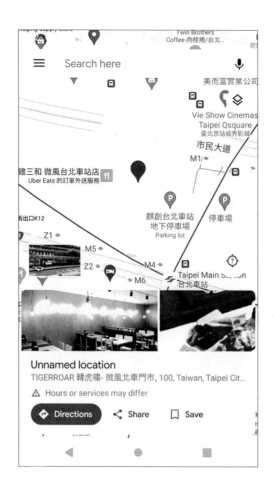

13-3 地圖解碼服務

地圖解碼服務（geocoding services）可以從位置名稱、郵遞區號等資訊來找出經緯度座標，反過來，我們也可以從經緯度座標找出位置名稱或地址。

13-3-1 將座標轉換成地址

在Android應用程式使用地圖解碼服務是使用Geocoder類別，首先建立Geocoder物件，如下所示：

```
Geocoder geocoder = new Geocoder(this, Locale.TAIWAN);
```

上述建構子的第1個參數是活動類別自己，第2個參數是語系，Local.TAIWAN是指台灣，也可以使用Local.getDefault()方法傳回系統預設的語系。

getFromLocation()方法：將座標轉換成地址

Geocoder物件的getFromLocation()方法可以將經緯度座標轉換成地址資訊，經筆者測試，台灣目前只能轉換成鄉鎮區和郵遞區號，如下所示：

```
List<Address> listAddress = geocoder.getFromLocation(lat, lon, MAX);
```

上述方法需要使用try/catch例外處理敘述，方法的前2個參數是GPS座標的緯度和經度，第3個參數是最多傳回幾筆查詢結果的Address物件，可以傳回List<Address>集合物件，即Address地址物件的集合。

List<Address>集合物件是呼叫get()方法一一取出每一個Address地址物件，參數索引值是從0開始，如下所示：

```
Address ad = listAddress.get(i);
```

↳ 取得查詢結果的地址資訊

Address物件提供方法取出地址資訊，常用方法說明如下表所示：

方法	說明
getCountryName()	取得國家名稱
getCountryCode()	取得國碼
getPhone()	取得電話
getPostalCode()	取得郵遞區號
getFeatureName()	取得特徵名稱
getAddressLine()	取得多行的地址資訊

因為從Address地址物件取出的地址可能有多行，我們需要使用getMaxAddressLineIndex()方法取得Address物件共有幾行地址資料，然後使用for迴圈重複呼叫getAddressLine()方法取出每一行，參數是行索引（從0開始），如下所示：

```
String out = "";
for (int i = 0; i < MAX; i++) {
   Address ad = listAddress.get(i);
   out += (i+1) + ": ";
   for (int j = 0; j < ad.getMaxAddressLineIndex(); j++) {
      out += ad.getAddressLine(j) + "  ";
   }
   out += ad.getFeatureName() + "-" + ad.getPostalCode();
   out += "\n";
}
```

上述外層for迴圈取出最多的5個地址，然後在內層for迴圈取出多行的地址資料，最後呼叫getFeatureName()和getPostalCode()方法顯示特徵名稱和郵地區號。請注意！經筆者測試Google地圖解碼服務並無法回傳多行地址資料，只能顯示此位址的特徵名稱和郵地區號。

⤷ Android Studio專案：Ch13_3_1

在Android應用程式輸入經緯度座標,按【轉換成地址】鈕,可以在下方
TextView元件顯示找到的地址資訊,最多5筆,其執行結果如下圖所示:

⤷ 佈局檔：\res\layout\activity_main.xml

在佈局檔刪除預設TextView元件後,新增水平排列的2個TextView和2個
EditText元件,然後在下方依序新增1個Button元件和1個TextView元件,如下
圖所示:

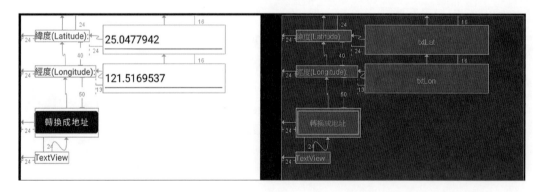

介面元件屬性

在「Component Tree」元件樹視窗可以看到使用介面元件的結構，如下圖所示：

在元件樹的介面元件由上而下更改的屬性值，如下表所示：

介面元件	id屬性值	text屬性值	onClick屬性值
TextView	textView	緯度(Latitude):	N/A
EditText	txtLat	25.0477942	N/A
TextView	textView	經度(Longitude):	N/A
EditText	txtLon	121.5169537	N/A
Button	button	轉換成地址	button_Click
TextView	lblOutput	TextView	N/A

Java程式：MainActivity.java

```
01: public class MainActivity extends AppCompatActivity {
02:     private final int MAX = 5;
03:     @Override
04:     protected void onCreate(Bundle savedInstanceState) {
05:         super.onCreate(savedInstanceState);
06:         setContentView(R.layout.activity_main);
07:     }
08:     // Button元件的事件處理
```

```
09:     public void button_Click(View view) {
10:         // 取得EditText元件
11:         EditText elat = (EditText) findViewById(R.id.txtLat);
12:         EditText elon = (EditText) findViewById(R.id.txtLon);
13:         // 取得經緯度座標
14:         float lat = Float.parseFloat(elat.getText().toString());
15:         float lon = Float.parseFloat(elon.getText().toString());
16:         // 取得TextView元件
17:         TextView output = (TextView)findViewById(R.id.lblOutput);
18:         try { // 建立Geocoder物件
19:             Geocoder geocoder = new Geocoder(
                            this, Locale.TAIWAN);
20:             // 取得地址清單的List物件
21:             List<Address> listAddress =
                        geocoder.getFromLocation(lat, lon, MAX);
22:             if (listAddress != null) {   // 是否有取得地址
23:                 String out = "";
24:                 for (int i = 0; i < MAX; i++) {
25:                     Address ad = listAddress.get(i);
26:                     out += (i+1) + ": ";  // 取得地址內容
27:                     for (int j = 0; j < ad.getMaxAddressLineIndex(); j++) {
28:                         out += ad.getAddressLine(j) + "  ";
29:                     }
30:                     out += ad.getFeatureName() + "-" +
                                            ad.getPostalCode();
31:                     out += "\n";
32:                 }
33:                 output.setText(out);
34:             }
35:             else {
36:                 output.setText("沒有傳回地址資料!");
37:             }
38:         } catch (Exception ex) {
```

```
39:        output.setText("錯誤:" + ex.toString());
40:      }
41:    }
42: }
```

🖒 程式說明

➲ **第18~39行**：try/catch例外處理是在第19行建立Geocoder物件，第21行取得地址清單的List<Address>物件，在第22~36行的if/else條件判斷是否有找到地址資訊。

➲ **第24~32行**：2層巢狀迴圈的外層for迴圈取出List<Address>集合物件的每一個Address物件，在第25行取得Address物件，第27~29行的for迴圈取出Address物件的每一行地址資料，並且將它附加至字串out，第30行顯示特徵名稱和郵遞區號，最後在TextView元件顯示地址資訊。

🖒 設定檔：\manifests\AndroidManifest.xml

因為將座標轉換成地址需要連線Internet，所以在AndroidManifest.xml檔需要新增INTERNET權限，如下所示：

```
<uses-permission android:name="android.permission.INTERNET"/>
```

▪️ 13-3-2　將地址轉換成座標

Geocoder類別不只可以將GPS座標轉換成地址，也可以將地址轉換成座標。

🖒 getFromLocationName()方法：將地址轉換成座標

我們是呼叫Geocoder物件的getFromLocationName()方法將地址或景點名稱字串轉換成經緯度座標，如下所示：

```
List<Address> listGPSAddress =
    geocoder.getFromLocationName(addressName, 1);
```

上述程式碼取得經緯度座標清單的List<Address>物件，第1個參數是地址或景點名稱字串，第2個參數最多傳回幾個座標，1就是1筆。如果有傳回座標，可以呼叫getLatitude()和getLongitude()方法取出緯度和經度，如下所示：

```
double lat = listGPSAddress.get(0).getLatitude();
double lon = listGPSAddress.get(0).getLongitude();
```

上述程式碼的get(0)方法取出List集合物件的第1個Address物件。

📂 Android Studio專案：Ch13_3_2

在Android應用程式的【景點或地址】欄輸入名稱，按【轉換成GPS座標】鈕，可以在下方顯示經緯度座標，其執行結果如下圖所示：

📂 佈局檔：\res\layout\activity_main.xml

在佈局檔刪除預設TextView元件後，新增水平排列的1個TextView和1個EditText元件，然後在下方依序新增1個Button元件和1個TextView元件，如下圖所示：

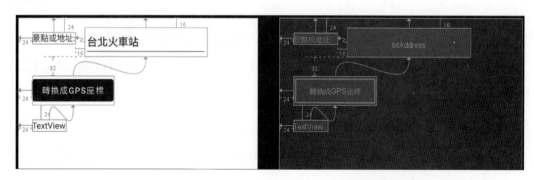

介面元件屬性

在「Component Tree」元件樹視窗可以看到使用介面元件的結構，如下圖所示：

在元件樹的介面元件由上而下更改的屬性值，如下表所示：

介面元件	id屬性值	text屬性值	onClick屬性值
TextView	textView	景點或地址：	N/A
EditText	txtAddress	台北火車站	N/A
Button	button	轉換成GPS座標	button_Click
TextView	lblOutput	TextView	N/A

Java程式：MainActivity.java

```
01: public class MainActivity extends AppCompatActivity {
02:     @Override
03:     protected void onCreate(Bundle savedInstanceState) {
04:         super.onCreate(savedInstanceState);
05:         setContentView(R.layout.activity_main);
06:     }
07:     // Button元件的事件處理
08:     public void button_Click(View view) {
09:         // 取得EditText元件
10:         EditText address = (EditText) findViewById(R.id.txtAddress);
11:         String addressName = address.getText().toString();
12:         // 取得TextView元件
```

```
13:        TextView output = (TextView)findViewById(R.id.lblOutput);
14:        try { // 建立Geocoder物件
15:          Geocoder geocoder = new Geocoder(
                        this, Locale.TAIWAN);
16:          // 取得經緯度座標清單的List物件
17:          List<Address> listGPSAddress =
              geocoder.getFromLocationName(addressName, 1);
18:          // 有找到經緯度座標
19:          if (listGPSAddress != null) {
20:             double lat = listGPSAddress.get(0).getLatitude();
21:             double lon = listGPSAddress.get(0).getLongitude();
22:             output.setText("緯度: " + lat + "\n經度: " + lon);
23:          }
24:        } catch (Exception ex) {
25:          output.setText("錯誤:" + ex.toString());
26:        }
27:    }
28: }
```

程式說明

○ **第14~26行**：try/catch例外處理是在第15行建立Geocoder物件，第17行取得GPS座標清單的List<Address>物件，因為最後1個參數是1，只會傳回1筆，在第19~23行的if條件判斷是否有找到GPS座標，第20~21行取得GPS座標。

設定檔：\manifests\AndroidManifest.xml

因為將地址轉換成座標需要連線Internet，所以在AndroidManifest.xml檔需要新增INTERNET權限，如下所示：

```
<uses-permission android:name="android.permission.INTERNET"/>
```

學習評量

1. 請問什麼是位置感知服務（Location-based Service，LBS）？

2. 請問Android提供的定位提供者有哪兩種？什麼是經度與緯度？

3. 請問Android 6.0版的權限有哪兩種？如何處理Android 6.0版的權限管理？

4. 請問第13-2節取得的GPS座標，和第13-1-2節有何不同？

5. 請問什麼是地圖解碼服務（geocoding services）？

6. 請問地圖解碼服務是使用Geocoder類別的哪些方法？

7. 請修改第13-2-1節的Android Studio專案，將目前GPS座標顯示在2個EditText元件，提供輸入GPS座標的功能，可以使用Google地圖顯示輸入座標附近的地圖資訊。

8. 請修改第13-3-2節的Android Studio專案，新增按鈕，可以使用Google地圖顯示查詢結果GPS座標附近的地圖資訊。

14

綜合應用(四)：
偏好設定、檔案與
SQLite資料庫

14-1 儲存偏好設定

Android應用程式在執行時有時需要長期保存的一些資料，這是一項十分重要的課題，一般來說，我們可以使用SharedPreferences物件、檔案和SQLite資料庫來儲存這些資料。

在Android提供SharedPreferences物件儲存簡單的應用程式資料，主要是指一些偏好設定的字型尺寸、使用者帳號、色彩或遊戲分數，事實上，偏好設定就是使用XML格式的偏好設定檔來儲存這些資料。

⤳ getSharedPreferences()方法：取得SharedPreferences物件

我們是使用getSharedPreferences()方法取得SharedPreferences物件，如下所示：

```
private SharedPreferences prefs;
 …...
prefs = getSharedPreferences("MyPref", MODE_PRIVATE);
```

上述方法的第1個參數是偏好設定檔名稱，第2個參數值MODE_PRIVATE只允許建立偏好設定檔的應用程式存取，其他活動並不能存取。在活動是使用SharedPreferences物件prefs存取偏好設定的值。

⤳ get???()方法：讀取偏好設定資料

在活動類別讀取偏好設定建議在onResume()覆寫方法，在取得SharedPreferences物件prefs後，使用getString()、getFloat()或getInt()等方法取得儲存的字串、浮點數和整數等值，如下所示：

```
String tempc = prefs.getString("TEMPC" , "100");
txtC.setText(tempc);
```

上述getString()方法的第1個參數是字串型態的鍵值，第2個參數是預設值，如果沒有值，就是取得第2個參數值。

put???()方法：儲存偏好設定資料

在活動類別儲存偏好設定建議在onPause()覆寫方法，我們是使用SharedPreferences.Editor物件來編輯存入的資料，如下所示：

```
SharedPreferences.Editor prefEdit = prefs.edit();
```

上述程式碼呼叫SharedPreferences物件的edit()方法取得SharedPreferences.Editor物件prefEdit，然後使用putString()、putInt()和putFloat()等方法存入字串、整數和浮點數等資料，如下所示：

```
prefEdit.putString("TEMPC", txtC.getText().toString());
```

上述方法的第1個參數是字串型態的鍵值，之後可以使用此鍵值來取出儲存值，第2個參數是存入的對應值，最後使用commit()方法將資料寫入偏好設定檔，如下所示：

```
prefEdit.commit();
```

Android Studio專案：Ch14_1

在Android應用程式使用SharedPreferences物件保留輸入資料，和將溫度資料傳遞給下一個活動來計算溫度轉換結果，其執行結果如下圖所示：

在輸入攝氏溫度後，按【轉換】鈕，可以啟動FActivity活動，看到溫度轉換的結果，如下圖所示：

當下次再執行程式時，可以看到保留上一次輸入的溫度值。

📲 佈局檔：\res\layout\activity_main.xml

在佈局檔刪除預設TextView元件後，新增1個TextView元件，然後在下方新增一個EditText（Number）元件，和在元件右方新增一個Button元件，如下圖所示：

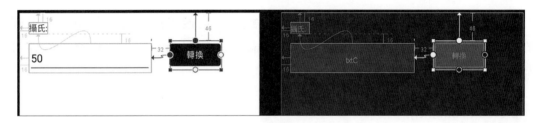

📲 介面元件屬性

在「Component Tree」元件樹視窗可以看到activity_main.xml佈局檔使用介面元件的結構，如下圖所示：

在元件樹的介面元件由上而下更改的屬性值，如下表所示：

介面元件	id屬性值	text屬性值	onClick屬性值
TextView	textView	攝氏:	N/A
EditText	txtC	50	N/A
Button	button	轉換	button_Click

↪ Java程式：**MainActivity.java**

請在Android Studio執行「Code>Override Methods」命令，在MainActivity類別新增onResume()和onPause()方法，如下所示：

```
01: public class MainActivity extends AppCompatActivity {
02:    private SharedPreferences prefs;
03:    private EditText txtC;
04:    @Override
05:    public void onCreate(Bundle savedInstanceState) {
06:       super.onCreate(savedInstanceState);
07:       setContentView(R.layout.activity_main);
08:       // 取得SharedPreferences物件
09:       prefs=getSharedPreferences("MyPref",MODE_PRIVATE);
10:       // 取得EditText元件
11:       txtC = (EditText) findViewById(R.id.txtC);
12:    }
13:    @Override
14:    protected void onResume() {
15:       super.onResume();
16:       // 取得偏好設定資料
17:       String tempc = prefs.getString("TEMPC" , "100");
18:       txtC.setText(tempc);
19:    }
20:    @Override
21:    protected void onPause() {
22:       super.onPause();
```

```
23:        // 取得Editor物件
24:        SharedPreferences.Editor prefEdit = prefs.edit();
25:        // 存入偏好設定資料至Editor物件
26:        prefEdit.putString("TEMPC",
                        txtC.getText().toString());
27:        prefEdit.commit(); // 確認寫入檔案
28:    }
29:    // Button元件的事件處理
30:    public void button_Click(View view) {
31:        // 建立Intent物件
32:        Intent intent=new Intent(this, FActivity.class);
33:        startActivity(intent);    // 啟動活動
34:    }
35: }
```

⤤ 程式說明

○ **第5~12行：**在onCreate()方法的第9行取得SharedPreferences物件。

○ **第14~19行：**在onResume()方法的第17行讀取1個字串，第18行指定EditText元件的內容。

○ **第21~28行：**在onPause()方法存入偏好設定，第24行取得SharedPreferences. Editor物件，然後儲存EditText元件輸入的字串，最後在第27行呼叫commit()方法確認寫入檔案。

○ **第30~34行：**Button元件的事件處理是建立Intent物件來啟動FActivity活動。

⤤ 佈局檔：\res\layout\activity_f.xml

請在FActivity活動的佈局檔新增TextView元件，用來顯示轉換結果的華氏溫度，其id屬性值是【lblOutput】，如下圖所示：

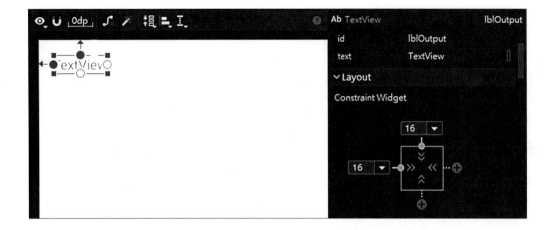

🔗 Java程式：FActivity.java

```
01: public class FActivity extends AppCompatActivity {
02:     private SharedPreferences prefs;
03:     @Override
04:     protected void onCreate(Bundle savedInstanceState) {
05:         super.onCreate(savedInstanceState);
06:         setContentView(R.layout.activity_f);
07:         // 取得SharedPreferences的設定資料
08:         prefs=getSharedPreferences("MyPref",MODE_PRIVATE);
09:         convertTemperature();
10:     }
11:     // 轉換溫度
12:     private void convertTemperature() {
13:         int c;
14:         double f = 0.0;
15:         // 取得SharedPreferences的設定資料
16:         String str = prefs.getString("TEMPC", "100");
17:         c = Integer.parseInt(str);
18:         // 攝氏轉華氏的公式
19:         f = (9.0 * c) / 5.0 + 32.0;
20:         // 顯示華氏溫度
21:         TextView o = (TextView)
```

```
                    findViewById(R.id.lblOutput);
22:        o.setText("華氏溫度: " + Double.toString(f));
23:    }
24: }
```

📤 程式說明

● **第8行**：取得MainActivity類別建立的SharedPreferences物件，存取的是同一個設定檔名稱。

● **第16行**：取得SharedPreferences物件的偏好設定值後，即我們輸入的溫度資料。

📤 設定檔：\manifests\AndroidManifest.xml

在<application>標籤下的<activity>子標籤後新增另一個<activity>標籤，android:name屬性值為【.FActivity】，如下所示：

```
<activity android:name=".FActivity"></activity>
```

14-2 檔案存取

Java檔案處理是一種「串流」（stream）模型，串流觀念最早是使用在Unix作業系統，串流模型如同水管的水流一般，當程式開啓來源的輸入串流（例如：檔案、記憶體和緩衝區等），Java程式可以從輸入串流依序讀取資料。同理，如果程式需要輸出資料，可以開啓輸出串流（同樣是檔案、記憶體和緩衝區等），然後將資料寫入串流。

Android應用程式可以使用java.io套件的類別來寫入與讀取檔案，我們可以使用openFileInput()和openFileOutput()方法讀取與寫入檔案。

📤 寫入檔案

我們是使用java.io套件的FileOutputStream類別將資料寫入檔案，如下所示：

```
FileOutputStream out = openFileOutput(
        fname,MODE_PRIVATE);
```

上述程式碼使用openFileOutput()方法開啓FileOutputStream檔案輸出串流，第1個參數是檔案名稱字串，第2個參數是檔案操作模式常數，預設值MODE_PRIVATE，即值0，如下表所示：

常數值	說明
MODE_PRIVATE	檔案只能夠讓建立的應用程式存取
MODE_WORLD_WRITEABLE	檔案可以讓其他應用程式寫入
MODE_WORLD_READABLE	檔案可以讓其他應用程式讀取
MODE_APPEND	如果檔案已經存在，就在檔尾寫入資料，而不是覆寫檔案內容

接著，我們可以將位元組資料寫入檔案，如下所示：

```
out.write(str.getBytes());
```

上述程式碼使用write()方法將參數的位元組資料寫入檔案，參數字串str呼叫getBytes()方法轉換成位元組陣列後，呼叫close()方法關閉串流，如下所示：

```
out.close();
```

↳ 讀取檔案

讀取檔案是使用FileInputStream物件，如下所示：

```
FileInputStream in = openFileInput(fname);
```

上述程式碼使用openFileInput()方法開啓FileInputStream檔案輸入串流，參數是檔案名稱字串，然後自行建立讀取緩衝區的byte[]陣列來讀取檔案內容，如下所示：

```
byte[] data = new byte[128];
in.read(data);
String str = new String(data);
```

上述read()方法讀取參數緩衝區的位元組資料,因為是位元組陣列,所以使用String建構子建立成字串,最後呼叫close()方法關閉串流,如下所示:

```
in.close();
```

⤷ Android Studio專案:Ch14_2

在Android應用程式輸入字串後,按【存入檔案】鈕將字串存入檔案,按【讀取檔案】鈕讀取和顯示檔案內容,其執行結果如下圖所示:

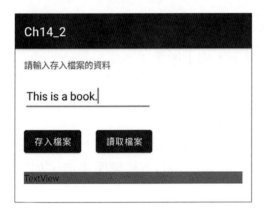 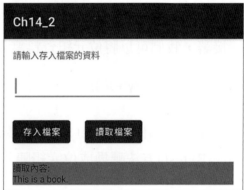

⤷ 佈局檔:\res\layout\activity_main.xml

在佈局檔刪除預設TextView元件後,依序新增1個TextView和1個EditText(Plain Text)元件來輸入寫入檔案的字串,在下方是2個並排的Button元件,最後是顯示讀取檔案內容的TextView元件,如下圖所示:

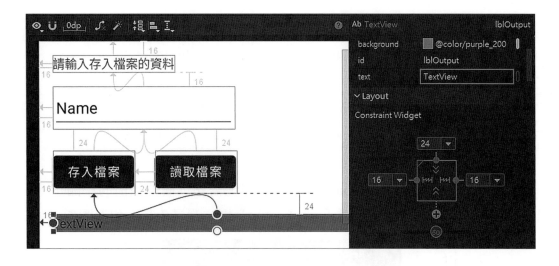

介面元件屬性

在「Component Tree」元件樹視窗可以看到使用介面元件的結構，如下圖所示：

在元件樹的介面元件由上而下更改的屬性值，如下表所示：

介面元件	屬性	屬性值
TextView	text	請輸入存入檔案的資料
EditText	id	txtInput
Button	text	存入檔案
Button	id	btnSave
Button	onClick	btnSave_Click
Button	text	讀取檔案
Button	id	btnRead

介面元件	屬性	屬性值
Button	onClick	btnRead_Click
TextView	id	lblOutput
TextView	layout_width	0dp
TextView	background	@color/purple_200

上表TextView元件的【background】屬性需點選欄位值前的小圖示，可以看到【Resources】標籤，選【purple_200】指定背景色彩，如下圖所示：

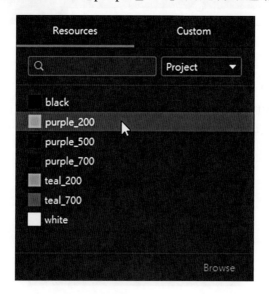

⤷ Java程式：**MainActivity.java**

```
01: public class MainActivity extends AppCompatActivity {
02:     private String fname = "note.txt";
03:     @Override
04:     public void onCreate(Bundle savedInstanceState) {
05:         super.onCreate(savedInstanceState);
06:         setContentView(R.layout.activity_main);
07:     }
08:     // Button元件的事件處理
09:     public void btnSave_Click(View view) {
10:         EditText input = (EditText)
```

```
            findViewById(R.id.txtInput);
11:    String str = input.getText().toString();
12:    try {
13:       // 開啓寫入檔案
14:       FileOutputStream out =
              openFileOutput(fname,MODE_PRIVATE);
15:       // 將字串轉換成位元組資料後, 寫入串流
16:       out.write(str.getBytes());
17:       out.close();    // 關閉串流
18:       Toast.makeText(this, "成功寫入檔案...",
19:          Toast.LENGTH_SHORT).show();
20:       input.setText("");  // 清除EditText元件的内容
21:    }
22:    catch (IOException ex) {
23:       ex.printStackTrace();
24:    }
25: }
26: public void btnRead_Click(View view) {
27:    try {
28:       // 開啓讀取檔案
29:       FileInputStream in = openFileInput(fname);
30:       byte[] data = new byte[128];
31:       // 讀取串流的位元組資料
32:       in.read(data);
33:       in.close();    // 關閉串流
34:       // 將位元組資料建立成字串
35:       String str = new String(data);
36:       Toast.makeText(this, "成功讀取檔案...",
37:          Toast.LENGTH_SHORT).show();
38:       TextView output = (TextView)
              findViewById(R.id.lblOutput);
39:       output.setText("讀取内容:\n" + str);
40:    }
41:    catch (IOException ex) {
```

```
42:        ex.printStackTrace();
43:     }
44:   }
45: }
```

📤 程式說明

- **第9~25行**：Button元件btnSave的事件處理方法的第12~24行是例外處理try/catch，第14行開啓寫入資料的檔案串流，在第16行寫入檔案，第17行關閉串流，即關閉檔案。

- **第26~44行**：Button元件btnRead的事件處理方法的第27~43行是例外處理try/catch，第29行開啓讀取資料的檔案串流，在第30行宣告緩衝區的byte[]陣列，第32行讀取檔案，第33行關閉串流，在第35行將位元組陣列轉換成字串，第38~39行顯示讀取的檔案內容。

14-3 SQLite 資料庫與 SQL 語言

資料庫（database）是一種資料儲存單位，一些經過組織的資料集合，眾多出勤管理系統、倉庫管理系統、進銷存系統或小至錄影帶店管理系統，這些應用程式都屬於不同應用的資料庫系統。

■ 14-3-1 SQLite資料庫引擎

SQLite是目前世界上最廣泛使用的免費資料庫引擎，一套實作大部分SQL 92標準的函數庫，它不需要管理、不需要伺服器、也不需要安裝設定，不但體積輕巧，而且還是一套支援交易（transaction）的SQL資料庫引擎，其官方網址爲：http://www.sqlite.org/。

📤 SQLite資料庫引擎的特點

SQLite是Android作業系統內建的資料庫系統，而且SQLite在執行效率上更超過目前一些常用的資料庫系統，其主要特點如下所示：

- SQLite資料庫只是一個檔案，可以直接使用檔案權限來管理資料庫，而不用自行處理資料庫的使用者權限管理，所以沒有提供SQL語言的DCL存取控制。

- 單一檔案的SQLite資料庫，可以讓Android應用程式很容易進行安裝，而且不用特別進行資料庫系統的設定與管理。

- SQLite不需要啓動，所以並不會浪費行動裝置的記憶體資源。

⤷ SQL資料庫語言

「SQL」（Structured Query Language）爲「ANSI」（American National Standards Institute）標準的資料庫語言，可以存取和更新資料庫的記錄資料。

早在1970年，E. F. Codd建立關聯式資料庫觀念後，就提出構想的資料庫語言，提供完整和通用的資料存取方式，雖然當時並沒有眞正建立語法，但這就是SQL語言的起源。

1974年一種稱爲SEQUEL的語言，這是Chamberlin和Boyce的作品，它建立SQL語言的原型，IBM稍加修改後作爲其資料庫DBMS的資料庫語言，稱爲System R。1980年SQL名稱正式誕生，從此SQL語言逐漸壯大成爲一種標準的關聯式資料庫語言。

■ 14-3-2 SQL語言的DDL指令

資料定義語言（Data Definition Language，DDL）是建立資料表和定義資料表欄位的相關SQL指令。

⤷ CREATE TABLE建立資料表

CREATE TABLE指令可以在資料庫建立資料表，如下所示：

```
CREATE TABLE students (
  _id integer primary key,
  name text no null,
  grade real no null
)
```

上述指令建立名為students的資料表，擁有3個欄位_id、name和grade，其型態分別為integer、text和real（SQLite只支援這3種型態的欄位），相當於是Java語言的整數、字串和浮點數。

not null表示欄位不可是空值，即沒有值，primary key是主鍵，如果加上autoincrement，表示是自動增加欄位值的自動編號欄位，我們就不用指定此欄位值。

↪ DROP TABLE刪除資料表

對於資料庫已經存在的資料表，我們可以使用DROP TABLE指令刪除指定的資料表，如下所示：

```
DROP TABLE students
```

我們可以加上IF EXISTS判斷當資料表存在時才刪除，如下所示：

```
DROP TABLE IF EXISTS students
```

▪ 14-3-3　SQL語言的DML指令

資料操作語言（Data Manipulation Language，DML）是資料表記錄的查詢、插入、刪除和更新的相關SQL指令，本節主要說明查詢記錄的SELECT指令，其基本語法如下所示：

```
SELECT 欄位1, 欄位2 FROM 資料表
WHERE conditions
ORDER BY 欄位清單
```

上述SELECT指令的欄位1~2為記錄的欄位，conditions為查詢條件，使用口語來說就是「從資料表取回符合WHERE子句條件的記錄，顯示欄位1和2，並且以ORDER BY子句的欄位來排序」。

查詢資料表的全部記錄和欄位

SELECT指令可以使用"*"符號代表資料表的所有欄位，表示取回資料表記錄的所有欄位，如下所示：

```
SELECT * FROM students
```

WHERE條件查詢子句

SQL查詢如果是單一條件，在WHERE子句條件的基本規則和範例，如下所示：

○ 文字欄位需要使用單引號括起，例如：姓名為Joe Chen的SQL指令字串，如下所示：

```
SELECT * FROM students WHERE name='Joe Chen'
```

○ 數值欄位不需要使用單引號括起，例如：成績為90分的SQL指令，如下所示：

```
SELECT * FROM students WHERE grade=90
```

○ 文字和備註欄位可以使用【LIKE】包含運算子，只需包含此字串即符合條件，再配合"%"或"_"萬用字元，可以代表任何字串或單一字元，只需包含的子字串就符合條件。例如：查詢擁有Chen子字串學生資料的SQL指令，如下所示：

```
SELECT * FROM students WHERE name LIKE '%Chen%'
```

○ 數值或日期/時間欄位可以使用<>、>、<、>=和<=不等於、大於、小於、大於等於和小於等於等運算子建立多樣化的查詢條件。

ORDER BY排序子句

SQL指令的查詢結果如果需要使用指定欄位進行排序，可以加上ORDER BY子句來指定依照欄位由小到大或由大到小進行排序，如下所示：

```
SELECT * FROM students
ORDER BY grade ASC
```

上述SQL指令使用grade欄位由小到大進行排序，即ASC，此為SQL預設的排序方式；DESC是由大至小。

14-4 使用SQLite資料庫

Android應用程式需要透過SQLiteOpenHelper和SQLiteDatabase類別來建立和存取資料庫的記錄資料，屬於android.database.sqlite套件。

14-4-1 使用SQLiteOpenHelper類別建立資料庫

SQLiteOpenHelper類別是幫助我們存取SQLite資料庫的幫助者類別（helper class），我們需要繼承此類別，透過繼承類別來建立SQLite資料表和版本管理，建立的資料庫是一個SQLiteDatabase類別的物件。

基本上，SQLiteDatabase類別已經實作存取SQLite資料庫的相關方法，我們可以直接透過這些方法來新增、更新和刪除資料表的記錄資料，詳見第14-4-2節的說明。

↪ 繼承SQLiteOpenHelper類別

Android應用程式建立SQLite資料庫是繼承SQLiteOpenHelper類別來覆寫相關方法，其主要目的是讓我們可以在SQLite資料庫新增資料表（因為資料庫的建立已經在父類別實作）。

在StdDBHelper（自行命名）子類別需要新增建構子，覆寫onCreate()和onUpgrade()方法，首先是建構子，如下所示：

```
public class StdDBHelper extends SQLiteOpenHelper {
  private static final String DATABASE_NAME = "Class";
  private static final int DATABASE_VERSION = 1;
  public StdDBHelper(Context context) {
```

```
    super(context, DATABASE_NAME,
         null, DATABASE_VERSION);
  }
```

上述StdDBHelper()建構子直接呼叫父類別的建構子來建立參數的資料庫，共有4個參數，如下所示：

- **第1個參數**：Context物件，即活動自己。

- **第2個參數**：資料庫名稱，即資料庫檔案名稱，預設是儲存在「\data\data\<套件名稱>\資料庫\」目錄。

- **第3個參數**：建立Cursor物件，我們並不會使用，其預設值為null。

- **第4參數**：版本的整數值，從1開始。

接著，我們需要覆寫onCreate()和onUpgrade()方法，如下所示：

```
@Override
public void onCreate(SQLiteDatabase db) {
  db.execSQL("CREATE TABLE students (" +
     "_id integer primary key, " +
     "name text no null, grade real no null)");
}
@Override
public void onUpgrade(SQLiteDatabase db,
         int oldVersion, int newVersion) {
  db.execSQL("DROP TABLE IF EXISTS students");
  onCreate(db);
  }
}
```

上述onCreate()方法的參數是建立的SQLiteDatabase資料庫物件db，呼叫execSQL()方法執行CREATE TABLE指令建立資料表。

在onUpgrade()方法是當資料庫是舊版時（比較建構子參數的版本），就呼叫此方法來更新資料庫，程式只是執行SQL語言的DROP TABLE指令刪除資料表後，再呼叫onCreate()方法重新建立資料表。

⇨ SQLiteOpenHelper類別的相關方法

SQLiteOpenHelper類別提供相關方法來開啓和關閉資料庫,如下表所示:

方法	說明
getReadableDatabase()	建立或開啓(如果存在)一個唯讀資料庫,成功開啓傳回SQLiteDatabase物件
getWritableDatabase()	建立或開啓(如果存在)一個讀寫資料庫,成功開啓傳回SQLiteDatabase物件
close()	關閉開啓的資料庫

⇨ Android Studio專案:Ch14_4_1

在Android應用程式顯示開啓SQLite資料庫的資訊,請按【開啓資料庫】鈕,可以使用SQLiteOpenHelper類別的方法來開啓資料庫,顯示資料庫的版本和狀態,其執行結果如下圖所示:

⇨ 佈局檔:\res\layout\activity_main.xml

在佈局檔選預設TextView元件後,在id屬性欄輸入【lblOutput】和調整位置,即可在上方新增Button元件,id屬性值是【button】,text屬性值是【開啓資料庫】,onClick屬性值爲【button_Click】,如下圖所示:

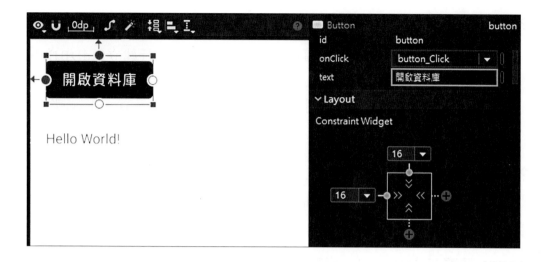

⤶ Java程式：**MainActivity.java**

```
01: public class MainActivity extends AppCompatActivity {
02:     private SQLiteDatabase db;
03:     private StdDBHelper dbHelper;
04:     @Override
05:     public void onCreate(Bundle savedInstanceState) {
06:         super.onCreate(savedInstanceState);
07:         setContentView(R.layout.activity_main);
08:     }
09:     // Button元件的事件處理
10:     public void button_Click(View view) {
11:         dbHelper = new StdDBHelper(this);
12:         db = dbHelper.getWritableDatabase();
13:         TextView output = (TextView)
14:             findViewById(R.id.lblOutput);
15:         output.setText("資料庫是否開啟: " + db.isOpen() +
16:             "\n資料庫版本: " + db.getVersion());
17:     }
18: }
```

📑 程式說明

➲ **第10~17行**：button_Click()事件處理方法是在第11行建立StdDBHelper
物件，第12行呼叫getWritableDatabase()方法開啟可讀寫的資料庫，在
第15~16行顯示版本和是否開啟，即分別呼叫SQLiteDatabase物件的
isOpen()和getVersion()方法。

📑 Java程式：StdDBHelper.java

在Android Studio專案需要新增名為【StdDBHelper.java】的Java類別
檔，其步驟如下所示：

STEP01 請開啟「Project」專案視窗，展開「app\java」目錄，在【com.
example.ch14_4_1】套件名稱上，執行【右】鍵快顯功能表的
「New>Java Class」命令，可以看到「Create New Class」對話方
塊。

STEP02 在欄位輸入類別名稱【StdDBHelper】，按 Enter 鍵新增Java類別
檔。

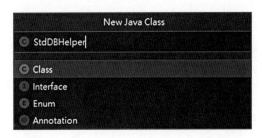

STEP03 在標籤頁可以看到建立的Java類別檔，然後就可以輸入Java類別宣告
的程式碼，如下所示：

```
01: public class StdDBHelper extends SQLiteOpenHelper {
02:    private static final String DATABASE_NAME = "Class";
03:    private static final int DATABASE_VERSION = 1;
04:    public StdDBHelper(Context context) {
05:     super(context,DATABASE_NAME,null,DATABASE_VERSION);
06:    }
07:    @Override
```

```
08:    public void onCreate(SQLiteDatabase db) {
09:     db.execSQL("CREATE TABLE students (" +
10:       "_id integer primary key, " +
11:       "name text no null, grade real no null)");
12:    }
13:    @Override
14:    public void onUpgrade(SQLiteDatabase db,
                int oldVersion, int newVersion) {
15:     db.execSQL("DROP TABLE IF EXISTS students");
16:     onCreate(db);
17:    }
18: }
```

☞ 程式說明

- 第1~18行：StdDBHelper類別繼承SQLiteOpenHelper類別，在第2~3行宣告2個常數資料庫名稱和版本，第4~6行是建構子，在第8~17行覆寫onCreate()和onUpgrade()方法。

▪ 14-4-2　使用SQLiteDatabase類別存取資料表

　　在SQLiteOpenHelper類別提供方法開啟和關閉資料庫，然後我們就可以使用SQLiteDatabase類別的相關方法來新增、更新和刪除資料表的記錄資料。

☞ 開啟可讀寫的資料庫

　　因為需要在資料庫新增、更新和刪除記錄，所以開啟可讀寫資料庫，通常是在活動類別的onCreate()方法開啟資料庫，如下所示：

```
dbHelper = new StdDBHelper(this);
db = dbHelper.getWritableDatabase();
```

　　上述程式碼在建立StdDBHelper物件後，呼叫getWritableDatabase()方法取得SQLiteDatabase物件的資料庫。

關閉資料庫

關閉資料庫通常是位在onStop()方法，請呼叫SQLiteDatabase類別的close()方法關閉資料庫，如下所示：

```
db.close();
```

新增記錄

SQLiteDatabase物件可以使用insert()方法新增記錄，首先，我們需要使用ContentValues類別建立欄位值，如下所示：

```
long id;
ContentValues cv = new ContentValues();
cv.put("_id", Integer.parseInt(txtID.getText().toString()));
cv.put("name", txtName.getText().toString());
cv.put("grade", Double.parseDouble(
            txtGrade.getText().toString()));
```

上述程式碼建立ContentValues物件cv後，使用put()方法加入欄位值，第1個參數是欄位名稱字串，第2個參數是欄位值，在建立後，就可以呼叫insert()方法新增記錄，如下所示：

```
id = db.insert(DATABASE_TABLE, null, cv);
```

上述方法的傳回值是長整數的記錄編號，第1個參數是資料表名稱，第2個參數是當第3個參數是空值時使用，預設值是null，最後1個參數是ContentValues物件cv。

更新記錄

SQLiteDatabase物件是使用update()方法更新記錄，同樣需要使用ContentValues類別建立更新的欄位值，如下所示：

```
int id = Integer.parseInt(txtID.getText().toString());
ContentValues cv = new ContentValues();
cv.put("grade", Double.parseDouble(
```

```
      txtNewGrade.getText().toString()));
count = db.update(DATABASE_TABLE, cv, "_id=" + id, null);
```

上述update()方法的傳回值是影響的記錄數，第1個參數是資料表名稱，第2個是ContentValues物件，第3個參數就是WHERE子句的更新條件，如果參數擁有條件字串，其條件的參數值就是最後一個參數。

刪除記錄

SQLiteDatabase物件可以使用delete()方法刪除記錄，如下所示：

```
int id = Integer.parseInt(txtID.getText().toString());
count = db.delete(DATABASE_TABLE, "_id=" + id, null);
```

上述方法的傳回值是影響的記錄數，第1個參數是資料表名稱，第2個是WHERE子句的刪除條件，如果參數擁有條件字串，其參數值就是最後一個參數。

查詢記錄

SQLiteDatabase物件可以使用rawQuery()方法執行SQL指令來查詢記錄，如下所示：

```
Cursor c = db.rawQuery(sql, null);
```

上述rawQuery()方法的第1個參數是SQL查詢指令，如果使用參數的SQL指令，就可以在第2個參數指定參數值，方法可以傳回查詢結果記錄資料的Cursor物件，這是一個查詢結果的記錄集合，擁有指標可以一筆筆取出每一筆記錄。

在取得Cursor物件後，我們就可以呼叫getColumnNames()方法取得欄位名稱，如下所示：

```
colNames = c.getColumnNames();
for (int i = 0; i < colNames.length; i++)
  str += colNames[i] + "\t\t";
str += "\n";
```

上述for迴圈可以顯示欄位名稱的標題列。接著移動記錄指標來取得查詢結果的每一筆記錄,如下所示:

```
c.moveToFirst();
for (int i = 0; i < c.getCount(); i++) {
  str += c.getString(0) + "\t\t";
  str += c.getString(1) + "\t\t";
  str += c.getString(2) + "\n";
  c.moveToNext();
}
```

上述程式碼首先呼叫moveToFirst()方法移至第1筆記錄,getCount()方法傳回記錄數,然後使用for迴圈來走訪每一筆記錄,moveToNext()方法可以移至下一筆。

Cursor物件是呼叫getInt()、getFloat()或getString()方法取出參數欄位索引的欄位值,因為我們是使用字串方式顯示欄位值,所以都是呼叫getString()方法。

↪ Android Studio專案:Ch14_4_2

在Android應用程式輸入學生資料的學號、姓名和成績後,按下方按鈕,可以新增、更新(只能更新成績,條件是學號)和刪除記錄資料(條件是學號),按【顯示】鈕可以顯示資料表的所有記錄資料,其執行結果如下圖所示:

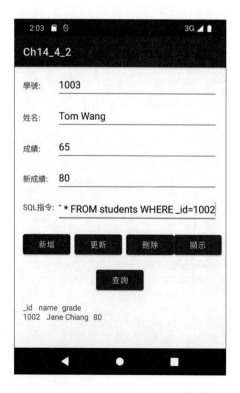

在【SQL指令】欄輸入第14-3-3節的SQL查詢指令，按【查詢】鈕，可以在下方顯示查詢結果（請注意！如果輸入錯誤的SQL指令，就會終止程式的執行），如下圖所示：

佈局檔：\res\layout\activity_main.xml

在佈局檔刪除預設TextView元件後，依序新增5組水平排列的TextView和
EditText元件，EditText是Plain Text；可以用來輸入學號、姓名、成績、新成
績和SQL指令，如下圖所示：

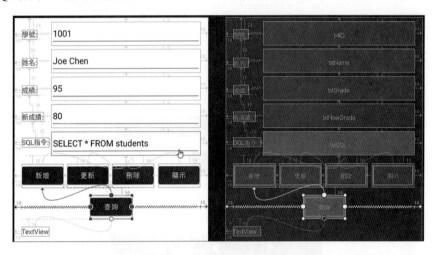

上述圖例的後2行分別是4個和1個Button元件，最後是輸出訊息的
TextView元件。

介面元件屬性

在「Component Tree」元件樹視窗可以看到使用介面元件的結構，如下
圖所示：

在元件樹的介面元件由上而下更改的屬性值，如下表所示：

介面元件	id屬性值	text屬性值	onClick屬性值
TextView	textView	學號：	N/A
EditText	txtID	1001	N/A
TextView	textView2	姓名：	N/A
EditText	txtName	Joe Chen	N/A
TextView	textView3	成績：	N/A
EditText	txtGrade	95	N/A
TextView	textView4	新成績：	N/A
EditText	txtNewGrade	80	N/A
TextView	textView5	SQL指令：	N/A
EditText	txtSQL	SELECT * FROM students	N/A
Button	button	新增	button_Click
Button	button2	更新	button2_Click
Button	button3	刪除	button3_Click
Button	button4	顯示	button4_Click
Button	button5	查詢	button5_Click
TextView	lblOutput	TextView	N/A

上表EditText元件的【layout_width】屬性值是【0dp】

👉 Java程式：**StdDBHelper.java**

StdDBHelper.java和第14-4-1節完全相同。

👉 Java程式：**MainActivity.java**

請在Android Studio執行「Code>Override Methods」命令，在MainActivity類別新增onStop()方法，如下所示：

```
01: public class MainActivity extends AppCompatActivity {
02:     private static String DATABASE_TABLE = "students";
03:     private SQLiteDatabase db;
```

```
04:    private StdDBHelper dbHelper;
05:    private EditText txtID,txtName,txtGrade,txtNewGrade;
06:    private TextView output;
07:    @Override
08:    public void onCreate(Bundle savedInstanceState) {
09:       super.onCreate(savedInstanceState);
10:       setContentView(R.layout.activity_main);
11:       // 建立SQLiteOpenHelper物件
12:       dbHelper = new StdDBHelper(this);
13:       db = dbHelper.getWritableDatabase();// 開啟資料庫
14:       // 取得TextView元件
15:       output = (TextView) findViewById(R.id.lblOutput);
16:       // 取得EditText元件
17:       txtID = (EditText) findViewById(R.id.txtID);
18:       txtName = (EditText) findViewById(R.id.txtName);
19:       txtGrade=(EditText) findViewById(R.id.txtGrade);
20:       txtNewGrade=(EditText)
                 findViewById(R.id.txtNewGrade);
21:    }
22:    @Override
23:    protected void onStop() {
24:       super.onStop();
25:       db.close(); // 關閉資料庫
26:    }
27:    // Button元件的事件處理 - 插入記錄
28:    public void button_Click(View view) {
29:       long id;
30:       ContentValues cv = new ContentValues();
31:       cv.put("_id", Integer.parseInt(
                 txtID.getText().toString()));
32:       cv.put("name", txtName.getText().toString());
33:       cv.put("grade", Double.parseDouble(
                 txtGrade.getText().toString()));
34:       id = db.insert(DATABASE_TABLE, null, cv);
```

```
35:       output.setText("新增記錄成功: " + id);
36:    } // 更新記錄
37:    public void button2_Click(View view) {
38:       int count;
39:       int id = Integer.parseInt(
                 txtID.getText().toString());
40:       ContentValues cv = new ContentValues();
41:       cv.put("grade", Double.parseDouble(
             txtNewGrade.getText().toString()));
42:       count=db.update(DATABASE_TABLE,cv,"_id="+id,null);
43:       output.setText("更新記錄成功: " + count);
44:    } // 刪除記錄
45:    public void button3_Click(View view) {
46:       int count;
47:       int id = Integer.parseInt(
                 txtID.getText().toString());
48:       count=db.delete(DATABASE_TABLE,"_id="+id,null);
49:       output.setText("刪除記錄成功: " + count);
50:    } // 查詢所有記錄
51:    public void button4_Click(View view) {
52:       // 查詢整個資料表
53:       SqlQuery("SELECT * FROM " + DATABASE_TABLE);
54:    }
55:    public void button5_Click(View view) {
56:       EditText txtSQL = (EditText)
                   findViewById(R.id.txtSQL);
57:       // 執行輸入SQL指令的查詢
58:       SqlQuery(txtSQL.getText().toString());
59:    }
60:    // 執行SQL查詢
61:    public void SqlQuery(String sql) {
62:       String[] colNames;
63:       String str = "";
64:       Cursor c = db.rawQuery(sql, null);
```

```
65:     colNames = c.getColumnNames();
66:     // 顯示欄位名稱
67:     for (int i = 0; i < colNames.length; i++)
68:        str += colNames[i] + "\t\t";
69:     str += "\n";
70:     c.moveToFirst();  // 第1筆
71:     // 顯示欄位值
72:     for (int i = 0; i < c.getCount(); i++) {
73:        str += c.getString(0) + "\t\t";
74:        str += c.getString(1) + "\t\t";
75:        str += c.getString(2) + "\n";
76:        c.moveToNext();  // 下一筆
77:     }
78:     output.setText(str.toString());
79:   }
80: }
```

程式說明

● **第12~13行**：建立SQLiteOpenHelper物件和開啟資料庫。

● **第25行**：關閉資料庫。

● **第28~59行**：button~5_Click()事件處理方法分別新增、更新、刪除、查詢記錄資料和執行SQL查詢，button4~5_Click()方法的查詢都是呼叫同一個SqlQuery()方法，只是傳入不同SQL查詢指令的參數。

● **第61~79行**：SqlQuery()方法可以執行參數SQL指令的查詢。

學習評量

1. 請問Android應用程式可以使用哪三種方式儲存程式需要長時間保存資料？

2. 請問什麼是偏好設定？我們可以使用＿＿＿＿＿＿＿＿物件來儲存少量且簡單的應用程式資料。

3. 請建立匯率換算的Android應用程式，可以輸入美金和人民幣2種外幣匯率，然後使用偏好設定儲存匯率，在勾選兌換成美金或人民幣後，輸入外幣金額，即以換算和顯示兌換的新台幣金額。

4. Java檔案處理是一種串流（stream）模型，請問什麼是串流？Android應用程式可以使用＿＿＿＿＿＿套件的類別來寫入與讀取檔案，＿＿＿＿＿＿＿和＿＿＿＿＿＿＿方法來讀取與寫入檔案。

5. 請修改第14-1節的Android應用程式，改用文字檔案傳遞輸入的溫度資料。

6. 請問何謂SQLite資料庫引擎？並且簡單說明SQL語言和SQL指令有哪些？

7. 請說明如何在Android應用程式建立和使用SQLite資料庫？

8. 請建立匯率換算Android應用程式，可以輸入美金和人民幣2種外幣匯率，使用SQLite資料庫儲存外幣兌換匯率，每一種外幣是一筆記錄，然後從資料庫取得匯率，在勾選兌換成美金或人民幣後，輸入外幣金額，即可換算和顯示兌換的新台幣金額。

Android 程式設計與應用（第二版）

國家圖書館出版品預行編目資料

Android 程式設計與應用/陳會安編著. –
二版. -- 新北市：全華圖書股份有限公司，
2022.01
　　面；　公分
ISBN 978-626-328-037-3(平裝)

1.系統程式　2.電腦程式設計
312.52　　　　　　　　　　　　110021430

Android 程式設計與應用（第二版）

作者 / 陳會安

發行人 / 陳本源

執行編輯 / 鍾佩如

封面設計 / 戴巧耘

出版者 / 全華圖書股份有限公司

郵政帳號 / 0100836-1 號

印刷者 / 宏懋打字印刷股份有限公司

圖書編號 / 0633801

二版一刷 / 2022 年 01 月

定價 / 新台幣 520 元

ISBN / 978-626-328-037-3

ISBN / 978-626-328-038-0（PDF）

全華圖書 / www.chwa.com.tw

全華網路書店 Open Tech / www.opentech.com.tw

若您對本書有任何問題，歡迎來信指導 book@chwa.com.tw

臺北總公司(北區營業處)
地址：23671 新北市土城區忠義路 21 號
電話：(02) 2262-5666
傳真：(02) 6637-3695、6637-3696

中區營業處
地址：40256 臺中市南區樹義一巷 26 號
電話：(04) 2261-8485
傳真：(04) 3600-9806(高中職)
　　　(04) 3601-8600(大專)

南區營業處
地址：80769 高雄市三民區應安街 12 號
電話：(07) 381-1377
傳真：(07) 862-5562

歡迎加入 **全華會員**

● **會員獨享**

會員享購書折扣、紅利積點、生日禮金、不定期優惠活動⋯⋯等。

● **如何加入會員**

掃 QRcode 或填妥讀者回函卡直接傳真(02) 2262-0900 或寄回，將由專人協助登入會員資料，待收到 E-MAIL 通知後即可成為會員。

如何購買 **全華書籍**

1. **網路購書**

全華網路書店「http://www.opentech.com.tw」，加入會員購書更便利，並享有紅利積點回饋等各式優惠。

2. **實體門市**

歡迎至全華門市（新北市土城區忠義路 21 號）或各大書局選購。

3. **來電訂購**

(1) 訂購專線：(02) 2262-5666 轉 321-324
(2) 傳真專線：(02) 6637-3696
(3) 郵局劃撥 (帳號：0100836-1 戶名：全華圖書股份有限公司)
※ 購書未滿 990 元者，酌收運費 80 元。

OpenTech 全華網路書店 .com.tw

全華網路書店 www.opentech.com.tw
E-mail: service@chwa.com.tw

※ 本會員制如有變更則以最新修訂制度為準，造成不便請見諒。